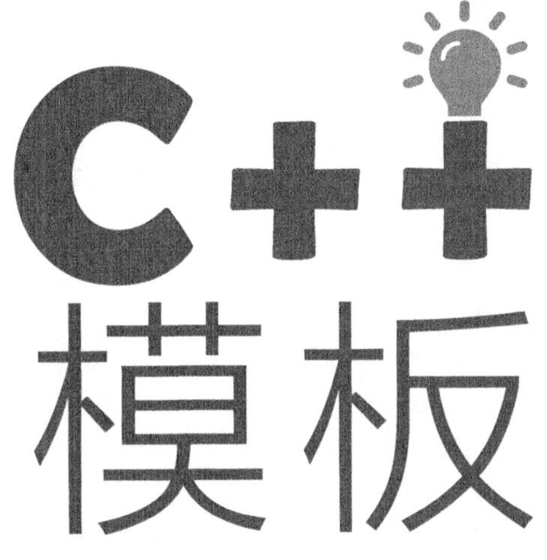

C++模板元编程实战

——一个深度学习框架的初步实现

李伟 著

人民邮电出版社
北京

图书在版编目（CIP）数据

C++模板元编程实战 ： 一个深度学习框架的初步实现/
李伟著. -- 北京 : 人民邮电出版社, 2018.11（2023.4重印）
ISBN 978-7-115-49170-1

Ⅰ. ①C… Ⅱ. ①李… Ⅲ. ①C++语言一程序设计
Ⅳ. ①TP312.8

中国版本图书馆CIP数据核字(2018)第192130号

内 容 提 要

本书以一个深度学习框架的初步实现为例，讨论如何在一个相对较大的项目中深入应用元编程，为系统性能优化提供更多的可能。

本书分为 8 章，前两章讨论了一些元编程与编译期计算的基本技术，后面 6 章则讨论了元编程在深度学习框架中的实际应用，涉及富类型与标签体系、表达式模板、复杂元函数的编写等多个主题，详尽地展示了如何将面向对象与元编程相结合以构造复杂系统。

本书适合具有一定 C++基础的读者阅读。对主流深度学习框架的内核有一定了解的读者，也可以参考本书，对比使用元编程与编译期计算所实现的深度学习框架与主流的（主要基于面向对象所构造的）深度学习框架之间的差异。

◆ 著　　　李　伟
责任编辑　傅道坤
责任印制　焦志炜
◆ 人民邮电出版社出版发行　　北京市丰台区成寿寺路 11 号
邮编　100164　　电子邮件　315@ptpress.com.cn
网址　http://www.ptpress.com.cn
北京九州迅驰传媒文化有限公司印刷
◆ 开本：800×1000　1/16
印张：18.5　　　　2018 年 11 月第 1 版
字数：423 千字　　　　2023 年 4 月北京第 13 次印刷

定价：69.00 元

读者服务热线：(010)81055410　印装质量热线：(010)81055316
反盗版热线：(010)81055315
广告经营许可证：京东市监广登字 20170147 号

推荐序 1

半夜突然接到陈冀康先生发来的微信消息，希望我能给《C++模板元编程实战》写一个推荐序。由于我本人对 C++模板元编程有非常浓厚的兴趣，外加以前只是略知深度学习的皮毛内容，从来没有系统学习过，所以想借此也开阔一下自己的视野，于是欣然接受了陈先生的邀请，然后就有了下面的文字。

学习编程是一个长期的过程，如果要快速提高自己的话，就需要走出自己的“舒适区”。只有不停地给自己找很多颇具难度，但又不至于难到写不出来的任务，然后利用时间逐个实现这些任务，自己的编程技能才能得到最快速的提高。本书中造的这个“深度学习框架”的轮子，就很适合读者自行尝试开发实现。尽管本书会提供源码下载地址，但是建议读者先别看源码，而是自己跟着书做一遍，把 MetaNN 实现出来。在成功或者放弃之后再去看作者的代码，相信会有更深刻的领悟。

在阅读本书的过程中，我把大部分时间都花在了前两章。这两章介绍的是 C++模板元编程的技巧，作者写得非常出彩。第 1 章开篇就点出了读者应该如何去了理解模板元编程。想当初我在学习 *C++ Template Metaprogramming* 时就走过不少弯路——由于该书的讲解不够通俗易懂，外加当时经验欠缺，最后竟然是通过学习 Haskell 语言才彻底把 C++模板元编程弄明白。如果当初看的是本书的第 1 章，相信会节省下很多时间。

从第 2 章开始，作者就已经是布置“大作业”了。而从第 4 章开始，则开始正式介绍使用 C++模板元编程的技巧来实现 MetaNN——也就是一个简单的深度学习框架——的过程。如果读者没有很好地理解前两章内容，则从第 4 章开始应该会觉得非常吃力。当然，这也不是坏事，起码这可以说明两点：自己技术水平确实有不足之处；本书中确实有真材实料，可以让自己学到很多干货。

需要多说一句的是，本书的技术难度相当大，读者最好具备一定的 C++模板知识，而且也需了解 C++ 11 和 C++ 14 中的一些基本内容，以免在阅读本书时不停地查询相关资料，打断思路。退一步讲，即使各位读者已经学习过模板元编程，在阅读本书时也需要勤加思考，并踏实练习实践书中内容，从而切实提升编程技能。

最后想说的是，本书的代码还是写得相当不错，可能是作者在长期的编码工作中已经把 C++的很多最佳实践都潜移默化成自己的本能了，所以没有花费很多笔墨来完整地介绍代码中各个方面的细节。大家在阅读本书的过程中，可以尝试思考一下，为什么作者要这样编写（而不是采用其他方式），以及书中的代码跟其他 C++图书介绍的最佳实践有什么异同之处。这也是一种学习的过程。

学而不思则罔，思而不学则殆。预祝各位读者阅读愉快，获益匪浅。

陈梓瀚（vczh）

2018 年 9 月

推荐序 2

模板元编程（Template Metaprogramming）从来都是 C++程序设计中被多数人视为畏途的领域。类型设计本就是具备丰富经验的工程师才能操刀的活计，C++语言之所以强大，一个重要的原因就是它具有强类型（strongly typed）特性。有了这样的特性以后，开发人员就能在编译期实施种类繁多的静态检查，从而把很多潜在的软件缺陷尽早地暴露，避免它们到链接期甚至运行期才兴风作浪。但反过来，类型设计中的任何缺陷都会把原罪带给该类型的所有对象，甚至该类型各级派生类型的所有对象。而且，软件一旦上线，一旦分发到用户手里，再要修改，谈何容易！所以，类型设计，尤其是大型软件中的基础类型设计，对工程师的要求已经很有挑战。而模板元编程，则在此基础之上更进一阶。如果说负责类型设计的工程师，他们的产品是对象和对象的运算；那么，负责模板元编程的工程师，他们的产品就是类型和类型的运算，即前者的上游。对于绝大多数的 C++开发人员来说，能够自如地使用对象已非易事。而能够不仅设计类型，还要根据需要自如地产生和剪裁所需要的类型，而且还得把这种能力作为一种服务提供出来，让其他工程师使用，这里面的功夫之深可想而知。所以，虽然关于 C++语言的图书汗牛充栋，但是讲解模板元编程的却是寥若晨星。即便是以此为主题的图书，也基本上是就事论事，这不免让读者产生疑问：模板元编程确实厉害，但是这和我的日常工作有何关系？这难道不应该是 C++标准委员会中那些头发稀少的专家们的玩具吗？

看到这本《C++模板元编程实战》书名的最后二字，我眼前一亮。模板元编程、深度学习框架，还是实战，这几个关键词，已经有了致命的吸引力。

作为一名 C++资深爱好者，我可以清楚地感觉本书的质量和份量。从第一行代码开始，本书就是采用现代 C++标准。可以说，作者是直接从现代 C++开始学习和掌握 C++的新生代工程师，身上绝少来自“C++远古时代”的陈腐气息，至今还在 C++社区中纠缠不清的很多语法问题，在本书中根本就不是问题——C++就是现代 C++，当然应该使用 constexpr，当然应该使用 auto，当然应该使用别名声明。

本书以明快、详尽的风格，集中演示了在现代 C++中进行模板元编程的必要技巧。现代 C++为工程师提供了很多必要的工具，使得模板元编程能够以更直接和清晰的方式来表达生成类型的算法，本书的前几章给出了如何高效利用这些工具的指南。但是本书远未停留在那里，因为全书的重点在于实战二字。

作者通过构造一个功能全面、强大的 MetaNN 深度学习框架，展示了模板元编程是如何从类型层面进行深度学习涉及的具体数据和操作的设计，这种设计是分层递进的：先引入基本的可定制的数据结构模板和策略，再设计以这些数据模板为基础的算法模板，尔后在数据和算法之上，构建深度学习的业务逻辑。这一部分内容虽然篇幅较大，但是读起来不累，因为讲解的每个知识点都是已经系统讲解过的语言要点的呼应和深化。非常可贵的是，这些内容切切实实地给到读者这样的信息：模板元编程在实战中是确实有用的，而且很多时候是非用不可的。本书每一章后面还跟着若干练习，启发读者的进一步思考。有的习题会让读者从多个侧面考虑如何进一步利用模板元编程的高阶用法，从另外的维度拓展深度学习业务，还有些习题会提示读者某些语言特性可以应用的其他行业领域。

在现代 C++和深度学习都炙手可热的今天，有这样一本由真正的一线专家撰写的精良作品，对读者来说是一种幸福。本书对于读者的预备知识要求并不多，因为书中介绍得足够详尽。只要有一颗愿意学习的心，就能够很好地同时掌握现代 C++和深度学习这两门能够为你带来巨大技术优势的学问。

谨向广大读者隆重推荐这本《C++模板元编程实战》!

高博，《C++覆辙录》、《Effective Modern C++中文版》译者
2018 年 10 月，新加坡，Tanjong Pagar

推荐序 3

C++模板元编程的实质是编译期计算。这种编程范式的发现是一个意外，其编程风格对于普通 C++程序员而言非常陌生。习惯了运行期编程思维的程序员很难理解和适应这种编程范式——模板元编程代码就像使用 C++之外的某种语言写的天书。

C++模板元编程与模板编程的关系，有点像深度学习与机器学习之间的关系，前者都是后者的一个子领域。不同的是，C++模板元编程要比深度学习偏门多了，尤其在模板元编程实战领域，对于国内 C++社群来说，可以说是人迹罕至之地。

迄今为止，有三本图书比较认真地涉及了模板元编程领域，分别是《C++模板元编程》、《C++ Templates 中文版》和《产生式编程》，它们都是国外 C++技术专家写作的。因此，李伟先生撰写的这本《C++模板元编程实战》是国内第一部以模板元编程为主题的作品，放眼整个 C++社群这都是屈指可数的。

本书涉及的两个主题都非常吸引人。对我个人而言，模板元编程是长久以来的兴趣点，深度学习则属于负责的专业课程范围。我很荣幸成为本书最早的读者之一。拜读大作，受益匪浅。

作者首先使用 C++ 11 之后的新语言特性重新实现了一些基本的元编程技术，然后介绍了以模板元编程技术为主实现的可扩展深度学习框架 MetaNN。本书整体结构简单合理，论述深入清晰，这不仅与作者的教育背景和研发经历有关，更能看出他对模板编程和模板元编程技术超乎常人的热情，以及强劲的逻辑思维能力。

本书必然会成为 C++狂热爱好者的案头读物。它还可以让其他 C++程序员明白，除了熟悉的 C++编程，还有 C++模板元编程平行世界的存在。那个世界的实战更精彩。

祝阅读愉快!

荣耀博士

2018 年 9 月，南京大行宫

作者简介

李伟，2011 年毕业于清华大学，曾在百度自然语言处理部负责深度学习机器翻译系统线上预测部分的开发与维护，目前就职于微软亚洲工程院；主要研究方向为 C++，拥有 10 余年相关开发经验，对 C++模板元编程与编译期计算有着浓厚的兴趣；喜欢尝试学习与研究新的技术，喜欢编程与阅读。

致谢

首先，感谢家人对我的“放纵”与支持。我日常有读书、编程的习惯，但家人并不知道我在写书，对我的研究领域也知之甚少，但他们依然给予了我最大的支持。作为两个孩子的父亲，我并没有很多的时间来陪他们，是家人分担了我应尽的义务，让我有时间可以安心做自己想做的事，在这里，我要衷心地感谢你们，谢谢！

其次，感谢之前在百度自然语言处理部的同事。在我想写一本书但又担心写不好而踟蹰时，他们给了我鼓励与支持。特别感谢张军，他仔细阅读了本书的很多章节，提出了中肯的修改意见，并贡献了本书第 3 章的一些内容。我曾经希望在本书作者一栏中添上他的名字，但被推辞了，因此只好在这里提出感谢。

再次，感谢陈梓瀚、刘未鹏、高博、荣耀四位老师。作为 C++领域的专家，四位老师抽出宝贵的时间审阅本书，提出了中肯的意见与建议并为本书推荐作序，荣耀老师更是将珍藏的书籍相赠予我。这不仅是对我已有工作的肯定，还坚定了我继续从事相关研究的信心。

最后，感谢人民邮电出版社的诸位编辑老师，特别是傅道坤老师。傅老师在整本书的编辑过程中付出了大量的心血，使得整个出版过程可以顺利进行。可以说，没有傅道坤老师与诸位编辑的辛勤劳动，本书是不可能面世的。谢谢你们的大力支持！

前言

虽然本书的名字中包含了"C++"与"深度学习"这两个词，但请注意，如果读者对C++一无所知，想通过本书来学习，那么本书并非合适之选，如果读者想通过本书来学习深度学习的理论，那么本书同样并非合适之选。本书是写给有一定 C++编程经验的程序员的，我们将以一个深度学习框架的实现作为示例，来讨论如何在一个相对较大的项目中深入整合元编程技术，通过编译期计算为运行期优化提供更多的可能。

C++是一门被广泛使用的编程语言。在众多的 C++开发者中，大多数人用面向对象的方式编写代码：我们日常接触的 C++项目基本上都是用这种风格组织的；几乎每一本 C++教程都会用绝大部分篇幅来讨论面向对象；每位拥有数年 C++开发经验的程序员都会对面向对象有自己的见解。面向对象在 C++的开发圈子里成了一种主流，以至于在有些人看来，C++与很多编程语言类似，只是一种面向对象的方言而已。

但事实上，C++所支持的不仅是面向对象这一种编程风格。它还支持另一种编程风格：泛型，并由此衍生出一套编程方法，即编译期计算与元编程。

可能某些读者没有听说过泛型与元编程，但几乎每个开发者都会与它们打交道，只是可能没有意识到而已：我们日常所使用的标准模板库（STL）就是一个典型的泛型风格类库，其中也包含了一些元编程的代码，比如基于迭代器的标签来选择算法等。事实上，我们是那么习惯而自然地使用这个库，以至于对于很多人来说，它已经成了 C++中不可缺少的一部分。但另一方面，很多程序员却几乎从不会采用类似 STL 的风格来开发自己的库：在进行程序设计时，我们首先想到的往往是"引入基类，然后从中派生……"——这是我们所熟悉的方式，也是最容易想到的方式，但事实上，这真的是最合适的方式吗?

是否合适，可谓仁者见仁，智者见智了。作者认为，要回答这个问题，首先要思考一下，为什么选择使用 C++开发程序。

一些人选择使用 C++来开发程序，是因为 C++是一门流行的语言，拥有相对完善的标准支持。是的，这是 C++的优势，但它上手不易，难以精通也是事实。TIBOE 编程语言排行榜显示，Java 比 C++更具人气。这并不难理解：相比 C++来说，Java 更易学习、使用，开发者几乎不用担心野指针等问题，同时还能跨平台……很多 C++能解决的问题，使用 Java 或者其他编程语言同样能搞定。相比之下，C++的学习与使用成本就要高很多，那么我们为什么还要使用 C++开发程序呢?

一个主要的原因是：C++比 Java 等语言编写出的代码更加高效，同时语法又比汇编等低级语言易学、易维护。C++的程序并不支持二进制级的移植，开发者要手工处理指针，确保没有内存泄漏。而这一切的付出所换来的就是媲美于汇编语言的执行速度。作者认为，如果不是为了快速、高效地运行程序，我们完全没有必要选择 C++。

既然如此，在使用 C++开发程序时，我们就应当一方面最大限度地发挥其速度优势，确保其能够尽量快地运行；另一方面尽可能地确保语法简洁，所开发的代模块能被很容易地使用。C++开发的程序在运行速度上具有天然的优势。但即使如此，要想程序运行得更快，还是有一些工作要做的。比如，在频繁使用 std::vector 的 push_back 操作前最好使用其 reserve 预留出相应的内存；调用函数时，使用常量引用的方式来传递结构较复杂的参数等等。这些技巧是大家耳熟能详的。但除此之外，还有一项并不为人们广泛使用的技巧——编译期计算。

编译期计算与元编程

如前文所述，C++程序追求的是高效率与易用性。那么这与编译期计算有什么关系呢？作者认为，与单纯的运行期计算相比，适当地使用编译期计算，可以更好地利用运算本身的信息，提升系统性能。

这样说有些抽象，让我们通过例子来看一下何为“运算本身的信息”，以及如何使用其提升系统的性能。

现在假定我们的程序需要对“矩阵”这个概念进行建模。矩阵可以被视为一个二维数组，每个元素是一个数值。可以指定其行号与列号获取相应元素的值。

在一个相对复杂的系统中，可能涉及不同类型的矩阵。比如，在某些情况下我们可能需要引入一个数据类型来表示“元素全为零”的矩阵；另一种情况是，我们可能需要引入一个额外的数据类型来表示单位矩阵，即除了主对角线上的元素为 1，其余元素均为 0 的矩阵。

如果采用面向对象的方式，我们可以很容易地想到引入一个基类来表示抽象的矩阵类型，在此基础上派生出若干具体的矩阵类来。比如：

```
1  class AbstractMatrix
2  {
3  public:
4      virtual int Value(int row, int column) = 0;
5  };
6  class Matrix     : public AbstractMatrix;
7  class ZeroMatrix : public AbstractMatrix;
8  class UnitMatrix : public AbstractMatrix;
```

AbstractMatrix 定义了表示矩阵的基类，其中的 Value 接口在传入行号与列号时，返回对应的元素（这里假定它为 int 型）。之后，我们引入了若干个派生类，使用 Matrix 表示一般意义的矩阵；使用 ZeroMatrix 表示元素全为零的矩阵；而 UnitMatrix 则表示单位矩阵。

所有派生自 AbstractMatrix 的具体矩阵必须实现 Value 接口。比如，对于 ZeroMatrix 来说，其 Value 接口的功能就是返回数值 0。而对于 UnitMatrix 来说，如果调用 Value 接口时传入的行号与列号相同，则返回 1；否则返回 0。

现在考虑一下，如果我们要实现一个函数，输入两个矩阵并计算二者之和，该怎么写。基于前文所定义的类，矩阵相加函数可以使用如下声明：

```
1 | Matrix Add(const AbstractMatrix * mat1, const AbstractMatrix * mat2);
```

每个矩阵都实现了 AbstractMatrix 所定义的接口，因此我们可以在这个函数中分别遍历两个矩阵中的元素，将对应元素求和并保存在结果 Matrix 矩阵中返回。

显然，这是一种相对通用的实现，能解决大部分问题，但对于一些特殊的情况，则性能较差。比如可能存在如下的性能优化空间：

- 如果一个 Matrix 对象与一个 ZeroMatrix 对象相加，那么直接返回 Matrix 对象即可；
- 如果一个 Matrix 对象与一个 UnitMatrix 对象相加，那么结果矩阵中的大部分元素与 Matrix 对象中的元素相同，主对角线上的元素值为 Matrix 对象中相应位置的元素值加 1。

为了在这类特殊情况时提升计算速度，我们可以在 Add 中引入动态类型转换，来尝试获取参数所对应的实际数据类型：

```
1 | Matrix Add(const AbstractMatrix * mat1, const AbstractMatrix * mat2)
2 | {
3 |     if (auto ptr = dynamic_cast <const ZeroMatrix *>(mat1))
4 |        // 引入相应的处理
5 |     else if (...)
6 |         // 其他情况
7 | }
```

这种设计有两个问题：首先，大量的 if 会使得函数变得复杂，难以维护；其次，调用 Add 时需要对 if 的结果进行判断——这是一个运行期的行为，涉及运行期的计算，引入过多的判断，甚至可能使得函数的运行速度变慢。

此类问题有一个很经典的解决方案：函数重载。比如，我们可以引入如下若干个函数：

```
1 | Matrix Add(const AbstractMatrix * mat1, const AbstractMatrix * mat2);
2 | Matrix Add(const ZeroMatrix * mat1, const AbstractMatrix * mat2);
3 | ...
4 | ZeroMatrix m1;
5 | Matrix m2;
6 | Add(&m1, &m2);  // 调用第二个优化算法
```

其中的第一个版本对应最一般的情况，而其他的版本则针对一些特殊的情形提供相应的优化。

这种方式很常见，以至于我们可能意识不到这已经是在使用编译期计算了。是的，这是一种典型的编译期计算，编译器需要根据用户的调用选择适当的函数来匹配，而这个选择的过程本身就是一种计算过程。在这个编译期计算的过程中，我们利用了“参与加法计算的矩阵类型是 ZeroMatrix”这样的信息，提升了系统性能。

函数重载只是一种很简单的编译期计算——它虽然能够解决一些问题，但使用场景还是相对狭窄的。本书所要讨论的则是更加复杂的编译期计算方法：我们将使用模板来构造若干组件，其中显式包含了需要编译器处理的逻辑。编译器使用这些模板所推导出来的值（或类型）来优化系统。这种用于编译期计算的模板被称为“元函数”，相应的计算方法也被称为“元编程”或“C++模板元编程”。

元编程与大型程序设计

元编程并非一个新概念。事实上，早在 1994 年，Erwin Unruh 就展示了一个程序，可以利用编译期计算来输出质数。但由于种种原因，对 C++模板元编程的研究一直处于不温不火的状态。虽然也涌现了很多元编程的库（如 Boost::MPL、Boost::Hana 等），但应用这些库来解决实际问题的案例还是相对较少。即使偶尔出现，这些元编程的库与技术也往往处于一种辅助的地位，辅助面向对象的方法来构造程序。

随着 C++标准的发展，我们欣喜地发现，其中引入了大量的语法与工具，使得元编程越来越容易。这也使得我们使用元编程构造相对复杂的程序成为了可能。

本书将构造一个相对复杂的系统：深度学习框架。元编程在这个系统中不再是辅助地位，而是整个系统的主角。在前文中，我们提到了元编程与编译期计算的优势之一就是更好地利用运算本身的信息，提升系统性能。这里概述一下如何在大型系统中实现这一点。

一个大型系统中往往要包含若干个概念，每一个概念可能对应多种实现方式，这些实现方式各有优势。基于元编程，我们可以将同一概念所对应的不同实现方式组织成松散的结构。进一步，可以通过标签等方式对概念分类，从而便于维护已有的概念，引入新的概念，或者引入已有概念的新实现。

概念可以进行组合。典型的例子是两个矩阵相加可以构成新的矩阵。我们将讨论元编程中的一项非常有用的技术：模板表达式。它用于组合已有的类型，形成新的类型。新的类型中保留了原有类型中的全部信息，可以在编译期利用这些信息进行优化。

元编程的计算是在编译期进行的。深入使用元编程技术，一个随之而来的问题就是编译期与运行期的交互。通常来说，为了在高效性与可维护性之间取得一个平衡，我们必须考虑哪些计算是可以在编译期完成的，哪些则最好放在运行期，二者如何过渡。在深度学习框架实现的过程中，我们会看到大量编译期与运行期交互的例子。

编译期计算并非目的，而是手段。我们希望通过编译期计算来改善运行期性能。我们会在本书的最后一章看到，如何基于已有的编译期计算结果，来优化深度学习框架的性能。

目标读者与阅读建议

本书将使用编译期计算与元编程构建一个深度学习框架。深度学习是当前研究的一个热点领域，以人工神经网络为核心，包含了大量的技术与学术成果。我们在这里主要是以之讨论元编程与编译期计算的方法，并不考虑做一个大而全的工具包。但我们所构造的深度学习框架是可扩展的，通过进一步开发，完全可以实现主流深度学习框架所能实现的大部分功能。

即使对讨论的范围进行了上述限定，但本书毕竟同时涉及了元编程与深度学习，如果没有一定的背景知识很难完成讨论。因此，我们假定读者对高等数学、线性代数与 C++都有一定的了解，具体来说包括如下内容。

- 读者需要对 C++面向对象的开发技术、模板有一定的了解。本书并不是 C++入门书籍，如果读者想了解 C++的入门知识以及 C++新标准的有关内容，可以参考相关的入门书籍。
- 读者需要对线性代数的基本概念有所了解。知道矩阵、向量、矩阵乘法等概念。人工神经网络的许多操作都可以抽象为矩阵运算，因此基本的线性代数知识是不可缺少的。
- 读者需要对高等数学中微积分与导数的概念有基本的了解。梯度是微积分中的一个基本概念，在深度学习的训练过程中占据非常重要的地位——深度学习中的很大一部分操作，就是梯度的传播与计算。虽然本书不会涉及微积分中很高级的知识，但要求读者至少应了解偏导数 $\partial y/\partial x$ 等基本概念。

元编程的应用成本

使用元编程可以写出灵活高效的代码，但这并非没有代价。本书将集中讨论元编程，但在此之前，有必要明确一下使用元编程的应用成本，从而对这项技术有更加全面的认识。

元编程的应用成本主要由两个方面构成：研发成本与使用成本。

研发成本

从本质上来说，元编程的研发成本并非来自于这项技术本身，而是来自于程序员编写代码的习惯转换所产生的成本。虽然本书讨论的是 C++中的一项编程技术，但它与面向对象的 C++开发技术有很大区别。从某种意义上来说，元编程更像一门可以与面向对象的 C++

代码无缝衔接的新语言。想掌握并用好它，还是要花一些力气的。

对熟悉面向对象的 C++开发者来说，学习并掌握这种新的编程方法，主要的难点在于要建立函数式编程的思维模式。编译期涉及的元编程方法是函数式的——构造的中间结果无法改变——由此产生的影响可能会比想像中要大一些。本书会通过大量的实例来帮助读者逐步建立这样的思维模式，相信读完本书，读者就会对其有相对深入的认识了。

使用元编程的另一个问题是调试困难。原因也很简单：大部分 C++程序员都在使用面向对象的方式编程，因此大部分编译器都会针对这一点进行优化。相应的，编译器在输出元编程的调试信息方面表现就会差很多。一些情况下，编译器输出的元程序错误信息更像是一篇短文，难以通过其一目了然地定位到问题所在。这个问题没有什么特别好的解决方案，多动手做实验，多看编译器的输出信息，就能慢慢找到感觉。

还有一个问题。相对使用面向对象的 C++开发者来说，使用元编程的开发者毕竟还是小众的。而这就造成了在多人协作开发时，使用元编程就比较困难——别人看不懂你的代码，其学习与维护成本会比较高。作者在工作中就经常遇到这样的问题——事实上也正是这个问题间接导致了本书的面世。如果你希望说服你的协作者使用元编程开发 C++程序，可以向他推荐本书——这也算是一个小广告。

使用成本

元编程的研发成本更多的是一种主观成本，可以通过提升自身的编程水平来降低；但与之相对的是，元编程的使用成本则更多的是一种客观成本，处理起来也棘手一些：

通常情况下，如果我们希望开发一个程序包并交付他人使用，那么程序包中往往会包含头文件与编译好的静态或动态库，程序的主体逻辑是位于静态库或动态库中的。这样有两个好处：首先，程序包的提供者不必担心位于静态库或动态库中的主体逻辑会遭到泄露——使用者无法看到源码，要想获得程序包中的主体逻辑，就需要通过逆向工程等手段实现，成本相对较高；其次，程序包的使用者可以较快地进行自身程序的编译并链接——因为程序包中的静态、动态库都是已经编译好的了，在使用时只需要链接即可，无需再次编译。

但如果我们开发了一个元编程库并交付其他人使用，那么通常来说将无法获得上述两个好处：元编程的逻辑往往是在模板中实现的，就目前来说，主流的编译器所支持的编译模式要将模板放在头文件之中。这就造成了元程序包的主体逻辑源代码是在头文件中，会随着程序包的发布提供给使用者，使用者了解并仿制相应逻辑的成本会大大降低；其次，调用元程序库的程序在每次编译过程中，都需要编译头文件中的相应逻辑，这就会增大编译的时间[①]。

如果我们无法承担由于元编程所引入的使用成本，那么就要考虑一些折衷的解决方案

① 需要说明的是，还是存在一些方式避免将模板类的实现代码放在头文件中的，但这些方式的局限性都比较大，因此本书不做讨论。

了。一种典型的方式是对程序包的逻辑进行拆分，将编译耗时长、不希望泄漏的逻辑先行编译，形成静态或动态库；将编译时较短，可以展示源代码的部分使用元程序的方式编写，以头文件的形式提供，从而确保依旧可以利用元代码的优势。至于如何划分，则要视项目的具体情况而定了。

本书的组织结构

本书包含两部分。在第一部分（第 1～2 章）中将讨论元编程中常见的基础技术；这些技术将被用在第二部分（第 3～8 章）中，构造深度学习框架。

- **第 1 章：基本技巧**，本章讨论了元函数的基本概念，讨论使用模板作为容器的可能性，在此基础上给出了书写顺序、分支、循环元函数的方法——这些方法构成了整个元编程体系的核心。在此之后，我们会进一步讨论一些典型的惯用法，包括奇特的递归模板式等内容——它们都会在后文中用到。
- **第 2 章：异类词典与 policy 模板**，本章会利用第 1 章的知识构造两个组件。第一个组件是一个容器，用于保存不同类型的数据对象；第二个组件维护了一个 policy 系统。这两个组件均将用于后续深度学习框架的开发。虽然本章已经偏重于基础技术的应用了，但作者还是将其归属为泛型编程的基础技术，因为这两个组件都比较基础，可以作为基础组件应用于其他项目之中。这两个组件本身不涉及深度学习的相关知识，但我们会在后续开发深度学习框架时，使用它们作为开发的辅助组件。
- **第 3 章：深度学习概述**，从本章开始，我们将构造深度学习框架。本章概述了深度学习框架的背景知识。如果读者之前没有接触过深度学习，那么通过阅读本章，可以对该领域有一个大致的了解，从而明晰我们要开发的框架所包含的主要功能。
- **第 4 章：类型体系与基本数据类型**，本章讨论了深度学习框架所涉及的数据。为了最大限度地发挥编译期计算的优势，我们将深度学习框架设计为富类型的：它支持很多具体的数据类型。随着所支持类型的增加，如何有效地组织这些类型就成了一个重要的问题。本章讨论了基于标签的类型组织形式，它是元编程中一种常见的分类方法。
- **第 5 章：运算与表达式模板**，本章讨论了深度学习框架中运算的设计。人工神经网络中会涉及很多运算，包括矩阵相乘、矩阵相加、元素取 log 以及更复杂的操作。为了能够对系统中涉及的大量计算进行整体优化，这里采用了表达式模板以及缓式求值的技术来表示计算结果。本章会讨论表达式模板的实现细节。
- **第 6 章：基本层**，在运算的基础上，我们引入了层的概念。层将深度学习系统中相关的操作关联到一起，提供了正向、反向传播接口，便于用户调用。本章将讨论基本层，描述如何使用第 2 章所构造的异类词典与 Policy 模板来简化层的接口与设计。

- **第 7 章：复合层与循环层**，基于第 6 章的知识，我们就可以构造各式各样的层，并使用这些层来搭建人工神经网络了。但这种做法有一个问题：人工神经网络中的层是千变万化的，如果对于每一个之前没有出现过的层，就手工编写代码来实现，那么工作量还是比较大的，这也不是我们希望看到的。在本章我们将构造一个特殊的层：复合层，用于组合其他的层来产生新的层。复合层中比较复杂的一块逻辑是自动梯度计算——这是人工神经网络在训练过程中的一个重要概念。可以说，如果无法实现自动的梯度计算，那么复合层的存在意义就大打折扣。本章会讨论自动梯度计算的一种实现方式，它将是本书所实现的最复杂的元函数。在此基础上，本章还基于复合层给出了循环层的典型实现。
- **第 8 章：求值与优化**，深度学习系统是计算密集型的，无论对训练还是预测来说，都是如此。我们可以采用多种方式来提升计算速度。典型的，可以使用批量计算，同时处理多组数据，最大限度地利用计算机的处理能力；另一方面，我们可以从数学上简化与合并多个计算过程，从而提升计算速度。本章讨论了与此相关的主题。

源代码与编译环境

本书是元编程的实战型书籍，很多理论也是通过示例的方式进行阐述的，不可避免地，书中会涉及大量代码。作者尽量避免将一本书搞成代码的堆砌（这是在浪费读者的时间与金钱），做到只在书中引用需要讨论的核心代码与逻辑，完整的代码则在随书源码中给出。

读者可在异步社区中下载本书的源码。源码包含两个目录：MetaNN 与 Test。前者包含了深度学习框架中的全部逻辑，而后者则是一个测试程序，用来验证框架逻辑的正确性。本书所讨论的内容可以在 MetaNN 目录中找到对应的源码。阅读本书时，手边有一份可以参考的源码以便随时查阅，这一点是很重要的。本书用了较多的篇幅来阐述相关的设计思想，只是罗列了一些核心代码。因此，作者强烈建议对照源代码来阅读本书，这样能对书中讨论的内容有更加深入的理解。

对于 MetaNN 中实现的大部分技术点，Test 中都包含了相应的测试用例。因此，读者可以在了解了某个技术点的实现细节之后，通过阅读测试用例，进一步体会相应技术的使用方式。

MetaNN 目录中的内容全部是头文件，Test 目录则包含了一些 cpp 文件，可以编译成可执行程序。但本书所讨论的是 C++中使用相对较少的元编程，同时使用了 C++ 17 新标准中的一些技术，因此并非所有的主流编译器都能编译 Test 目录中的文件。以下罗列出了作者尝试编译并成功的实验环境。

硬件与操作系统

为了编译 Test 中的程序，你需要一台 64 位机，建议至少包含 4GB 的内存。同时，其上运行的是一个 64 位的操作系统。作者在 Windows 与 Ubuntu 上完成了编译。

使用 Ubuntu 与 GCC 编译测试程序

GCC 是 Linux 上常见的编译组件。作者的第一个编译环境就是基于 Ubuntu 17.10 与 GCC 搭建的，我们使用 GCC 中的 g++编译器来编译测试程序。

- 首先确保系统中安装了 GCC 7.1 或者更高版本，以及 make、git 命令[①]，可以在终端中执行 g++ --version 来判断编译器是否满足需求。
- 提前下载好本书的源代码。
- 打开一个终端。
- 执行 cd MetaNN/Test 进入代码所在目录。
- 执行 make -f Makefile.GCC 编译程序，如果编译器的版本过低，系统会给出警告信息。版本过低的编译器可能会导致编译失败。
- 编译后可以看到系统构造了一个 bin 目录，其中包含了可执行文件 Test。执行该文件，即可看到每个测试用例的执行情况。

使用 Ubuntu 与 Clang 编译测试程序

除了 GCC，Linux 中另一个常见的编译器就是 Clang 了。基于 Ubuntu 与 Clang 也可以编译源码中的测试程序。

很多 Linux 的发行版都自带 Clang 编译器。但这些编译器的版本相对较低，可能不支持 C++ 17 标准。这就需要我们安装一个较高版本的 Clang 编译器。作者安装的是 Clang 6.0。这里不会讨论如何安装编译器，读者可以在网络上搜索相应的安装方法。

- 首先确保系统中安装了 make、git 命令，在终端中执行 clang++ --version 判断编译器的版本是否满足需求。
- 提前下载好本书的源代码。
- 打开一个终端。
- 执行 cd MetaNN/Test 进入代码所在目录。
- 执行 make -f Makefile.clang 编译程序，如果编译器的版本过低，系统会给出警告信息。版本过低的编译器可能会导致编译失败。
- 编译后可以看到系统构造了一个 bin 目录，其中包含了可执行文件 Test。执行该文件，即可看到每个测试用例的执行情况。

---

① 读者可以在网络上搜索相应的安装方法。

使用 Windows 与 MinGW-w64 编译测试程序

很多读者都使用 Windows 操作系统。这里简单介绍一下如何在 Windows 中编译书中源码。

在 Windows 中，最常用的编译器就是 Microsoft Visual Studio 了。但作者尝试使用 Microsoft Visual Studio 中的 VC++编译器来编译测试程序时，系统提示"compiler is out of heap space"——这表示编译测试代码所需要的内存超过了 VC++编译器的限制。因此，这里介绍使用 MinGW-w64 作为编译器，在 Windows 中编译测试程序。

- 在 SourceForge 官方网站中下载最新的 MinGW-w64 并安装，注意安装过程中的 Architecture 选项选择 x86_64。
- 在 MinGW-w64 的安装目录中找到 g++与 mingw32-make 这两个可执行文件所在的子目录，将该目录添加到系统环境变量中：确保在控制台中可以运行这两个命令。
- 提前下载好本书的源代码。
- 打开一个 Windows 控制台。
- 执行 cd MetaNN/Test 进入代码所在目录。
- 执行 mingw32-make -f Makefile.MinGW。
- 编译后可以看到系统构造了一个 bin 目录，其中包含了可执行文件 Test。执行该文件，即可看到每个测试用例的执行情况。

书中代码的格式

作者会避免在讨论技术细节时罗列大量非核心的代码。同时，为了便于讨论，通常来说代码段的每一行前面会包含一个行号：在后续对该代码段进行分析时，有时会使用行号来引用具体的行，说明该行所实现的功能。

行号只是为了便于后续分析代码，并不表明该代码段在源代码文件中的位置。一种典型的情况是：当要分析的核心代码段比较长时，代码段的展示与分析是交替进行的。此时，每一段展示的代码段将均从行号 1 开始计数，即使当前展示的代码段与上一个展示的代码段存在先后关系，也是如此。如果读者希望阅读完整的代码，明确代码段的先后关系，可以阅读随书源码。

关于练习

除了第 3 章外，每一章都在最后给出了若干练习，便于读者巩固在本章中学到的知识。

这些题目并不简单，有些也没有标准答案。因此，如果读者在练习的过程中遇到了困难，请不要灰心，可以选择继续阅读后续的章节，在熟练掌握了本书讲述的一些技巧后，回顾之前的习题，或许就迎刃而解了。再次声明，一些问题本就是开放性的，没有标准答案，即便做不出来，或者你的答案与别人的不同，也不要灰心。

反馈

由于作者深知自身水平有限，而元编程又是一个复杂而颇具挑战的领域，因此本书难免会有不足之处，敬请广大读者指正！作者的 E-mail 地址为 liwei.cpp@gmail.com。

资源与支持

本书由异步社区出品，社区（https://www.epubit.com/）为您提供相关资源和后续服务。

配套资源

本书提供如下资源：

- 本书源代码。

要获得以上配套资源，请在异步社区本书页面中点击 配套资源 ，跳转到下载界面，按提示进行操作即可。注意：为保证购书读者的权益，该操作会给出相关提示，要求输入提取码进行验证。

提交勘误

作者和编辑尽最大努力来确保书中内容的准确性，但难免会存在疏漏。欢迎您将发现的问题反馈给我们，帮助我们提升图书的质量。

当您发现错误时，请登录异步社区，按书名搜索，进入本书页面，点击“提交勘误”，输入勘误信息，点击“提交”按钮即可。本书的作者和编辑会对您提交的勘误进行审核，确认并接受后，您将获赠异步社区的 100 积分。积分可用于在异步社区兑换优惠券、样书或奖品。

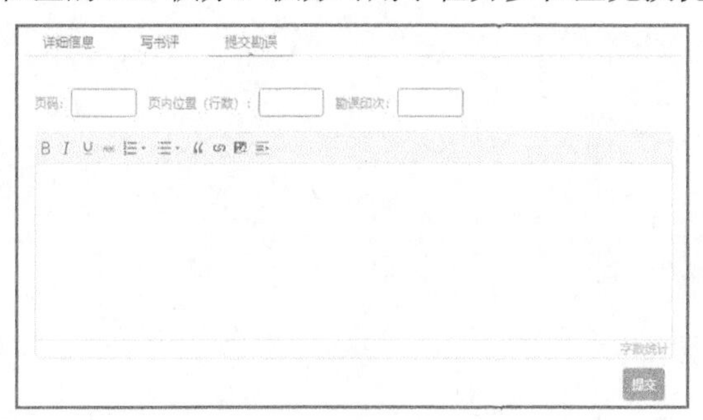

扫码关注本书

扫描下方二维码，您将会在异步社区微信服务号中看到本书信息及相关的服务提示。

与我们联系

我们的联系邮箱是 contact@epubit.com.cn。

如果您对本书有任何疑问或建议，请您发邮件给我们，并请在邮件标题中注明本书书名，以便我们更高效地做出反馈。

如果您有兴趣出版图书、录制教学视频，或者参与图书翻译、技术审校等工作，可以发邮件给我们；有意出版图书的作者也可以到异步社区在线提交投稿（直接访问 www.epubit.com/selfpublish/submission 即可）。

如果您是学校、培训机构或企业，想批量购买本书或异步社区出版的其他图书，也可以发邮件给我们。

如果您在网上发现有针对异步社区出品图书的各种形式的盗版行为，包括对图书全部或部分内容的非授权传播，请您将怀疑有侵权行为的链接发邮件给我们。您的这一举动是对作者权益的保护，也是我们持续为您提供有价值的内容的动力之源。

关于异步社区和异步图书

“异步社区”是人民邮电出版社旗下 IT 专业图书社区，致力于出版精品 IT 技术图书和相关学习产品，为作译者提供优质出版服务。异步社区创办于 2015 年 8 月，提供大量精品 IT 技术图书和电子书，以及高品质技术文章和视频课程。更多详情请访问异步社区官网 https://www.epubit.com。

“异步图书”是由异步社区编辑团队策划出版的精品 IT 专业图书的品牌，依托于人民邮电出版社近 30 年的计算机图书出版积累和专业编辑团队，相关图书在封面上印有异步图书的 LOGO。异步图书的出版领域包括软件开发、大数据、AI、测试、前端、网络技术等。

异步社区

微信服务号

目录

第一部分　元编程基础技术

第二部分 深度学习框架

第一部分

元编程基础技术

第1章

基本技巧

本章将讨论元编程与编译期计算所涉及的基本方法。我们首先介绍元函数，通过简单的示例介绍编译期与运行期所使用“函数”的异同。其次，在此基础上进一步讨论基本的顺序、分支、循环代码的书写方式。最后介绍一种经典的技巧——奇特的递归模板式。

上述内容可以视为基本的元编程技术。而本书后续章节也可以视为这些技术的应用。掌握好本章所讨论的技术，是熟练使用 C++模板元编程与编译期计算的前提。

1.1 元函数与 type_traits

1.1.1 元函数介绍

C++元编程是一种典型的函数式编程，函数在整个编程体系中处于核心的地位。这里的函数与一般 C++程序中定义与使用的函数有所区别，更接近数学意义上的函数——是无副作用的映射或变换：在输入相同的前提下，多次调用同一个函数，得到的结果也是相同的。

如果函数存在副作用，那么通常是由于存在某些维护了系统状态的变量而导致的。每次函数调用时，即使输入相同，但系统状态的差异会导致函数输出结果不同：这样的函数被称为具有副作用的函数。元函数会在编译期被调用与执行。在编译阶段，编译器只能构造常量作为其中间结果，无法构造并维护可以记录系统状态并随之改变的量，因此编译期可以使用的函数（即元函数）只能是无副作用的函数。

以下代码定义了一个函数，满足无副作用的限制，可以作为元函数使用。

```
1 |  constexpr int fun(int a) { return a + 1; }
```

其中的 constexpr 为 C++ 11 中的关键字，表明这个函数可以在编译期被调用，是一个元函数。如果去掉了这个关键字，那么函数 fun 将只能用于运行期，虽然它具有无副作用的性质，但也无法在编译期被调用。

作为一个反例，考虑如下的程序：

```
1  static int call_count = 3;
2  constexpr int fun2(int a)
3  {
4      return a + (call_count++);
5  }
```

这个程序片断无法通过编译——它是错误的。原因是函数内部的逻辑丧失了“无副作用”的性质——相同输入会产生不同的输出；而关键字 constexpr 则试图保持函数的“无副作用”特性，这就导致了冲突。将其进行编译会产生相应的编译错误。如果将函数中声明的 constexpr 关键字去掉，那么程序是可以通过编译的，但 fun2 无法在编译期被调用，因为它不再是一个元函数了。

希望上面的例子能让读者对元函数有一个基本的印象。在 C++中，我们使用关键字 constexpr 来表示数值元函数，这是 C++中涉及的一种元函数，但远非全部。事实上，C++中用得更多的是类型元函数——即以类型作为输入和（或）输出的元函数。

1.1.2 类型元函数

从数学角度来看，函数通常可以被写为如下的形式：

$$y = f(x)$$

其中的 3 个符号分别表示了输入（x）、输出（y）与映射（f）①。通常来说，函数的输入与输出均是数值。但我们大可不必局限于此：比如在概率论中就存在从事件到概率值的函数映射，相应的输入是某个事件描述，并不一定要表示为数值。

回到元编程的讨论中，元编程的核心是元函数，元函数输入、输出的形式也可以有很多种，数值是其中的一种，由此衍生出来的就是上一节所提到的数值元函数；也可以将 C++中的数据类型作为函数的输入与输出。考虑如下情形：我们希望将某个整数类型映射为相应的无符号类型。比如，输入类型 int 时，映射结果为 unsigned int；而输入为 unsigned long 时，我们希望映射的结果与输入相同。这种映射也可以被视作函数，只不过函数的输入是 int、unsigned long 等类型，输出是另外的一些类型而已。

可以使用如下代码来实现上述元函数：

```
1   template <typename T>
2   struct Fun_ { using type = T; };
3
4   template <>
5   struct Fun_<int> { using type = unsigned int; };
6
7   template <>
8   struct Fun_<long> { using type = unsigned long; };
9
10   Fun_<int>::type h = 3;
```

① C++中的函数可以视为对上述定义的扩展，允许输入或输出为空。

读者可能会问：函数定义在哪儿？最初接触元函数的读者往往会有这样的疑问。事实上，上述片断的 1～8 行已经定义了一个函数 Fun_，第 10 行则使用了这个 Fun_<int>::type 函数返回 unsigned int，所以第 10 行相当于定义了一个无符号整型的变量 h 并赋予值 3。

Fun_与 C++一般意义上的函数看起来完全不同，但根据前文对函数的定义，不难发现，Fun_具备了一个元函数所需要的全部性质：

- 输入为某个类型信息 T，以模板参数的形式传递到 Fun_模板中；
- 输出为 Fun_模板的内部类型 type，即 Fun_<T>::type；
- 映射体现为模板通过特化实现的转换逻辑：若输入类型为 int，则输出类型为 unsigned int，等等。

在 C++ 11 发布之前，已经有一些讨论 C++元函数的著作了。在《C++模板元编程》一书[1]中，将上述程序段中的 1～6 行所声明的 Fun_视为元函数：认为函数输入是 X 时，输出为 Fun_<X>::type。同时，该书规定了所讨论的元函数的输入与输出均是类型。将一个包含了 type 声明的类模板称为元函数，这一点并无不妥之处：它完全满足元函数无副作用的要求。但作者认为，这种定义还是过于狭隘了。当然像这样引入限制，相当于在某种程度上统一了接口，这将带来一些程序设计上的便利性。但作者认为这种便利性是以牺牲代码编写的灵活性为代价的，成本过高。因此，本书对元函数的定义并不局限于上述形式。具体来说：

- 并不限制映射的表示形式——像前文所定义的以 constexpr 开头的函数，以及本节讨论的提供内嵌 type 类型的模板，乃至后文中所讨论的其他形式的“函数”，只要其无副作用，同时可以在编译期被调用，都被本书视为元函数；
- 并不限制输入与输出的形式，输入与输出可以是类型，数值甚至是模板。

在放松了对元函数定义的限制的前提下，我们可以在 Fun_的基础上再引入一个定义，从而构造出另一个元函数 Fun[2]：

```
1 | template <typename T>
2 |   using Fun = typename Fun_<T>::type;
3 |
4 | Fun<int> h = 3;
```

Fun 是一个元函数吗？如果按照《C++模板元编程》中的定义，它至少不是一个标准的元函数，因为它没有内嵌类型 type。但根据本章开头的讨论，它是一个元函数，因为它具有输入（T），输出（Fun<T>），同时明确定义了映射规则。那么在本书中，就将它视为一个元函数。

事实上，上文所展示的同时也是 C++标准库中定义元函数的一种常用的方式。比如，C++ 11 中定义了元函数 std::enable_if，而在 C++ 14 中引入了定义 std::enable_if_t[3]，前者就

---

① David Abrahams、Aleksey Gurtovoy 著，荣耀译，机械工业出版社，2010 年出版。

② 注意第 2 行的 typename 表明 Fun_<T>::type 是一个类型，而非静态数据，这是 C++规范中的书写要求。

③ 1.3.2 节会讨论这两个元函数。

像 Fun_那样，是内嵌了 type 类型的元函数，后者则就像 Fun 那样，是基于前者给出的一个定义，用于简化使用。

1.1.3 各式各样的元函数

在前文中，我们展示了几种元函数的书写方法，与一般的函数不同，元函数本身并非是 C++语言设计之初有意引入的，因此语言本身也没有对这种构造的具体形式给出相应的规定。总的来说，只要确保所构造出的映射是“无副作用”的，可以在编译期被调用，用于对编译期乃至运行期的程序行为产生影响，那么相应的映射都可以被称为元函数，映射具体的表现形式则可以千变万化，并无一定之规。

事实上，一个模板就是一个元函数。下面的代码片断定义了一个元函数，接收参数 T 作为输入，输出为 Fun<T>：

```
1 | template <typename T>
2 | struct Fun {};
```

函数的输入可以为空，相应地，我们也可以建立无参元函数：

```
1 | struct Fun
2 | {
3 |     using type = int;
4 | };
5 |
6 | constexpr int fun()
7 | {
8 |     return 10;
9 | }
```

这里定义了两个无参元函数。前者返回类型 int，后者返回数值 10。

基于 C++ 14 中对 constexpr 的扩展，我们可以按照如下的形式来重新定义 1.1.1 节中引入的元函数：

```
1 | template <int a>
2 | constexpr int fun = a + 1;
```

这看上去越来越不像函数了，连函数应有的大括号都没有了。但这确实是一个元函数。唯一需要说明的是：现在调用该函数的方法与调用 1.1.1 节中元函数的方法不同了。对于 1.1.1 节的函数，我们的调用方法是 fun(3)，而对于这个函数，相应的调用方式则变成了 fun<3>。除此之外，从编译期计算的角度来看，这两个函数并没有很大的差异。

前文所讨论的元函数均只有一个返回值。元函数的一个好处是可以具有多个返回值。考虑下面的程序片断：

```
1 | template <>
2 | struct Fun_<int>
3 | {
```

```
4       using reference_type = int&;
5       using const_reference_type = const int&;
6       using value_type = int;
7   };
```

这是个元函数吗？希望你回答“是”。从函数的角度上来看，它有输入（int），包含多个输出：Fun_<int>::reference_type、Fun_<int>::const_reference_type 与 Fun_<int>::value_type。

一些学者反对上述形式的元函数，认为这种形式增加了逻辑间的耦合，从而会对程序设计产生不良的影响（见《C++模板元编程》）。从某种意义上来说，这种观点是正确的。但作者并不认为完全不能使用这种类型的函数，我们大可不必因噎废食，只需要在合适的地方选择合适的函数形式即可。

1.1.4 type_traits

提到元函数，就不能不提及一个元函数库：type_traits。type_traits 是由 boost 引入的，C++ 11 将被纳入其中，通过头文件 type_traits 来引入相应的功能。这个库实现了类型变换、类型比较与判断等功能。

考虑如下代码：

```
1   std::remove_reference<int&>::type h1 = 3;
2   std::remove_reference_t<int&> h2 = 3;
```

第 1 行调用 std::remove_reference 这个元函数，将 int&变换为 int 并以之声明了一个变量；第 2 行则使用 std::remove_reference_t 实现了相同的功能。std::remove_reference 与 std::remove_reference_t 都是定义于 type_traits 中的元函数，其关系类似于 1.1.2 节中讨论的 Fun_与 Fun。

通常来说，编写泛型代码往往需要使用这个库以进行类型变换。我们的深度学习框架也不例外：本书会使用其中的一些元函数，并在首次使用某个函数时说明其功能。读者可以参考《C++标准模板库》[①]等书籍来系统性地了解该函数库。

1.1.5 元函数与宏

按前文对函数的定义，理论上宏也可以被视为一类元函数。但一般来说，人们在讨论 C++元函数时，会把讨论范围的重点限制在 constexpr 函数以及使用模板构造的函数上，并不包括宏[②]。这是因为宏是由预处理器而非编译器所解析的，这就导致了很多编译期间可以利用到的特性，宏无法利用。

典型事例是，我们可以使用名字空间将 constexpr 函数与函数模板包裹起来，从而确保

① Nicolai M. Josuttis 著，侯捷译，电子工业出版社，2015 年出版。

② *Advanced Metaprogramming in Classic C++*这本书对使用宏与模板协同构造元函数有较深入的讨论。

它们不会与其他代码产生名字冲突。但如果使用宏作为元函数的载体，那么我们将丧失这种优势。也正是这个原因，作者认为在代码中尽量避免使用宏。

但在特定情况下，宏还是有其自身优势的。事实上，在构造深度学习框架时，本书就会使用宏作为模板元函数的一个补充。但使用宏还是要非常小心的。最基本的，作者认为应尽量避免让深度学习框架的最终用户接触到框架内部所定义的宏，同时确保在宏不再被使用时解除其定义。

1.1.6 本书中元函数的命名方式

元函数的形式多种多样，使用起来也非常灵活。在本书（以及所构造的深度学习框架）中，我们会用到各种类型的元函数。这里限定了函数的命名方式，以使得程序的风格达到某种程度上的统一。

在本书中，根据元函数返回值形式的不同，元函数的命名方式也会有所区别：如果元函数的返回值要用某种依赖型的名称表示，那么函数将被命名为 xxx_的形式（以下划线为其后缀）；反之，如果元函数的返回值可以直接用某种非依赖型的名称表示，那么元函数的名称中将不包含下划线形式的后缀。以下是一个典型的例子：

```
1   template <int a, int b>
2   struct Add_ {
3       constexpr static int value = a + b;
4   };
5
6   template <int a, int b>
7   constexpr int Add = a + b;
8
9   constexpr int x1 = Add_<2, 3>::value;
10   constexpr int x2 = Add<2, 3>;
```

其中的 1～4 行定义了元函数 Add_；6～7 行定义了元函数 Add。它们具有相同的功能，只是调用方式不同：第 9 与 10 行分别调用了两个元函数，获取到返回结果后赋予 x1 与 x2。第 9 行所获取的是一个依赖型的结果（value 依赖于 Add_存在），相应地，被依赖的名称使用下划线作为后缀：Add_；而第 10 行在获取结果时没有采用依赖型的写法，因此函数名中没有下划线后缀。这种书写形式并非强制性的，本书选择这种形式，仅仅是为了风格上的统一。

1.2 模板型模板参数与容器模板

相信在阅读了上节之后，读者已经建立起了以下的认识：元函数可以操作类型与数值；对于元函数来说，类型与数值并没有本质上的区别，它们都可视为一种“数据”，可以作为元函数的输入与输出。

事实上，C++元函数可以操作的数据包含 3 类：数值、类型与模板，它们统一被称为“元数据”，以示与运行期所操作的“数据”有所区别。在上一节中，我们看到了其中的前两类，本节首先简单讨论一下模板类型的元数据。

1.2.1　模板作为元函数的输入

模板可以作为元函数的输入参数，考虑下面的代码：

```
1  template <template <typename> class T1, typename T2>
2  struct Fun_ {
3      using type = typename T1<T2>::type;
4  };
5
6  template <template <typename> class T1, typename T2>
7  using Fun = typename Fun_<T1, T2>::type;
8
9  Fun<std::remove_reference, int&> h = 3;
```

1～7 行定义了元函数 Fun，它接收两个输入参数：一个模板与一个类型。将类型应用于模板之上，获取到的结果类型作为返回值。在第 9 行，使用这个元函数并以 std::remove_reference 与 int&作为参数传入。根据调用规则，这个函数将返回 int，即我们在第 9 行声明了一个 int 类型的变量 h 并赋予值 3。

从函数式程序设计的角度上来说，上述代码所定义的 Fun 是一个典型的高阶函数，即以另一个函数为输入参数的函数。可以将其总结为如下的数学表达式（为了更明确地说明函数与数值的关系，下式中的函数以大写字母开头，而纯粹的数值则是以小写字母开头）：

$$\mathrm{Fun}(T_1, t_2)=T_1(t_2)$$

1.2.2　模板作为元函数的输出

与数值、类型相似，模板除了可以作为元函数的输入，还可以作为元函数的输出，但编写起来会相对复杂一些。

考虑下面的代码：

```
1  template <bool AddOrRemoveRef> struct Fun_;
2
3  template <>
4  struct Fun_<true> {
5      template <typename T>
6      using type = std::add_lvalue_reference<T>;
7  };
8
9  template <>
10  struct Fun_<false> {
11      template <typename T>
```

```
12      using type = std::remove_reference<T>;
13  };
14
15  template <typename T>
16  template <bool AddOrRemove>
17  using Fun = typename Fun_<AddOrRemove>::template type<T>;
18
19  template <typename T>
20  using Res_ = Fun<false>;
21
22  Res_<int&>::type h = 3;
```

代码的 1～13 行定义了元函数 Fun_：

- 输入为 true 时，其输出 Fun_<true>::type 为函数模板 add_lvalue_reference，这个函数模板可以为类型增加左值引用；
- 输入为 false 时，其输出 Fun_<false>::type 为函数模板 remove_reference，这个函数模板可以去除类型中的引用。

代码的 15～17 行定义了元函数 Fun，与之前的示例类似，Fun<bool>是 Fun_<bool>::type 的简写[①]。注意这里的 using 用法：为了实现 Fun，我们必须引入两层 template 声明：内层（第 16 行）的 template 定义了元函数 Fun 的模板参数；而外层（第 15 行）的 template 则表示了 Fun 的返回值是一个接收一个模板参数的模板——这两层的顺序不能搞错。

代码段的 19～20 行是应用元函数 Fun 计算的结果：输入为 false，输出结果保存在 Res_ 中。注意此时的 Res_ 还是一个函数模板，它实际上对应了 std::remove_reference——这个元函数用于去除类型中的引用。而第 22 行则是进一步使用这个函数模板（元函数的调用）来声明 int 型的对象 h。

如果读者对这种写法感到困惑，难以掌握，没有太大的关系。因为将模板作为元函数输出的实际应用相对较少。但如果读者在后续的学习与工作中遇到了类似的问题，可以将这一小节的内容作为参考。

与上一小节类似，这里也将整个的处理过程表示为数学的形式，如下：

$$\text{Fun}(\text{addOrRemove})=T$$

其中的 addOrRemove 是一个 bool 值，而 T 则是 Fun 的输出，是一个元函数。

1.2.3 容器模板

学习任何一门程序设计语言之初，我们通常会首先了解该语言所支持的基本数据类型，比如 C++中使用 int 表示带符号的整数。在此基础上，我们会对基本数据类型进行一次很自然地扩展：讨论如何使用数组。与之类似，如果将数值、类型、模板看成元函数的操作数，那么前文所讨论的就是以单个元素为输入的元函数。在本节中，我们将讨论元数据的“数

① 第 17 行的 template 关键字表明后续的<是模板的开头，而非小于号。

组”表示：数组中的“元素”可以是数值、类型或模板。

可以有很多种方法来表示数组甚至更复杂的结构。《C++模板元编程》一书讨论了 C++模板元编程库 MPL（Boost C++ template Meta-Programming library）。它实现了类似 STL 的功能，使用它可以很好地在编译期表示数组、集合、映射等复杂的数据结构。

但本书并不打算使用 MPL，主要原因是 MPL 封装了一些底层的细节，这些细节对于元编程的学习来说，又是非常重要的。如果简单地使用 MPL，将在一定程度上丧失学习元编程技术的机会。而另一方面，掌握了基本的元编程方法之后再来看 MPL，就会对其有更深入的理解，同时使用起来也会更得心应手。这就好像学习 C++语言时，我们通常会首先讨论 int a[10]这样的数组，并以此引申出指针等重要的概念，在此基础上再讨论 vector<int>时，就会有更深入的理解。本书会讨论元编程的核心技术，而非一些元编程库的使用方式。我们只会使用一些自定义的简单结构来表示数组，就像 int*这样，简单易用。

从本质上来说，我们需要的并非一种数组的表示方式，而是一个容器：用来保存数组中的每个元素。元素可以是数值、类型或模板。可以将这 3 种数据视为不同类别的操作数，就像 C++中的 int 与 float 属于不同的类型。在元函数中，我们也可以简单地认为“数值”与“类型”属于不同的类别。典型的 C++数组（无论是 int*还是 vector<int>）都仅能保存一种类型的数据。这样设计的原因首先是实现比较简单，其次是它能满足大部分的需求。与之类似，我们的容器也仅能保存一种类别的操作数，比如一个仅能保存数值的容器，或者仅能保存类型的容器，或者仅能保存模板的容器。这种容器已经能满足绝大多数的使用需求了。

C++ 11 中引入了变长参数模板（variadic template），使用它可以很容易地实现我们需要的容器[①]：

```
1  template <int... Vals> struct IntContainer;
2  template <bool... Vals> struct BoolContainer;
3
4  template <typename...Types> struct TypeContainer;
5
6  template <template <typename> class...T> struct TemplateCont;
7  template <template <typename...> class...T> struct TemplateCont2;
```

上面的代码段声明了 5 个容器（相当于定义了 5 个数组）。其中前两个容器分别可以存放 int 与 bool 类型的变量；第 3 个容器可以存放类型；第 4 个容器可以存放模板作为其元素，每个模板元素可以接收一个类型作为参数；第 5 个容器同样以模板作为其元素，但每个模板可以放置多个类型信息[②]。

细心的读者可能发现，上面的 5 条语句实际上是声明而非定义（每个声明的后面都没有

① 注意代码段的 6～7 行：在 C++ 17 之前，像 template <typename> class 这样的声明中，class 不能换成 typename。这一点在 C++ 17 中有所放松，本书还是沿用了 C++ 17 之前的书写惯例，使用 class 而非 typename 来表示模板。

② C++ 17 支持类似 template <auto... Vals> struct Cont 这样的容器，用于存储不同类型的数值。本书不会使用到类似的容器，因此不做讨论。

跟着大括号，因此仅仅是声明）。这也是 C++元编程的一个特点：事实上，我们可以将每条语句最后加上大括号，形成定义。但思考一下，我们需要定义吗？不需要。声明中已经包含了编译器需要使用的全部信息，既然如此，为什么还要引入定义呢？事实上，这几乎可以称为元编程中的一个惯用法了——仅在必要时才引入定义，其他的时候直接使用声明即可。在后文中，我们会看到很多类似的声明，并通过具体的示例来了解这些声明的使用方式。

事实上，到目前为止，我们已经基本完成了数据结构的讨论——深度学习框架只需要使用上述数据结构就可以完成构造了。如果你对这些结构还不熟悉，没关系，在后面构造深度学习框架的过程中，我们会不断地使用上述数据结构，你也就会不断地熟悉它们。

数据结构仅仅是故事的一半，一个完整的程序除了数据结构还要包含算法。而算法则是由最基本的顺序、分支与循环操作构成的。在下一节，我们将讨论涉及元函数时，该如何编写相应的顺序、分支或循环逻辑。

1.3 顺序、分支与循环代码的编写

相信本书的读者可以熟练地写出在运行期顺序、分支与循环执行的代码。但本书还是需要单独开辟出一节来讨论这个问题，是因为一旦涉及元函数，相应的代码编写方法也会随之改变。

1.3.1 顺序执行的代码

顺序执行的代码书写起来是比较直观的，考虑如下代码：

```
1   template <typename T>
2   struct RemoveReferenceConst_ {
3   private:
4       using inter_type = typename std::remove_reference<T>::type;
5   public:
6       using type = typename std::remove_const<inter_type>::type;
7   };
8
9   template <typename T>
10   using RemoveReferenceConst
11       = typename RemoveReferenceConst_<T>::type;
12
13   RemoveReferenceConst<const int&> h = 3;
```

这一段代码的重点是 2～7 行，它封装了元函数 RemoveReferenceConst_，这个函数内部则包含了两条语句，顺序执行：

（1）第 4 行根据 T 计算出 inter_type；

（2）第 6 行根据 inter_type 计算出 type。

同时，代码中的 inter_type 被声明为 private 类型，以确保函数的使用者不会误用 inter_type 这个中间结果作为函数的返回值。

这种顺序执行的代码很好理解，唯一需要提醒的是，现在结构体中的所有声明都要看成执行的语句，不能随意调换其顺序。考虑下面的代码：

```
1  struct RunTimeExample {
2      static void fun1() { fun2(); }
3      static void fun2() { cerr << "hello" << endl; }
4  };
```

这段代码是正确的，可以将 fun1 与 fun2 的定义顺序发生调换，不会改变它们的行为。但如果我们将元编程示例中的代码调整顺序：

```
1  template <typename T>
2  struct RemoveReferenceConst_ {
3      using type = typename std::remove_const<inter_type>::type;
4      using inter_type = typename std::remove_reference<T>::type;
5  };
```

程序将无法编译，这并不难理解：在编译期，编译器会扫描两遍结构体中的代码，第一遍处理声明，第二遍才会深入到函数的定义之中。正因为如此，RunTimeExample 是正确的，第一遍扫描时，编译器只是了解到 RunTimeExample 包含了两个成员函数 fun1 与 fun2；在后续的扫描中，编译器才会关注 fun1 中调用了 fun2。虽然 fun2 的调用语句出现在其声明之前，但正是因为这样的两遍扫描，编译器并不会报告找不到 fun2 这样的错误。

但修改后的 RemoveReferenceConst_中，编译器在首次从前到后扫描程序时，就会发现 type 依赖于一个没有定义的 inter_type，它不继续扫描后续的代码，而是会直接给出错误信息。在很多情况下，我们会将元函数的语句置于结构体或类中，此时就要确保其中的语句顺序正确。

1.3.2 分支执行的代码

我们也可以在编译期引入分支的逻辑。与编译期顺序执行的代码不同的是，编译期的分支逻辑既可以表现为纯粹的元函数，也可以与运行期的执行逻辑相结合。对于后者，编译期的分支往往用于运行期逻辑的选择。我们将在这一小节看到这两种情形各自的例子。

事实上，在前面的讨论中，我们已经实现过分支执行的代码了。比如在 1.2.2 节中，实现了一个 Fun_元函数，并使用一个 bool 参数来决定函数的行为（返回值）：这就是一种典型的分支行为。事实上，像该例那样，使用模板的特化或部分特化来实现分支，是一种非常常见的分支实现方式。当然，除此之外，还存在一些其他的分支实现方式，每种方式都有自己的优缺点——本小节会讨论其中的几种。

使用 std::conditional 与 std::conditional_t 实现分支

conditional 与 conditional_t 是 type_traits 中提供的两个元函数，其定义如下[①]：

```
namespace std
{
template <bool B, typename T, typename F>
    struct conditional {
        using type = T;
};

template <typename T, typename F>
    struct conditional<false, T, F> {
        using type = F;
};

template <bool B, typename T, typename F>
using conditional_t = typename conditional<B, T, F>::type;
}
```

其逻辑行为是：如果 B 为真，则函数返回 T，否则返回 F。其典型的使用方式为：

```
std::conditional<true, int, float>::type x = 3;
std::conditional_t<false, int, float> y = 1.0f;
```

分别定义了 int 型的变量 x 与 float 型的变量 y。

conditional 与 conditional_t 的优势在于使用比较简单，但缺点是表达能力不强：它只能实现二元分支（真假分支），其行为更像运行期的问号表达式：x = B ? T : F;。对于多元分支（类似于 switch 的功能）则支持起来就比较困难了。相应地，conditional 与 conditional_t 的使用场景是相对较少的。除非是特别简单的分支情况，否则并不建议使用这两个元函数。

使用（部分）特化实现分支

在前文的讨论中，我们就是使用特化来实现的分支。（部分）特化天生就是用来引入差异的，因此，使用它来实现分支也是十分自然的。考虑下面的代码：

```
struct A; struct B;

template <typename T>
struct Fun_ {
    constexpr static size_t value = 0;
};

template <>
struct Fun_<A> {
    constexpr static size_t value = 1;
};

```

① 这里只是给出了一种可能的实现，不同的编译器可能会采用不同的实现方式，但其逻辑是等价的。

```
13  template <>
14  struct Fun_<B> {
15      constexpr static size_t value = 2;
16  };
17
18  constexpr size_t h = Fun_<B>::value;
```

代码的第 18 行根据元函数 Fun_的输入参数不同，为 h 赋予了不同的值——这是一种典型的分支行为。Fun_元函数实际上引入了 3 个分支，分别对应输入参数为 A、B 与默认的情况。使用特化引入分支代码书写起来比较自然，容易理解，但代码一般比较长。

在 C++ 14 中，除了可以使用上述方法进行特化，还可以有其他的特化方式，考虑下面的代码：

```
1   struct A; struct B;
2
3   template <typename T>
4   constexpr size_t Fun = 0;
5
6   template <>
7   constexpr size_t Fun<A> = 1;
8
9   template <>
10   constexpr size_t Fun<B> = 2;
11
12   constexpr size_t h = Fun<B>;
```

这段代码与上一段实现了相同的功能（唯一的区别是元函数调用时，前者需要给出依赖型名称::value，而后者则无须如此)，但实现简单一些。如果希望分支返回的结果是单一的数值，则可以考虑这种方式。

使用特化来实现分支时，有一点需要注意：在非完全特化的类模板中引入完全特化的分支代码是非法的。考虑如下代码：

```
1   template <typename TW>
2   struct Wrapper {
3       template <typename T>
4       struct Fun_ {
5           constexpr static size_t value = 0;
6       };
7
8       template <>
9       struct Fun_<int> {
10           constexpr static size_t value = 1;
11       };
12  };
```

这个程序是非法的。原因是 Wrapper 是一个未完全特化的类模板，但在其内部包含了一个模板的完全特化 Fun_<int>，这是 C++标准所不允许的，会产生编译错误。

为了解决这个问题，我们可以使用部分特化来代替完全特化，将上面的代码修改如下：

```
template <typename TW>
struct Wrapper {
    template <typename T, typename TDummy = void>
    struct Fun_ {
        constexpr static size_t value = 0;
    };

    template <typename TDummy>
    struct Fun_<int, TDummy> {
        constexpr static size_t value = 1;
    };
};
```

这里引入了一个伪参数 TDummy，用于将原有的完全特化修改为部分特化。这个参数有一个默认值 void，这样就可直接以 Fun_<int>的形式调用这个元函数，无需为伪参数赋值了。

使用 std::enable_if 与 std::enable_if_t 实现分支

enable_if 与 enable_if_t 的定义如下：

```
namespace std
{
    template<bool B, typename T = void>
    struct enable_if {};

    template<class T>
    struct enable_if<true, T> { using type = T; };

    template< bool B, class T = void >
    using enable_if_t = typename enable_if<B, T>::type;
}
```

对于分支的实现来说，这里面的 T 并不特别重要，重要的是当 B 为 true 时，enable_if 元函数可以返回结果 type。可以基于这个构造实现分支，考虑下面的代码：

```
template <bool IsFeedbackOut, typename T,
          std::enable_if_t<IsFeedbackOut>* = nullptr>
auto FeedbackOut_(T&&) { /* ... */ }

template <bool IsFeedbackOut, typename T,
          std::enable_if_t<!IsFeedbackOut>* = nullptr>
auto FeedbackOut_(T&&) { /* ... */ }
```

这里引入了一个分支。当 IsFeedbackOut 为真时，std::enable_if_t<IsFeedbackOut>::type 是有意义的，这就使得第一个函数匹配成功；与之相应的，第二个函数匹配是失败的。反之，当 IsFeedbackOut 为假时，std::enable_if_t<!IsFeedbackOut>::type 是有意义的，这就使得第二个函数匹配成功，第一个函数匹配失败。

C++中有一个特性 SFINAE（Substitution Failure Is Not An Error），中文译为“匹配失败

并非错误”。对于上面的程序来说，一个函数匹配失败，另一个函数匹配成功，则编译器会选择匹配成功的函数而不会报告错误。这里的分支实现也正是利用了这个特性。

通常来说，enable_if 与 enable_if_t 会被用于函数之中，用做重载的有益补充——重载通过不同类型的参数来区别重名的函数。但在一些情况下，我们希望引入重名函数，但无法通过参数类型加以区分[①]。此时通过 enable_if 与 enable_if_t 就能在一定程度上解决相应的重载问题。

需要说明的是，enable_if 与 enable_if_t 的使用形式是多种多样的，并不局限于前文中作为模板参数的方式。事实上，只要 C++中支持 SFINAE 的地方，都可以引入 enable_if 或 enable_if_t。有兴趣的读者可以参考 C++ Reference 中的说明。

enable_if 或 enable_if_t 也是有缺点的：它并不像模板特化那样直观，以之书写的代码阅读起来也相对困难一些（相信了解模板特化机制的程序员比了解 SFINAE 的还是多一些的）。

还要说明的一点是，这里给出的基于 enable_if 的例子就是一个典型的编译期与运行期结合的使用方式。FeedbackOut_中包含了运行期的逻辑，而选择哪个 FeedbackOut_则是通过编译期的分支来实现的。通过引入编译期的分支方法，我们可以创造出更加灵活的函数。

编译期分支与多种返回类型

编译期分支代码看上去比运行期分支复杂一些，但与运行期相比，它也更加灵活。考虑如下代码：

```
1  auto wrap1(bool Check)
2  {
3      if (Check) return (int)0;
4      else return (double)0;
5  }
```

这是一个运行期的代码。首先要对第 1 行的代码简单说明一下：在 C++ 14 中，函数声明中可以不用显式指明其返回类型，编译器可以根据函数体中的 return 语句来自动推导其返回类型，但要求函数体中的所有 return 语句所返回的类型均相同。对于上述代码来说，其第 3 行与第 4 行返回的类型并不相同，这会导致编译出错。事实上，对于运行期的函数来说，其返回类型在编译期就已经确定了，无论采用何种写法，都无法改变。

但在编译期，我们可以在某种程度上打破这样的限制：

```
1  template <bool Check, std::enable_if_t<Check>* = nullptr>
2  auto fun() {
3      return (int)0;
4  }
5
6  template <bool Check, std::enable_if_t<!Check>* = nullptr>
7  auto fun() {
8      return (double)0;
```

① 我们将在深度学习的框架中看到这样的例子。

```
9   }
10
11   template <bool Check>
12   auto wrap2() {
13       return fun<Check>();
14   }
15
16   int main() {
17       std::cerr << wrap2<true>() << std::endl;
18   }
```

wrap2 的返回值是什么呢？事实上，这要根据模板参数 Check 的值来决定。通过 C++ 中的这个新特性以及编译期的计算能力，我们实现了一种编译期能够返回不同类型的数据结果的函数。当然，为了执行这个函数，我们还是需要在编译期指定模板参数值，从而将这个编译期的返回多种类型的函数蜕化为运行期的返回单一类型的函数。但无论如何，通过上述技术，编译期的函数将具有更强大的功能，这种功能对元编程来说是很有用的。

这也是一个编译期分支与运行期函数相结合的例子。事实上，通过元函数在编译期选择正确的运行期函数是一种相对常见的编程方法，因此 C++ 17 专门引入了一种新的语法 if constexpr 来简化代码的编写。

使用 if constexpr 简化代码

对于上面的代码段来说，在 C++ 17 中可以简化为：

```
1   template <bool Check>
2   auto fun()
3   {
4       if constexpr (Check)
5       {
6           return (int)0;
7       }
8       else
9       {
10           return (double)0;
11       }
12   }
13
14   int main() {
15       std::cerr << fun<true>() << std::endl;
16   }
```

其中的 if constexpr 必须接收一个常量表达式，即编译期常量。编译器在解析到相关的函数调用时，会自动选择 if constexpr 表达式为真的语句体，而忽略其他的语句体。比如，在编译器解析到第 15 行的函数调用时，会自动构造类似如下的函数：

```
1   // template <bool Check>
2   auto fun()
3   {
4   //    if constexpr (Check)
```

```
5   //     {
6            return (int)0;
7   //     }
8   //     else
9   //     {
10   //         return (double)0;
11   //     }
12   }
```

使用 if constexpr 写出的代码与运行期的分支代码更像。同时，它有一个额外的好处，就是可以减少编译实例的产生。使用上一节中编写的代码，编译器在进行一次实例化时，需要构造 wrap2 与 fun 两个实例；但使用本节的代码，编译器在实例化时只会产生一个 fun 函数的实例。虽然优秀的编译器可以通过内联等方式对构造的实例进行合并，但我们并不能保证编译器一定会这样处理。反过来，使用 if constexpr 则可以确保减少编译器所构造的实例数，这也就意味着在一定程度上减少编译所需要的资源以及编译产出的文件大小。

但 if constexpr 也有缺点。首先，如果我们在编程时忘记书写 constexpr，那么某些函数也能通过编译，但分支的选择则从编译期转换到了运行期——此时，我们还是会在运行期引入相应的分支选择，无法在编译期将其优化掉。其次，if constexpr 的使用场景相对较窄：它只能放在一般意义上的函数内部，用于在编译期选择所执行的代码。如果我们希望构造元函数，通过分支来返回不同的类型作为结果，那么 if constexpr 就无能为力了。该在什么情况下使用 if constexpr，还需要针对特定的问题具体分析。

1.3.3　循环执行的代码

一般来说，我们不会用 while、for 这样的语句组织元函数中的循环代码——因为这些代码操作的是变量。但在编译期，我们操作的更多的则是常量、类型与模板[①]。为了能够有效地操纵元数据，我们往往会使用递归的形式来实现循环。

还是让我们参考一个例子：给定一个无符号整数，求该整数所对应的二进制表示中 1 的个数。在运行期，我们可以使用一个简单的循环来实现。在编译期，我们就需要使用递归来实现了：

```
1  template <size_t Input>
2  constexpr size_t OnesCount = (Input % 2) + OnesCount<(Input / 2)>;
3
4  template <> constexpr size_t OnesCount<0> = 0;
5
6  constexpr size_t res = OnesCount<45>;
```

1～4 行定义了元函数 OnesCount，第 6 行则使用了这个元函数计算 45 对应的二进制包含的 1 的个数。

你可能需要一段时间才能适应这种编程风格。整个程序在逻辑上并不复杂，它使用了

① C++ 14 标准允许在 constexpr 函数中使用变量，但支持程度有限。

C++ 14 中的特性，代码量也与编写一个 while 循环相差无几。程序第 2 行 OnesCount<(Input / 2)>是其核心，它本质上是一个递归调用。读者可以思考一下，当 Input 为 45 或者任意其他的数值时，代码段第 2 行的行为。

一般来说，在采用递归实现循环的元程序中，需要引入一个分支来结束循环。上述程序的第 4 行实现了这一分支：当将输入减小到 0 时，程序进入这一分支，结束循环。

循环使用更多的一类情况则是处理数组元素。我们在前文中讨论了数组的表示方法，在这里，给出一个处理数组的示例：

```
1  template <size_t...Inputs>
2  constexpr size_t Accumulate = 0;
3
4  template <size_t CurInput, size_t...Inputs>
5  constexpr size_t Accumulate<CurInput, Inputs...>
6      = CurInput + Accumulate<Inputs...>;
7
8  constexpr size_t res = Accumulate<1, 2, 3, 4, 5>;
```

1～6 行定义了一个元函数：Accumulate，它接收一个 size_t 类型的数组，对数组中的元素求和并将结果作为该元函数的输出。第 8 行展示了该元函数的用法：计算 res 的值 15。

正如前文所述，在元函数中引入循环，非常重要的一点是引入一个分支来终止循环。程序的第 2 行是用于终止循环的分支：当输入数组为空时，会匹配这个函数的模板参数<size_t...Inputs>，此时 Accumulate 返回 0。而 4～6 行则组成了另一个分支：如果数组中包含一个或多于一个的元素，那么调用 Accumulate 将匹配第二个模板特化，取出首个元素，将剩余元素求和后加到首个元素之上。

事实上，仅就本例而言，在 C++ 17 中可以有更简单的代码编写方法，即使用其所提供的 fold expression 技术：

```
1  template <size_t... values>
2  constexpr size_t fun()
3  {
4      return (0 + ... + values);
5  }
6
7  constexpr size_t res = fun<1, 2, 3, 4, 5>();
```

fold expression 本质上也是一种简化的循环写法，它的使用具有一定的限制。本书不对其进行重点讨论。

编译期的循环，本质上是通过分支对递归代码进行控制的。因此，上一节所讨论的很多分支编写方法也可以衍生并编写相应的循环代码。典型的，可以使用 if constexpr 来编写分支，这项工作就留给读者进行练习了。

1.3.4 小心：实例化爆炸与编译崩溃

回顾一下之前的代码：

```
1  template <size_t Input>
2  constexpr size_t OnesCount = (Input % 2) + OnesCount<(Input / 2)>;
3
4  template <> constexpr size_t OnesCount<0> = 0;
5
6  constexpr size_t x1 = OnesCount<7>;
7  constexpr size_t x1 = OnesCount<15>;
```

考虑一下，编译器在编译这一段时，会产生多少个实例。

在第 6 行以 7 为模板参数传入时，编译器将使用 7、3、1、0 来实例化 OnesCount，构造出 4 个实例。接下来第 7 行以 15 为参数传入这个模板，那么编译器需要用 15、7、3、1、0 来实例化代码。通常，编译器会将第一次使用 7、3、1、0 实例化出的代码保留起来，这样一来，如果后面的编译过程中需要使用同样的实例，那么之前保存的实例就可以复用了。对于一般的 C++程序来说，这样做能极大地提升编译速度，但对于元编程来说，这可能会造成灾难。考虑以下的代码：

```
1  template <size_t A>
2  struct Wrap_ {
3      template <size_t ID, typename TDummy = void>
4      struct imp {
5          constexpr static size_t value = ID + imp<ID - 1>::value;
6      };
7
8      template <typename TDummy>
9      struct imp<0, TDummy> {
10          constexpr static size_t value = 0;
11      };
12
13      template <size_t ID>
14      constexpr static size_t value = imp<A + ID>::value;
15  };
16
17  int main() {
18      std::cerr << Wrap_<3>::value<2> << std::endl;
19      std::cerr << Wrap_<10>::value<2> << std::endl;
20  }
```

这段代码结合了前文所讨论的分支与循环技术，构造出了 Wrap_类模板。它是一个元函数，接收参数 A 返回另一个元函数。后者接收参数 ID，并计算 $\sum_{i=1}^{A+ID} i$。

在编译第 18 行代码时，编译器会因为这条语句产生 Wrap_<3>::imp 的一系列实例。不幸的是，在编译第 19 行代码时，编译器无法复用这些实例，因为它所需要的是 Wrap_<10>::imp 的一系列实例，这与 Wrap_<3>::imp 系列并不同名。因此，我们无法使用编译器已经编译好的实例来提升编译速度。

实际情况可能会更糟，编译器很可能会保留 Wrap_<3>::imp 的一系列实例，因为它会假定后续可能还会出现再次需要该实例的情形。上例中 Wrap_中包含了一个循环，循环所产生的全部实例都会在编译器中保存。如果我们的元函数中包含了循环嵌套，那么由此产生的实例将随循环层数的增加呈指数的速度增长——这些内容都会被保存在编译器中。

不幸的是，编译器的设计往往是为了满足一般性的编译任务，对于元编程这种目前来说使用情形并不多的技术来说，优化相对较少。因此编译器的开发者可能不会考虑编译过程中保存在内存中的实例数过多的问题（对于非元编程的情况，这可能并不是一个大问题）。但另一方面，如果编译过程中保存了大量的实例，那么可能会导致编译器的内存超限，从而出现编译失败甚至崩溃的情况。

这并非危言耸听。事实上，在作者编写深度学习框架时，就出现过对这个问题没有引起足够重视，而导致编译内存占用过多，最终编译失败的情况。在小心修改了代码之后，编译所需的内存比之前减少了 50%以上，编译也不再崩溃了。

那么如何解决这个问题呢？其实很简单：将循环拆分出来。对于上述代码，我们可以修改为如下内容：

```
1   template <size_t ID>
2   struct imp {
3       constexpr static size_t value = ID + imp<ID - 1>::value;
4   };
5
6   template <>
7   struct imp<0> {
8       constexpr static size_t value = 0;
9   };
10
11   template <size_t A>
12   struct Wrap_ {
13       template <size_t ID>
14       constexpr static size_t value = imp<A + ID>::value;
15   };
```

在实例化 Wrap_<3>::value<2>时，编译器会以 5、4、3、2、1、0 为参数构造 imp。在随后实例化 Wrap_<10>::value<2>时，之前构造的东西还可以被使用，新的实例化次数也会随之变少。

但这种修改还是有不足之处的：在之前的代码中，imp 被置于 Wrap_中，这表明了二者的紧密联系；从名称污染的角度上来说，这样做不会让 imp 污染 Wrap_外围的名字空间。但在后一种实现中，imp 将对名字空间造成污染：在相同的名字空间中，我们无法再引入另一个名为 imp 的构造，供其他元函数调用。

如何解决这种问题呢？这实际上是一种权衡。如果元函数的逻辑比较简单，同时并不会产生大量实例，那么保留前一种（对编译器来说比较糟糕的）形式，可能并不会对编译器产生太多负面的影响，同时使得代码具有更好的内聚性。反之，如果元函数逻辑比较复杂（典型情况是多重循环嵌套），又可能会产生很多实例，那么就选择后一种方式以节省编译资源。

即使选择后一种方式，我们也应当尽力避免名字污染。为了解决这个问题，在后续编写深度学习框架时，我们会引入专用的名字空间，来存放像 imp 这样的辅助代码。

1.3.5 分支选择与短路逻辑

减少编译期实例化的另一种重要的技术就是引入短路逻辑。考虑如下代码：

```
1   template <size_t N>
2   constexpr bool is_odd = ((N % 2) == 1);
3
4   template <size_t N>
5   struct AllOdd_ {
6       constexpr static bool is_cur_odd = is_odd<N>;
7       constexpr static bool is_pre_odd = AllOdd_<N - 1>::value;
8       constexpr static bool value = is_cur_odd && is_pre_odd;
9   };
10
11  template <>
12  struct AllOdd_<0> {
13      constexpr static bool value = is_odd<0>;
14  };
```

这段代码的逻辑并不复杂。1～2 行引入了一个元函数 is_odd，用来判断一个数是否为奇数。在此基础上，AllOdd_用于给定数 N，判断 0～N 的数列中是否每个数均为奇数。

虽然这段代码的逻辑非常简单，但足以用于讨论本节中的问题了。考虑一下在上述代码中，为了进行判断，编译器进行了多少次实例化。在代码段的第 7 行，系统进行了递归的实例化。给定 N 作为 AllOdd_的输入时，系统会实例化出 N+1 个对象。

上述代码判断的核心是第 8 行：一个逻辑“与”操作。对于“与”来说，只要有一个操作数不为真，那么就该返回假。但这种逻辑短路的行为在上述元程序中并没有得到很好地利用——无论 is_cur_odd 的值是什么，AllOdd_都会对 is_pre_odd 进行求值，这会间接产生若干实例化的结果，虽然这些实例化可能对系统最终的求值没什么作用。

以下是这个程序的改进版本（这里只列出了修改的部分）：

```
1   template <bool cur, typename TNext>
2   constexpr static bool AndValue = false;
3
4   template <typename TNext>
5   constexpr static bool AndValue<true, TNext> = TNext::value;
6
7   template <size_t N>
8   struct AllOdd_ {
9       constexpr static bool is_cur_odd = is_odd<N>;
10      constexpr static bool value = AndValue<is_cur_odd,
11                                             AllOdd_<N - 1>>;
12  };
```

这里引入了一个辅助元函数 AndValue：只有当该元函数的第一个操作数为 true 时，它才会实例化第二个操作数[①]；否则将直接返回 false。代码段的 10～11 行使用了 AndValue 以减少实例化的次数，同时也减少了代码的编译成本。

1.4 奇特的递归模板式

本章所讨论的很多内容都并非 C++中新引入的技术，而是基于已有技术所衍生出来的一些使用方法。编写运行期程序时，这些方法可能并不常见，但在元编程中，我们会经常使用这些方法，而这些方法也可以视为元编程中的惯用法。

如果对元函数划分等级，那么进行基本变换（如为输入一个类型，返回相应的指针类型）的元函数是最低级的；在此之上则是包含了顺序、分支与循环逻辑的元函数。在掌握了这些工具后，我们就可以进而学习一些更高级的元编程方式——奇特的递归模板式就是其中之一。

奇特的递归模板式（Cruiously Recurring Template Pattern，CRTP）是一种派生类的声明方式，其“奇特”之处就在于：派生类会将本身作为模板参数传递给其基类。考虑如下代码：

```
1 | template <typename D> class Base { /*...*/ };
2 |
3 | class Derived : public Base<Derived> { /*...*/ };
```

其中第 3 行定义了类 Derived，派生自 Base<Derived>——基类以派生类的名字作为模板参数。这乍看起来似乎有循环定义的嫌疑，但它确实是合法的。只不过看起来比较“奇特”而已。

CRTP 有很多应用场景，模拟虚函数是其典型应用之一。习惯了面向对象编程的读者对虚函数并不陌生：我们可以在基类中声明一个虚函数（这实际上声明了一个接口），并在每个派生类中采用不同的方式实现该接口，从而产生不同的功能——这是面向对象中以继承实现多态的一种经典实现方式。选择正确的虚函数执行需要运行期的相应机制来支持。在一些情况下，我们所使用的函数无法声明为虚函数，比如下面的例子：

```
1 | template <typename D>
2 | struct Base
3 | {
4 |     template <typename TI>
5 |     void Fun(const TI& input) {
6 |         D* ptr = static_cast<D*>(this);
7 |         ptr->Imp(input);
```

① 通常来说，在 C++中，只有访问了模板内部的具体元素时，相应的元素才会被实例化。因此像本例中的 1 ~ 2 行并不会导致第二个模板参数 TNext 内部元素的实例化。

```
8           }
9       };
10
11      struct Derive : public Base<Derive>
12      {
13          template <typename TI>
14          void Imp(const TI& input) {
15              cout << input << endl;
16          }
17      };
18
19      int main() {
20          Derive d;
21          d.Fun("Implementation from derive class");
22      }
```

在这段代码中，基类 Base<D>会假定派生类实现了一个接口 Imp，会在其函数 Fun 中调用这个接口。如果使用面向对象的编程方法，我们就需要引入虚函数 Imp。但是，Imp 是一个函数模板，无法被声明为虚函数，因此这里借用了 CRTP 技术来实现类似虚函数的功能。除了函数模板，类的静态函数也无法被声明为虚函数，此时借用 CRTP，同样能达到类似虚函数的效果：

```
1   template <typename D>
2   struct Base
3   {
4       static void Fun() {
5           D::Imp();
6       }
7   };
8
9   struct Derive : public Base<Derive>
10   {
11      static void Imp() {
12          cout << "Implementation from derive class" << endl;
13      }
14   };
15
16   int main() {
17      Derive::Fun();
18   }
```

元编程涉及的函数大部分与模板相关，或者往往是类中的静态函数。在这种情况下，如果要实现类似运行期的多态特性，就可以考虑使用 CRTP。

1.5 小结

本章讨论了元编程中可能会用到的一些基本技术，从元函数的定义方式到顺序、分支与循环程序的编写，再到奇特的递归模板式。这些技术有的专门用于编写元函数，有的则需要与元编程结合在一起以发挥更大的作用。一些技术初看起来与常见的运行期编程方法有很大的不同，初学者难免会感到不习惯。但如果能够反复地练习，在适应了这些技术之后，读者就可以得心应手地编写元程序，实现大部分编译期计算的功能了。

本章只是选择相对基础且具有代表性的技术进行介绍，省略了很多高级的元编程技巧，比如：可以使用模板的默认参数来实现分支；基于包展开与 fold expression 实现循环等。相对于面向对象的编程技术来说，C++模板元编程是一个较新的领域，新的技术层出不穷，仅仅通过一章的篇幅很难一一列举。有兴趣的读者可以搜索相关的资源进行学习。

即使只是使用本章所讨论的这些技术，也可以进行很复杂的编译期计算了。本书的后续章节会使用这些技术构造深度学习框架。事实上，在后续的章节中，大部分的讨论都可以被视为利用本章所讨论的技术来解决实际问题的演练。因此，读者完全可以将本书后续的内容看成是本章讨论技术的一个练习。这个练习的过程也正是带领读者熟悉本章知识点的过程。相信在读完本书之后，读者会对元编程有一个更加成熟的认识。

除了直接使用本章所讨论的技术，我们也可以通过一些元编程的库来实现特定的操作。比如：使用 Boost::MPL 或 Boost::Hana 库来实现数组、集合的操作——这些库所提供的接口与本章中讨论的数组处理方式看上去有很大不同，但实现的功能则是类似的。使用本书中描述的数组处理方式，就像在运行期使用 C++的基本数组，而使用诸如 MPL 这样的元编程库，则更像在运行期使用 vector。本书不会讨论这些元编程库，因为作者认为，如果基本数组没有用好，就很难用好 vector。本书所传达给读者的是元编程的基础技法，相信读者在打好了相应的基础后，再使用其他高级的元编程类库就不是什么难事了。

1.6 练习

1. 对于元函数来说，数值与类型其实并没有特别明显的差异：元函数的输入可以是数值或类型，对应的变换可以在数值与类型之间进行。比如可以构造一个元函数，输入是一个类型，输出是该类型变量所占空间的大小——这就是一个典型的从类型变换为数值的元函数。试构造该函数，并测试之。
2. 作为进一步的扩展，元函数的输入参数甚至可以是类型与数值混合的。尝试构造一个元函数，其输入参数为一个类型以及一个整数。如果该类型所对应对象的大小等于该整数，那么返回 true，否则返回 false。
3. 本章介绍了若干元函数的表示形式，你是否还能想到其他的形式？
4. 本章讨论了以类模板作为元函数的输出，尝试构造一个元函数，它接收输入后会返回一个元函数，后者接收输入后会再返回一个元函数——这仅仅是一个练习，不必过于在意其应用场景。

5. 使用 SFINAE 构造一个元函数：输入一个类型 T，当 T 存在子类型 type 时该元函数返回 true，否则返回 false。
6. 使用在本章中学到的循环代码书写方式，编写一个元函数，输入一个类型数组，输出一个无符号整型数组，输出数组中的每个元素表示了输入数组中相应类型变量的大小。
7. 使用分支短路逻辑实现一个元函数，给定一个整数序列，判断其中是否存在值为 1 的元素。如果存在，就返回 true，否则返回 false。

第 2 章

异类词典与 policy 模板

自 C++问世以来，对它的批评就一直没有间断过。批评的原因有很多种。C 与汇编语言的拥护者认为其中包含了太多“华而不实”的东西[①]；而习惯了 Java、Python 的程序员又会因 C++缺少了某些“理所当然”的特性而感到失望[②]。空穴来风，非是无因。作为 C++开发者，在享受这门语言所带来的便利的同时，我们也应当承认它确实存在不尽如人意的地方。世上没有完美的东西，编程语言也如此。作为一名程序员，我们能做的就是用技术来改善不如意的方面，让自己的编程生活变得惬意一些。

正是从这一点出发，本章设计并实现了两个数据结构：异类词典与 policy 模板。它们都可以被视为一种容器，可以通过键来查询相应的值。但与我们经常使用的运行期容器（如 std::map）不同，这两个数据结构中的键是编译期元数据。

与运行期容器相比，这两个数据结构有各自的优势与劣势。数据结构根据其特性的不同，应用场景也不一样。接下来，让我们从“具名参数”这个议题出发，来讨论它们的应用场景与各自的特点。

2.1 具名参数简介

很多编程语言都支持在函数调用时使用类似具名参数的概念。具名参数最大的优势就在于能为函数调用提供更多信息。考虑如下的 C++函数（它实现了一个插值计算）：

```
1 | float fun(float a, float b, float weight)
2 | {
3 |     return a * weight + b * (1 - weight);
4 | }
```

在调用这个函数时，如果将 3 个参数的顺序搞错，那么将得到完全错误的结果，但函数的 3 个参数的类型相同，因此编译器并不能发现这样的错误。

---

① 典型的论述包括：“你们这些 C++程序员总是一上来就用语言的那些‘漂亮的’库特性（比如 STL、Boost）和其他彻头彻尾的垃圾……”

② 典型的论述包括：“写 C 或者 C++就像是在用一把卸掉所有安全防护装置的链锯。”

使用具名参数进行函数调用，可以在一定程度上缓解上述错误的发生。考虑如下代码：

```
1 | fun(1.3f, 2.4f, 0.1f);
2 | fun(weight = 0.1f, a = 1.3f, b = 2.4f);
```

其中的第 2 行就是一种具名函数调用。显然它比第 1 行更具可读性，同时更不容易出错。

但不幸的是，到目前为止，C++语言本身并不直接支持函数的具名调用，因此上述代码也是无法编译的。一种在 C++中使用具名函数的方式是通过类似 std::map 这样的映射结构[①]：

```
1  | float fun(const std::map<std::string, float>& params) {
2  |     auto a_it = params.find("a");
3  |     auto b_it = params.find("b");
4  |     auto weight_it = params.find("weight");
5  |
6  |     return (a_it->second) * (weight_it->second) +
7  |            (b_it->second) * (1 - (weight_it->second));
8  | }
9  |
10 | int main() {
11 |     std::map<std::string, float> params;
12 |     params["a"] = 1.3f; params["b"] = 2.4f;
13 |     params["weight"] = 0.1f;
14 |
15 |     std::cerr << fun(params); // 调用
16 | }
```

这段代码并不复杂：在调用函数之前，我们使用 params 构建了一个参数映射，这个结构的构建过程等价于为参数指定名称的过程。在函数体内部，我们则通过访问 params 中的键（字符串类型）来获取相应的参数值。每个参数的访问都涉及参数名称的显式调用，因此与本章一开始所给出的版本相比，这样的代码相对来说出错的可能性会小很多。

使用诸如 std::map 这样的容器，可以减少函数参数传递过程中出现错误的可能性。但这种方式也有相应的缺陷：参数的存储与获取涉及键的查询，而这个查询的过程是在运行期完成的，这需要付出相应的运行期的成本。以上述代码为例：在程序的 2～4 行获取参数，以及 6～7 行对迭代器解引用都需要运行期计算来完成。虽然相应的计算时间可能并不算长，但与整个函数的主体逻辑（浮点运算）相比，参数获取还是占了很大的比例的。如果 fun 函数被多次调用，那么键与值的关联所付出的成本就会成为不可忽视的一块了。

仔细分析具名参数的使用过程，可以发现这个过程中的一部分可以在编译期完成。具名参数的本质是建立一个键到数值的映射。对于确定的函数，所需要的键（参数）也就确定了。因此，键的相关操作完全可以放到编译期来处理，而参数值的相关操作则可以留待运行期完成。

std::map 的另一个问题是值的类型必须一致。对于之前的例子，传入的参数都是浮点

① 出于简洁考虑，本段代码省略了迭代器合法性的检查。

数，此时可以用 std::map 进行键值映射。但如果函数所接收的参数类型不同，使用 std::map 就会困难许多——通常需要通过派生的手段为不同的值类型引入基类，之后在 std::map 中保存基类的指针。这样会进一步增加运行期的成本，同时不便于维护。

参数解析是高级语言中一项很基本的功能。这一章将描述两种结构，以改进上面这种纯运行期的解决方案——在引入具名操作的同时尽量减少由此而引入的运行期成本，同时能更好地配合元编程使用。这两种结构均将作为辅助模块用于后续的深度学习框架中。

2.2 异类词典

我们要引入的第一个模块是异类词典 VarTypeDict。它一个容器，按照键-值对来保存与索引数据。这里的“异类”是指容器中存储的值的类型可以是不同的。比如，可以在容器中保存一个 double 型的对象与一个 std::string 型的字符串。同时，容器中用于索引对象的键是在编译期指定的，基于键的索引工作也主要在编译期完成。

2.2.1 模块的使用方式

在着手构造任何一个模块前，需要对这个模块的使用方式有所预期：用户该如何调用这个模块来实现相应的功能？这是在编写代码前需要首先考虑的。因此，在讨论具体实现之前，我们首先给出这个模块的调用接口。

该模块的调用示例如下：

```
1   // 声明一个异类词典 FParams
2   struct FParams : public VarTypeDict<A, B, Weight> {};
3
4   template <typename TIn>
5   float fun(const TIn& in) {
6       auto a = in.template Get<A>();
7       auto b = in.template Get<B>();
8       auto weight = in.template Get<Weight>();
9
10       return a * weight + b * (1 - weight);
11   }
12
13   int main() {
14       std::cerr << fun(FParams::Create()
15                        .Set<A>(1.3f)
16                        .Set<B>(2.4f)
17                        .Set<Weight>(0.1f));
18   }
```

这并非完整的示例代码，但也相差无几了。代码的第 2 行定义了结构体 FParams，它继承自 VarTypeDict，用来表示 fun 函数所需要的参数集。VarTypeDict 是本节要实现的模块。

而这一行的定义表示：FParams 中包含 3 个参数，分别命名为 A、B 与 Weight（A、B 与 Weight 是元数据，后文会给出其具体的定义）。

fun 函数接收的参数是异类词典容器的实例，类似于前文中的 std::map，可以从其中获取相应的参数值。在此基础上，第 10 行调用函数的核心逻辑计算并返回。需要说明的是：函数所接收的参数类型 TIn 并非 FParams，而是一个与 FParams 相关的类型。异类词典的使用者不需要关心 fun 函数的具体输入类型，只需要知道可以通过这个输入类型调用 Get 获取相应的参数值即可。

在 14～17 行的 main 函数中，我们调用了 fun 函数并打印出相应的函数返回值。这里使用了一种称为“闭包”的语法[①]，这看上去与一般的程序写法有些不同，但并不难懂。14～17 行中的含义依次为：构造一个容器来保存数据（Create），放入 A 所对应的值 1.3f，放入 B 所对应的值 2.4f，放入 Weight 所对应的值 0.1f。

具名参数的一个好处就是可以交换参数的顺序而不影响程序的执行结果。考虑如下代码：

```
1 | std::cerr << fun(FParams::Create()
2 |                      .Set<B>(2.4f)
3 |                      .Set<A>(1.3f)
4 |                      .Set<Weight>(0.1f));
```

这将得到与上文调用完全相同的结果。

在前文中，我们使用了派生的方法定义了 FParams。事实上，这一行的代码还可以改得更简单：

```
1 | using FParams = VarTypeDict<A, B, Weight>;
```

此时，FParams 只是 VarTypeDict<A, B, Weight>的别名而已。无论是采用派生的方法，还是这种通过 using 引入类型别名，所引入的 FParams 都能完成前文所述的异类词典的功能。

从原理上来看，上述代码段与使用 std::map 类似，都是将参数打包传递给函数，由函数解包使用。但二者是有本质上的差别的。首先，VarTypeDict 使用了元编程，相应的，程序的 6～8 行获取参数值的操作主要是在编译期完成的——它只会引入很少的运行期成本。

其次，如果我们忘记为一个键赋予相应的值：

```
1 | std::cerr << fun(FParams::Create()
2 |                      .Set<B>(2.4f)
3 |                      .Set<A>(1.3f);
```

那么程序将出现编译错误。

考虑一下，使用 std::map 用做具名参数的载体时，少提供一个参数会出现什么后果？

① 关于闭包的详细解释，可以参考 *Domain-Specific Languages* 一书，Martin Fowler 著，Addison-Wesley Professional，2010 年。

此时，不会出现编译错误，但会出现运行错误。与运行期出错相比，编译期出错总是要好一些的。错误发现得越早，解决起来相对就越容易。

最后，我们可以在容器中放置不同类型的数据，比如可以对程序进行简单的改写以实现另一个功能：

```
struct FParams : public VarTypeDict<A, B, C> {};

template <typename TIn>
float fun(const TIn& in) {
    auto a = in.template Get<A>();
    auto b = in.template Get<B>();
    auto c = in.template Get<C>();

    return a ? b : c;
}

fun(FParams::Create().Set<A>(true).Set<B>(2.4f).Set<C>(0.1f));
```

在这段程序中，fun 根据传入参数 A 的布尔值来决定返回 B 或 C 中的一个。fun 所接收的参数类型不再相同。如果使用 std::map 这样的构造，那么就必须引入一个基类作为容器所存储的值的基本类型。但使用 VarTypeDict，我们就无需考虑这个问题——VarTypeDict 天生就是支持异类类型的。

上述代码的核心就是 VarTypeDict，我们希望实现这样一个类，来提供上述的全部功能。VarTypeDict 的本质是一个容器，包含了若干键-值对映射，这一点与运行期的 std::map 很类似，只不过它的键是编译期的常量。因此，在讨论 VarTypeDict 的具体实现前，有必要思考一下该用什么来表示键的信息。

2.2.2 键的表示

VarTypeDict 中的键是一个编译期常量。对于定义：

```
struct FParams : public VarTypeDict<A, B, Weight> {};
```

我们需要引入编译期常量来表示 A，B 与 Weight。那么，该用什么作为其载体呢？我们有很多选择，最典型的就是整型常量（比如 int）。比如，可以定义：

```
constexpr int A = 0;
```

B 与 Weight 的定义类似。但这里有个数值冲突的问题。比如我们在某处定义了 A=0，在另外一处定义了 B=0。现在想在某个函数中同时使用 A 与 B。那么在调用 Set（或 Get）时，如果传入 A（即数值 0），编译器无法知道是对二者中的哪一个进行设置（或读取）。为了防止这种情况的产生，我们需要一种机制来避免定义值相同的键。这种机制本身就增加了代码的维护成本。比如，在多人同时开发时，可能需要分配每个人能够使用的键值区域，避免出现冲突；在代码的维护过程中，也需要记录哪些键值已经被使用过了，哪些还可以使用；而在开发了一段时间后，可能需要对已经使用的键值进行调整，比如让含义相近的键所对应的键值相邻，这可能会导致很多键的调整。随着代码量的增加，模块逐渐复杂化，这种映射所需要的维护成本也将越来越大。

整数的问题在于它的描述性欠佳：无法从其字面值中了解到对应的键的含义。要解决这个问题，我们很自然地就会想到使用字符串。字符串具有很好的描述性——其含义从字面信息上看一目了然。确保字符串不出现冲突也比确保整数不出现冲突也要容易些。对于不同的参数，我们总可以通过引入限定词，将其含义尽量准确地描述出来，将其与其他参数的差异表述出来。而这种限定信息可以很方便地加到字符串中，以避免冲突。那么，使用字符串作为键怎么样？

不幸的是，目前来说，C++在编译期对字符串支持得并不好。使用字符串作为VarTypeDict的模板参数并非一个很好的选择。

事实上，C++并非不支持使用字符串作为模板参数，但能够作为模板参数的字符串的类型是有限的，诸如std::string这样的数据类型是不能作为模板参数的。通常来说，如果我们希望以字符串作为模板参数，那么所使用的是诸如“Hello”这样的字符串字面值。

字符串字面值可以作为非类型模板参数。非类型模板参数有两种声明方式，采用引用的方式，或者采用值的方式。如果采用引用的方式声明字符串，字符串的长度信息会被视为其类型信息的一部分。此时，“Hello”与“C++”会被视为不同类型，因为二者长度不同。

如果采用值的方式声明，字符串字面值的类型会被蜕化为相应的指针类型，比如“Hello”与“C++”都会被视为const char*。我们可以引入接收const char*为参数的模板，并为其传入字符串：

```
1 template <const char* info>
2 struct Temp;
3
4 constexpr char a[] = "Hello";
5 using Res = Temp<a>;
```

此时，Temp实例所对应的模板参数并非字符串，而是指向该字符串的指针。这就会造成一个问题，我们可能构造两个内容相同的字符串，指向不同的地址，且由此构造出的Temp实例可能是不同的：

```
1 template <const char* info>
2 struct Temp;
3
4 constexpr char a[] = "Hello";
5 constexpr char a2[] = "Hello";
6 using Res = Temp<a>;
7 using Res2 = Temp<a2>;
```

在上面的代码中Res与Res2的类型相同吗？不一定。这要看编译器是否让a与a2指向相同的地址了。如果编译器发现a与a2的内容相同，那么它可能引入优化，让二者指向相同的地址，这就会使得 Res 与 Res2 的类型相同；反之，如果编译结果中 a 与 a2 指向不同的地址，那么 Res 与 Res2 的类型就不同了。

如果要在 VarTypeDict 中使用字符串作为键，那么我们就需要在某个地方统一定义这些字符串字面值（比如在一个 CPP 文件中引入前文中的 a 与 a2 这样的常量），之后在实例化模板时，使用这样的常量作为模板参数。与使用整数的方式类似，这同样会增大模板定义的复杂性，不利于扩展。

字符串的这些问题使得它不适合用作 VarTypeDict 中的键。正如前文所述，编译期不同字符串之间比较起来相对困难，类型存在差异，这些特性导致了它在处理起来是相对麻烦的，因此通常来说，我们会尽量避免在编译期使用字符串以及字符串的相关操作。

那么要用什么作为键呢？事实上，为了能基于其索引到相应的值，这里的键只需要支持“等于”判断即可。有一个很天然的东西可以支持等于判断：那就是类（或者结构体）的名字。这里正是使用了结构体的名字作为键。在上例中，对 A、B 与 Weight 的声明如下：

```
1  struct A; struct B; struct Weight;
2
3  struct FParams : public VarTypeDict<A, B, Weight> {};
```

这里的 A、B 与 Weight 只是用作键来使用，程序并不需要其定义，因此也就没有必要引入定义——只是给出声明即可。

A、B 与 Weight 在上述程序的第 1 行与第 3 行出现了两次，我们可以进一步简化，将二者合并起来：

```
1  // struct A; struct B; struct Weight; 去掉这一行
2  struct FParams : public VarTypeDict<struct A,
3                                      struct B,
4                                      struct Weight> {};
```

这样整个程序就能看上去更加清晰。

2.2.3　异类词典的实现

VarTypeDict 包含了异类词典的核心逻辑，这一节将分析它的实现。

外围框架

VarTypeDict 的外围框架代码如下所示：

```
1  template <typename...TParameters>
2  struct VarTypeDict
3  {
4      template <typename...TTypes>
5      struct Values {
6      public:
7          template <typename TTag, typename TVal>
```

```
8            auto Set(TVal&& val) && ;
9
10           template <typename TTag>
11           const auto& Get() const;
12       };
13
14   public:
15       static auto Create() {
16           using namespace NSVarTypeDict;
17           using type = typename Create_<sizeof...(TParameters),
18                                        Values>::type;
19           return type{};
20       }
21   };
```

VarTypeDict 是个类模板，包含静态函数 Create，该函数会根据 VarTypeDict 传入的模板参数构造一个类型 type，之后返回这个类型所对应的对象。

Create 返回的对象实际上是 Values<TTypes...>的实例。Values 是位于 VarTypeDict 内部的一个模板，它提供了 Set 与 Get 函数。因此，对于之前的代码：

```
1  std::cerr << fun(FParams::Create()
2                         .Set<B>(2.4f)
3                         .Set<A>(1.3f)
4                         .Set<Weight>(0.1f));
```

第 1 行中的 Create 相当于构造了 Values<TTypes...>类型的变量，后面几个 Set 则相当于向 Values<TTypes...>中传入数据。

Values 定义于 VarTypeDict 内部，有自己的模板参数 TTypes。TTypes 与 TParameters 一样，都是变长模板。事实上，它们内部均保存了类型信息。TParameters 中保存的是键，而 TTypes 中保存的是相应的数值类型。比如，对于以下代码：

```
1  VarTypeDict<A, B, C>::Create()
2                     .Set<A>(true).Set<B>(2.4f).Set<C>(0.1f);
```

执行后所构造的对象为：VarTypeDict<A, B, C>::Values<bool, float, float>。

让我们先看一下 Create 函数的具体实现。

Create 函数的实现

Create 函数是整个模块中首个对外的接口，但这个接口在实现时有一个问题。考虑如下代码：

```
1  VarTypeDict<A, B>::Create()
2                  .Set<A>(true).Set<B>(2.4f);
```

Create 返回的是 Value<TTypes...>的实例。这个实例最终需要包含容器中每个值所对应的具体数据类型。对于这段代码，理想的情况是，Create 函数执行完成时，返回的是

Value<bool,float>类型的实例。后续 Set 会依据这个信息来设置数据。但程序是从前向后执行的。在执行 Create 时，系统无法知道要设置的数值类型（bool，float 类型），它该怎么为 TTypes 赋值呢？

有几种方式可以解决这个问题。比如，我们可以改变接口设计，将这一部分信息提前。在调用 Create 之前就提供了这个信息。但如果采用这样的设计，模块的调用者就需要显式提供这一部分信息，比如，按照如下的方式来调用这个接口：

```
1 | VarTypeDict<A, B, bool, float>::Create()
2 |                                   .Set<A>(true).Set<B>(2.4f);
```

这增加了调用者的负担，同时也增加了程序出错的可能性（考虑如果在 VarTypeDict 中写错了值类型，会出现什么问题）：它并不是一个好的解决方案。

一个较好的处理方式是引入一个“占位类型”：

```
1 | struct NullParameter;
```

在 Create 函数调用之初，用这个占位符类型填充 TTypes，在之后的 Set 中，再来修改这个类型为实际的类型。还是以之前的代码为例（其中每一步调用后都给出了相应的返回类型）：

```
1 | VarTypeDict<A, B>
2 |     ::Create()       // Values<NullParameter, NullParameter>
3 |      .Set<A>(true)   // Values<bool, NullParameter>
4 |      .Set<B>(2.4f); // Values<bool, float>
```

基于这样的思想，实现 Create 函数如下：

```
1  | namespace NSVarTypeDict
2  | {
3  | template <size_t N, template<typename...> class TCont, typename...T>
4  | struct Create_ {
5  |     using type = typename Create_<N - 1, TCont,
6  |                                   NullParameter, T...>::type;
7  | };
8  |
9  | template <template<typename...> class TCont, typename...T>
10 |  struct Create_<0, TCont, T...> {
11 |      using type = TCont<T...>;
12 |  };
13 |  }
14 |
15 |  template <typename...TParameters>
16 |  struct VarTypeDict {
17 |      // ...
18 |
19 |      static auto Create() {
20 |          using namespace NSVarTypeDict;
21 |          using type = typename Create_<sizeof...(TParameters),
22 |                                        Values>::type;
```

```
23          return type{};
24      }
25  };
```

函数的主体逻辑实际上位于名字空间 NSVarTypeDict 里面的 Create_中[①]。而 Create 内部调用了元函数 Create_，传入参数，获取它的返回结果（类型），使用该类型构造一个对象并返回。

Create_本身实现了一个循环逻辑。它包含了两部分，前者（3～7 行）是原始模板（Primiary Template），它接收 3 个参数：

- N 表示还需要构造的元素数目；
- TCont 是容器类型，用于存储最终的结果（值是类型的数组）；
- T 是已经生成的类型序列；

在其内部，它会构造一个 NullParameter 的类型并放到类型数组中，将 N 减 1，之后进行下一次迭代。

Create_的另一个特化（9～12 行）表示 N=0 时的情形，也就是循环终止的情形。此时，系统直接返回 TCont<T...>这个类型数组。

Create 函数内部调用了 Create_函数，传入 TParameter 的大小[②]，同时传入数组容器 Values，以保存类型计算的结果。这里有两点需要注意：首先，Values 与 Create 均定义于 VarTypeDict 内部，因此在 Create 中使用 Values 时，无需指定其外围类 VarTypeDict；其次，Create 调用 Create_函数时，只提供了两个模板参数，此时 Create_中的 T...将对应一个空的类型序列，这是 C++标准所允许的。

Create 用于构造初始的类型数组，以之前的代码为例：

```
1  VarTypeDict<A, B, C>::Create();
```

将构造出 Values<NullParameter, NullParameter, NullParameter>，这个新构造出的类型将提供 Set 与 Get 接口。

Values 的主体框架

Values 的主体逻辑如下[③]：

```
1  template <typename...TParameters>
2  struct VarTypeDict
3  {
```

① NS 是名字空间（namespace）的简写。NSVarTypeDict 表示里面放置的是专门供 VarTypeDict 使用的核心逻辑。如第 1 章所述，在这里引入名字空间，将一些通用的逻辑提取出来，可以减少编译过程中的实例化数目，提升编译效率。这也是整个代码库的风格之一。

② 这是用 sizeof...关键字来获得的，它是 C++ 11 中的一个关键字。

③ 其中的 Set 函数在定义时声明的结尾处加了&&，这表明该函数只能用于右值。在程序中使用了 std::move 与 std::forward，用于右值转换与完美转发。这些都是 C++ 11 中的特性。读者可以参考 C++ 11 的相关书籍，或者在网络上搜索“右值限定符”“右值引用”“完美转发”来了解。这里不再赘述。

```
4       template <typename...TTypes>
5       struct Values
6       {
7           Values() = default;
8
9           Values(std::shared_ptr<void>(&&input)[sizeof...(TTypes)])
10          {
11              for (size_t i = 0; i < sizeof...(TTypes); ++i)
12              {
13                  m_tuple[i] = std::move(input[i]);
14              }
15          }
16
17      public:
18          template <typename TTag, typename TVal>
19          auto Set(TVal&& val) &&
20          {
21              using namespace NSMultiTypeDict;
22              constexpr static size_t TagPos = Tag2ID<TTag, TParameters...>;
23
24              using rawVal = std::decay_t<TVal>;
25              rawVal* tmp = new rawVal(std::forward<TVal>(val));
26              m_tuple[TagPos] = std::shared_ptr<void>(tmp,
27                  [](void* ptr) {
28                  rawVal* nptr = static_cast<rawVal*>(ptr);
29                  delete nptr;
30              });
31
32              using new_type = NewTupleType<rawVal, TagPos, Values<>, TTypes...>;
33              return new_type(std::move(m_tuple));
34          }
35
36          template <typename TTag>
37          auto& Get() const;
38
39      private:
40          std::shared_ptr<void> m_tuple[sizeof...(TTypes)];
41      };
42  };
```

这里同时列出了 Set 的逻辑，并将对其进行分析。除 Set 之外，Values 还提供了 Get 接口。但该接口比较简单，因此分析的工作就留给读者了。

Values 是定义在 VarTypeDict 内部的类，因此，VarTypeDict 的模板参数对 Values 也是可见的。换句话说，在 Values 内部，一共可以使用两套参数：TParameters 与 TTypes。这两套参数是两个等长的数组，前者表示键，后者表示值的类型。

Values 内部核心的数据存储区域是一个智能指针数组 m_tuple（第 40 行）。其中的每个元素都是一个 void 的智能指针。void 类型的指针可以与任意类型的指针相互转换，因此在这里使用其存储参数地址。

Values 的默认构造函数无需进行任何操作。另一个构造函数接收另一个智能指针数组作为输入，将其复制给 m_tuple，这主要是供 Set 调用。

Values::Set 是函数模板，它接收两个模板参数，分别表示了键（TTag）与值的类型（TVal）。根据 C++中函数模板的自动推导规则，将 TVal 作为第二个模板参数，这样在调用该函数时，只需提供 TTag 的模板实参（编译器可以推导出第二个实参的类型信息）。也即，假定 x 是一个 Values 类型的对象，那么：

```
1 | x.Set<A>(true);
```

调用时，TTag 将为 A，TVal 将自动推导为类型 bool。

Values::Set 同样调用了几个位于 NSVarTypeDict 中的元函数来实现内部逻辑。对于传入的参数。它的处理流程如下。

1. 调用 NSVarTypeDict::Tag2ID 获取 TTag 在 TParameters 中的位置，保存于 TagPos 中（第 22 行）。

2. 调用 std::decay 对 TVal 进行处理，用于去除 TVal 中包含的 const、引用等修饰符。之后使用这个新的类型在堆中构造一个输入参数的复本，并将该复本的地址放置到 m_tuple 相应的位置上（24～30 行）。

3. 因为传入了新的参数，所以要相应地修改 Values 中的 TType 类型，调用 NSVarTypeDict::NewTupleType 获取新的类型，并使用这个新的类型构造新的对象并返回（第 32～33 行）。

NewTupleType 逻辑分析

限于篇幅，这里仅对 NewTupleType 进行分析，而 Tag2ID 的逻辑则留给读者自行分析。

假定对 Values<X1, X2, X3>调用 Set 时，更新的是数组中的第二个值。而新传入的数据类型为 Y，那么为了记录这个信息，我们需要构造一个新的类型 Values<X1, Y, X3>。这本质上是一个扫描替换的过程：扫描原有的类型数组，找到要替换的位置，将新的类型替换掉。NewTupleType 实现了这个功能。

NewTupleType 调用了 NewTupleType_来实现其逻辑。而 NewTupleType_的声明如下（与 Create_类似，这个函数也是依次对数组中的每个元素进行处理）：

```
1 | template <typename TVal, size_t N, size_t M,
2 |           typename TProcessedTypes,
3 |           typename... TRemainTypes>
4 | struct NewTupleType_;
```

其中 TVal 为替换的目标数据类型；N 表示目标类型在类型数组中的位置；TProcessedTypes 为一个数组容器，其中包含了已经完成扫描的部分；而 TRemainTypes 中包含了还需要进行扫描替换的部分；M 是一个辅助变量，表示已经扫描的类型个数。

除了上述声明，NewTupleType_一共提供了两个特化版本，它们共同组成了一个循环处理的逻辑。第一个特化版本扫描数组的前半部分，如下：

```
1   template <typename TVal, size_t N, size_t M,
2             template <typename...> class TCont,
3             typename...TModifiedTypes,
4             typename TCurType,
5             typename... TRemainTypes>
6   struct NewTupleType_<TVal, N, M, TCont<TModifiedTypes...>,
7                        TCurType, TRemainTypes...>
8   {
9       using type =
10          typename NewTupleType_<TVal, N, M + 1,
11                                 TCont<TModifiedTypes..., TCurType>,
12                                 TRemainTypes...>::type;
13  };
```

它描述的是 N!=M 的情况。该特化使用 TCont<TModifiedTypes...>来表示已经完成替换扫描的类型；使用 TCurType 与 TRemainTypes 一起表示未完成替换扫描的类型（其中 TCurType 表示当前处理的类型）。因为 N!=M，所以只需要简单地将 TCurType 放入 TCont 容器中，继续处理下一个类型。

如果 N==M，那么编译器将采用下一个特化：

```
1   template <typename TVal, size_t N,
2             template <typename...> class TCont,
3             typename...TModifiedTypes,
4             typename TCurType,
5             typename... TRemainTypes>
6   struct NewTupleType_<TVal, N, N, TCont<TModifiedTypes...>,
7                        TCurType, TRemainTypes...>
8   {
9       using type = TCont<TModifiedTypes..., TVal, TRemainTypes...>;
10  };
```

此时已经找到了要替换的元素，系统要做的就是用 TVal 替换 TCurType 放到已完成替换扫描的容器中，同时将其后续的类型也放到该容器中，返回包含了新类型数组的容器。

NewTupleType 调用 NewTupleType_来实现其逻辑，它本质上只是 NewTupleType_的一个外壳：

```
1   template <typename TVal, size_t TagPos,
2             typename TCont, typename... TRemainTypes>
3   using NewTupleType
4       = typename NewTupleType_<TVal, TagPos, 0, TCont,
5                               TRemainTypes...>::type;
```

以上就是对 VarTypeDict 核心代码的分析。整个模块虽然看起来比较复杂，但本质上并没有脱出第 1 章所讨论的顺序、分支、循环的路子，只要仔细分析，其中蕴含的逻辑并不难以理解。

限于篇幅，这里并没有列出并分析 VarTypeDict 所涉及的全部元函数与逻辑，而是将一些类似的分析留在练习中，供读者自行体会。建议读者认真完成其余部分的程序分析，只有通过不断地练习，才能更好地掌握元函数的编写方法。

2.2.4 VarTypeDict 的性能简析

通过前文的分析，不难看出：从本质上来说，VarTypeDict 维护了一个映射，即将编译期的键映射为运行期的数值。仅从这一点上来看，它与本章最初提到的 std::map 在功能上并没有太大的区别。但 std::map 以及类似的运行期构造在使用过程中会不可避免地产生过多的运行期成本。比如：在向其中插入一个元素时，std::map 需要通过键的比较来确定插入位置，这个比较过程需要占用运行期的计算量。VarTypeDict 类所实现的 Set 函数也需要这种类似的查找工作，但相应的代码为：

```
1 | constexpr static size_t TagPos = Tag2ID<TTag, TParameters...>;
```

这是在编译期就完成了的，并不占用运行期的时间。而如果编译系统足够智能，那么中间量 TagPos 也会被优化掉——不会占用任何内存。这些都是运行期的等价物无法比拟的。

类似地，Get 函数也能从编译期计算中获益。

2.2.5 用 std::tuple 作为缓存

当手头有一把锤子时，我们往往会把一切事物看成钉子。很多人都是如此，程序员也不能免俗。对于元编程的初学者来说，当我们体会到元编程的好处后，可能会希望将代码的每个部分都用元编程相关的技术来实现，美其名曰利用编译期计算来减少运行成本。

占用运行期成本的一种典型构造就是指针：它需要一个额外的空间来保存地址，在使用时需要解引用来获取实际的数值。在 VarTypeDict 中，我们使用了 void 型的指针数组来保存传入的数值。一个很直接的想法就是把它去掉，利用编译期计算进一步减少成本。

实际上，VarTypeDict 中的指针数组在编译期也是有其替换物的，典型的就是 std::tuple。对于原始程序中的声明：

```
1 | std::shared_ptr<void> m_tuple[sizeof...(TTypes)];
```

可以修改为：

```
1 | std::tuple<TType...> m_tuple;
```

这样似乎能减少指针实现中的内存分配与回收操作，提升程序的速度。但事实上，这并不是什么好主意。

避免使用 std::tuple 的主要原因是 Set 中的更新逻辑。按照之前的分析，TType...维护了当前的值类型，每一次调用 Set，相应的 TType...也会发生改变。如果使用 std::tuple<TType...> 作为 m_tuple 的类型，那么每次更新时，m_tuple 的类型也会发生改变。

仅仅是类型上的改变并不会造成多大的影响，但问题是：我们需要将更新前的数值数组赋予更新后的数值数组。两个数组的类型不同，因此赋值操作就需要对数组中的每个元素逐一拷贝或移动。如果 VarTypeDict 中包含了 N 个元素，那么每次调用 Set，就需要对 N 个元素拷贝或移动一次。为了设置全部的参数值，整个系统就需要调用 N（N–1）次拷贝或移动。这些工作是在运行期完成的，所引入的成本可能会大于使用指针所产生的运行期成本。同时，为了进行这样的移动，我们还需要引入一些编译期的逻辑。因此，无论从哪个角度上来说，使用 std::tuple 作为值的存储空间都是不合算的。

2.3　policy 模板

异类词典可以被视为一种容器，使用键来索引相关的值。其中的键是编译期的常量，而值则可以是运行期的对象。异类词典的这种特性使得其可以在很多场景下得到应用。典型地，可以构造异类词典的对象作为函数参数。

另外，正是因为异类词典的值是运行期对象，这也会使得它无法应用于某些特定的场景之中。相比函数来说，模板也会接收参数，但模板所接收的参数值都是编译期的常量。同时，除了数值对象，模板参数还可以是类型或者模板——这些是异类词典本身无法处理的。在本节中，我们考虑另一种构造：policy 模板，来简化模板参数的输入。

2.3.1　policy 介绍

考虑如下情形，我们希望实现一个类，对“累积（accumulate）”这个概念进行封装：典型的累积策略包括连加与连乘。而这些策略除了具体的计算方法有所区别，调用方式相差无几。为了最大限度地代码复用，我们考虑引入一个类模板，来封装不同的行为：

```
1 | template <typename TAccuType> struct Accumulator { /* ... */ };
```

在这个定义中，TAccuType 表示采用的“累积”策略。在 Accumulator 内部，可以根据这个参数的值选择适当的处理逻辑。

事实上，仅就累积类而言，还可能有其他的选项。比如，我们可能希望这个类除了能进行累积，还能对累积的结果求平均值。进一步，我们希望能够控制该类是否进行平均操作。还有，我们还希望控制计算过程中使用的数值的类型，等等。基于上述考虑，将之前定义的 Accumulator 模板扩展如下：

```
1 | template <typename TAccuType, bool DoAve, typename ValueType>
2 | struct Accumulator { /* ... */ };
```

该模板包含了 3 个参数，这种作用于模板、控制其行为的参数称为 policy（策略）[①]。

① 事实上，这里存在一个与之类似的概念：trait。通常 trait 用于描述特性，而 policy 用于描述行为。但 trait 与 policy 并不总是能分得很清楚，有兴趣的读者可以阅读《C++ Templates 中文版》一书。本书将统一采用 policy 这个名称。

每个 policy 都表现为键值对，其中的键与值都是编译期常量。每个 policy 都有其取值集合。比如，对于上例来说，TAccuType 的取值集合为“连加”“连乘”等；DoAve 的取值集合为 true 与 false；而 ValueType 可以取 float、double 等。

通常来说，为了便于模板的使用，我们会为其中每个的 policy 赋予默认值，对应了常见的用法，比如：

```
1 | template <typename TAccuType = Add, bool DoAve = false,
2 |           typename ValueType = float>
3 | struct Accumulator { /* ... */ };
```

这表示 Accumulator 在默认情况下使用连加进行累积，不计算平均值，使用 float 作为其返回类型。类的使用者可以按照如下方式使用 Accumulator 的默认行为：

```
1 | Accumulator<> ...
```

这种调用形式能满足一般意义上的需求，但在某些情况下，我们需要改变默认的行为。比如，如果要将计算类型改为 double，那么就需要按照如下方式声明：

```
1 | Accumulator<Add, false, double> ...
```

这表示将值类型由默认的 float 变为 double，其他 policy 不变。

这种设置方式有两个问题。首先，位于 double 前的 Add 与 false 是不能少的，即使它们等于默认值，也是如此——否则编译器会将 TAccuType 与 double 匹配，产生无法预料的结果（通常来说是编译错误）。其次，只看上述声明的话，对 Accumulator 不熟悉的人可能很难搞清楚这些参数的含义。

如果能在设置模板参数时显式为每个参数值命名，那么情况就会好很多，比如，假设我们能这么写：

```
1 | Accumulator<ResType = double> ...
```

那么设置的含义就会一目了然。但事实上，C++不直接支持具名的模板参数。上述语句不符合 C++标准，会导致编译错误。

虽然不能像上面那样书写成“键=值”的形式，但我们可以换一种 C++标准接受的形式。本书将这种形式称为“policy 对象”。

policy 对象

每个 policy 对象都属于某个 policy，它们之间的关系就像 C++中的对象与类那样。policy 对象是编译期常量，其中包含了键与值的全部信息，同时便于阅读。典型的 policy 对象形式为：

```
1 | PMulAccu // 采用连乘的方式进行累积
2 | PAve     // 求平均
```

本书中定义的 policy 对象以大写字母 P 开头。使用者可以根据其名称，一目了然地明确该对象所描述的 policy 的含义。对于支持 policy 对象的模板，可以非常容易地改变其默认行为。比如，假定前文中讨论的 Accumulator 类模板支持 policy 对象，那么我们可以按照如下的方式来编写代码：

```
1 | Accumulator<PDoubleValueType>
2 | Accumulator<PDoubleValueType, PAve>
3 | Accumulator<PAve, PDoubleValueType>
```

其中的第 1 行表示：修改默认行为，采用 double 作为值的类型。第 2 行与第 3 行表示：采用 double 作为值的类型，同时进行求平均的操作。从声明中不难看出，将 policy 对象赋予模板时，其顺序是任意的。使用 policy 对象，我们就可以获得具名参数的全部好处。

policy 对象模板

policy 对象的构造与使用是分离的。我们需要首先构造出某个 policy 对象(比如 PAve)，并在随后声明 Accumulator 的实例时使用该对象（比如 Accumulator<PAve>)。

这会引入一个问题：为了能够让 policy 的用户有效地使用 policy 对象，policy 的设计者需要提前声明出所有可能的 policy 取值。比如，可以构造 PAve 与 PNoAve 来分别表示求平均与不求平均——这相当于对是否求平均的选项进行了枚举。对于一些情况来说，这种枚举是相对简单的——比如对于是否求平均的问题，只需要枚举两种情况即可；但另一些情况下，枚举所有可能的取值以构造 policy 对象的集合则是不现实的。比如，我们在前文中定义了 PDoubleValueType 来表示累积的返回值为 double 类型。但如果要支持其他的返回值类型，就需要引入更多的 policy 对象，比如 PFloatValueType、PIntValueType 等，且枚举出所有的情况往往是不现实的。为了解决这个问题，我们引入了 policy 对象模板，它是一个元函数，可以传入模板参数以构造 policy 对象。比如，我们可以构造 policy 对象模板来表示保存计算结果的类型：

```
1 | PValueTypeIs<typename T>
```

用户可以按照如下方式来使用该模板：

```
1 | // 等价于 Accumulator<PDoubleValueType>
2 | Accumulator<PValueTypeIs<double>>
3 |
4 | // 等价于 Accumulator<PDoubleValueType, PAve>
5 | Accumulator<PValueTypeIs<double>, PAve>
```

使用 policy 对象模板，我们就将构造 policy 对象的时机移到了 policy 的使用之处。这样就无需为使用 policy 而提前准备大量的 policy 对象了。

有了 policy 对象之后，使用该对象的函数模板与类模板被称为 policy 模板[①]。《C++

① 注意 policy 模板与 policy 对象模板的区别：前者表示使用 policy 对象的模板，而后者表示构造 policy 对象的模板。

Templates 中文版》一书[①]的第 16 章给出了一种 policy 对象与 policy 模板的构造方式，有兴趣的读者可以阅读一下。但该书中的 policy 模板对其模板参数的个数有严格的限制——如果希望改变其能接收的最大 policy 对象的个数，那么整个构造就要从底层进行相应的调整。本节在其基础上提出了一种更加灵活的结构，我们将在后面分析其实现原理。但在深入其细节之前，还是让我们先看一下如何使用本书所提供的框架来引入 PValueTypeIs、PAve 这样的 policy 对象（模板）吧。

2.3.2 定义 policy 与 policy 对象（模板）

policy 分组

一个实际的系统可能包含很多像 Accumulator 这样的模板，每个模板都要使用 policy 对象，一些模板还会共享 policy 对象。因此，只是简单地声明并使用 policy 对象，对于复杂系统来说还稍显不足。比较好的思路是将这些对象按照功能划分成不同的组。每个模板可以使用一个或几个组中的 policy 对象。

属于同一个 policy，但取值不同的 policy 对象之间存在互斥性。比如，可以定义 PAddAccu 与 PMulAccu 分别表示采用连加的方式与连乘的方式进行累积。实例化累积对象时，我们只能从二者当中选择其一，而不能同时引入这两个 policy 对象——换句话说，如下代码是无意义的：

```
1 | Accumulator<PAddAccu, PMulAccu>
```

为了描述 policy 对象所属的组以及互斥性，我们为其引入了两个属性：major class（主要类别）表示其所属的组；而 minor class（次要类别）描述了互斥信息。如果两个 policy 对象的 major class 与 minor class 均相同，那么二者是互斥的，不能被同时使用。

在 C++中，组的刻画方式有很多种，比如，可以将每个组放到单独的名字空间中，也可以将不同组的 policy 对象放置到不同的数组中——但这两者并不是很好的选择。因为 policy 对象将会参与到元函数的计算过程中，而 C++中操作名字空间的元编程方法并不成熟；使用数组也不好，与异类词典中讨论的类似，使用数组，就可能要花较大的力气来维护数组索引与键之间的关系。

我们的方式是采用类（或者说，结构体）作为组的载体，组的内部定义了其中包含的 policy 信息。每个 policy 都是一个键值对，键与值都是编译期常量。与异类词典类似，我们同样采用类型声明来表示键，但对值则没有什么过多的要求：它可以是类型、数值甚至模板。唯一要注意的是：如上文讨论的那样，每个 policy 都有一个默认值。以下是一个简单的 policy 组的示例：

---

① David Vandevoorde、Nicolai M. Josuttis 著，陈伟柱译，人民邮电出版社，2008 年出版。

```
1  struct AccPolicy
2  {
3      struct AccuTypeCate
4      {
5          struct Add;
6          struct Mul;
7      };
8      using Accu = AccuTypeCate::Add;
9
10     struct IsAveValueCate;
11     static constexpr bool IsAve = false;
12
13     struct ValueTypeCate;
14     using Value = float;
15 };
```

这个policy组被命名为AccPolicy:顾名思义,其中包含了Accumulator所需要的policy。组里面包含了3个policy，它们刚好对应了3种常见的policy类别。

- 累积方式policy：它的特点是可枚举，其可能的取值空间组成了一个可枚举的集合。代码的3～7行定义了这个policy所有可能的枚举值（Add与Mul，分别表示连加与连乘）。第3行同时定义了该policy所属对象的minor class为AccuTypeCate。第8行定义了policy的键为Accu，默认值为AccuTypeCate::Add。
- 是否求平均policy：我们也可以将其设置为一种可枚举的policy，但为了展示policy的多样性，这里采用了另一种方式——数值policy。在第11行，我们定义了一个policy，其键为IsAve，默认值为false，表示不求平均。这个policy的所属对象也有其minor class，就是第10行定义的IsAveValueCate。
- 返回值类型policy：第14行定义了这个policy，其键为Value，默认值为float，所属对象的minor class为ValueTypeCate。

事实上，除了上述policy，我们还可以定义其他类型的policy，比如取值为模板的policy。但相对来说，上述3种policy最为常用。

在上述代码中，我们虽然引入了一些定义，但并没有从代码逻辑上将policy键与其对象的minor class关联起来。同时，读者可能发现了：policy的键与对象的minor class之间在名称上存在相关性。实际上，这种相关性是有意为之的。在本书中，我们约定：

- 对于类型policy，其minor class为键名字加上TypeCate后缀；
- 对于数值policy，其minor class为键名字加上ValueCate后缀。

宏与policy对象（模板）的声明

在定义了policy的基础上，我们可以进一步引入policy对象（模板）。本书提供了若干宏定义，使用它们可以很容易地定义policy对象（模板）[1]：

[1] 事实上，这也是本书中唯一用到宏的地方。作者对宏的使用是非常小心的，关于这一点的相关论述，可以参考本书的第1章。

```
1 | TypePolicyObj(PAddAccu, AccPolicy, Accu, Add);
2 | TypePolicyObj(PMulAccu, AccPolicy, Accu, Mul);
3 | ValuePolicyObj(PAve, AccPolicy, IsAve, true);
4 | ValuePolicyObj(PNoAve, AccPolicy, IsAve, false);
5 | TypePolicyTemplate(PValueTypeIs, AccPolicy, Value);
6 | ValuePolicyTemplate(PAvePolicyIs, AccPolicy, IsAve);
```

本书引入了 4 个宏：

- TypePolicyObj 用于定义类型 policy 对象；
- ValuePolicyObj 用于定义数值 policy 对象；
- TypePolicyTemplate 用于定义类型 policy 对象模板；
- ValuePolicyTemplate 用于定义数值 policy 对象模板。

在上面的代码段中，我们通过这 4 个宏定义了 4 个 policy 对象与 2 个 policy 对象模板：以第 2 行为例，它定义了一个编译期常量 PMulAccu（其中的 P 表示 policy，本书将采用这种命名方式定义 policy 对象）对应的 major class 与 minor class 分别为 AccPolicy 与 AccuTypeCate，取值为 AccuTypeCate::Mul[①]。而在第 5 行则定义了一个类型 policy 对象模板 PValueTypeIs，其 major class 与 minor class 分别为 AccPolicy 与 ValueTypeCate。读者可以按照相同的方式理解其余的定义。

这里有几点需要说明。

首先，采用宏的方式来定义 policy 对象（模板）并非必须的。这只是一种简写而已。我们会在后文中给出宏的实现细节。完全可以不使用宏，但宏可以大大简化对象的定义。

其次，上述 6 个对象中，有几个定义实际上再次描述了 policy 的默认值。引入这几个对象只是为了使用方便：用户在使用带 policy 的模板时，可以不引入 policy 对象而采用默认值，也可以引入某个对象显式地指定 policy 的取值——即使显式指定的值与默认值相同，这样做也是合法的。

最后，policy 对象与 policy 对象模板并不冲突——我们完全可以为同一个 policy 既定义 policy 对象又定义 policy 对象模板。比如上面的代码段中，我们就同时定义了 PAve 与 PAvePolicyIs，它们是兼容的。

2.3.3 使用 policy

在定义了 policy 之后，就可以使用它了。考虑下面的例子[②]：

```
1 | template <typename...TPolicies>
2 | struct Accumulator
3 | {
4 |     using TPoliCont = PolicyContainer<TPolicies...>;
```

① 宏在其内部对 Accu 与 Mul 自动扩展，构造出 AccuTypeCate 与 AccuTypeCate::Mul。

② 这里使用了 if constexpr 来实现编译期选择的逻辑。而代码段中的 DependencyFalse<AccuType>则是一个元函数，其值为 false，表示不应被触发的逻辑。根据 C++的规定，我们不能直接使用 static_assert(false)，但可以使用代码中的方式来标记不应被触发的逻辑。

```
5       using TPolicyRes = PolicySelect<AccPolicy, TPoliCont>;
6
7       using ValueType = typename TPolicyRes::Value;
8       static constexpr bool is_ave = TPolicyRes::IsAve;
9       using AccuType = typename TPolicyRes::Accu;
10
11  public:
12      template <typename TIn>
13      static auto Eval(const TIn& in)
14      {
15          if constexpr(std::is_same<AccuType,
16                                    AccPolicy::AccuTypeCate::Add>::value)
17          {
18              ValueType count = 0;
19              ValueType res = 0;
20              for (const auto& x : in)
21              {
22                  res += x;
23                  count += 1;
24              }
25
26              if constexpr (is_ave)
27                  return res / count;
28              else
29                  return res;
30          }
31          else if constexpr (std::is_same<AccuType,
32                                          AccPolicy::AccuTypeCate::Mul>::value)
33          {
34              ValueType res = 1;
35              ValueType count = 0;
36              for (const auto& x : in)
37              {
38                  res *= x;
39                  count += 1;
40              }
41              if constexpr (is_ave)
42                  return pow(res, 1.0 / count);
43              else
44                  return res;
45          }
46          else
47          {
48              static_assert(DependencyFalse<AccuType>);
49          }
50      }
51  };
52
53  int main() {
54      int a[] = { 1, 2, 3, 4, 5 };
55      cerr << Accumulator<>::Eval(a) << endl;
56      cerr << Accumulator<PMulAccu>::Eval(a) << endl;
57      cerr << Accumulator<PMulAccu, PAve>::Eval(a) << endl;
58      cerr << Accumulator<PAve, PMulAccu>::Eval(a) << endl;
59      //  cerr << Accumulator<PMulAccu, PAddAccu>::Eval(a) << endl;
```

```
60     cerr << Accumulator<PAve, PMulAccu,
61                         PValueTypeIs<double>>::Eval(a) << endl;
62     cerr << Accumulator<PAve, PMulAccu, PDoubleValue>::Eval(a) << endl;
63 }
```

Accumulator 是一个接收 policy 的类模板，它提供了静态函数 Eval 来计算累积的结果。在程序的 55～62 行分别给出了若干调用示例。其中，第 55 行采用了默认的 policy：累加、不平均、返回 float——因为在 Accumulator 的声明中没有指定具体的 policy 对象，所以 Accumulator 会在其内部获取 policy 相关参数时使用 policy 在定义时指定的默认值。而第 56 与第 57 行则引入了非默认的 policy 对象进行计算——采用连乘的方式，分别进行不求平均与求平均的累积。第 58 行的输出与第 57 行完全一致：policy 的设置顺序是可调换的。如果将第 59 行的注释去掉，那么编译将失败，系统将提示 Minor class set conflict!——表示不能同时设置两个互相冲突的 policy 对象。

在上述代码段的 60～61 行，使用了之前定义的 PValueTypeIs 模板，传入 double 作为参数——这表示了使用 double 作为保存结果的类型。它的行为与第 62 行是一致的。

需要注意的是，虽然第 57 与第 58 行的输出完全一样，但进行计算的具体类型是不同的。也即 Accumulator<PMulAccu, PAve>与 Accumulator<PAve, PMulAccu>类型不同。这与上一节讨论的异类词典不同。对于上一节讨论的异类词典，我们可以改变 Set 的顺序，但最终得到的词典容器的类型不会发生改变。但如果改变了 policy 对象的顺序，则模板的实例化出的类型也会有所差别。

policy 对象是如何改变模板的默认行为的呢？这就要深入到实现的细节当中才能了解。在此之前，让我们首先讨论一些背景知识——只有先理解了它们，才能进行实现细节的讨论。

2.3.4 背景知识：支配与虚继承

在讨论 policy 模板的具体实现前，让我们首先了解一些背景知识，从而明晰其工作原理。考虑如下代码：

```
1 struct A { void fun(); };
2 struct B : A { void fun(); };
3
4 struct C : B {
5     void wrapper() {
6         fun();
7     }
8 };
```

那么，当调用 C 类的 wrapper 函数时，该函数会调用 A 与 B 类中的哪个 fun 函数呢？

这并不是个很难回答的问题。根据 C++中继承的规则，如果 C 中没有找到 fun 的定义，那么编译器会沿着 C 的派生关系寻找其基类、基类的基类等。直到找到名为 fun 的函数为止。在这个例子中，B::fun 将被调用。

上述 3 个类的继承关系如图 2.1 所示。

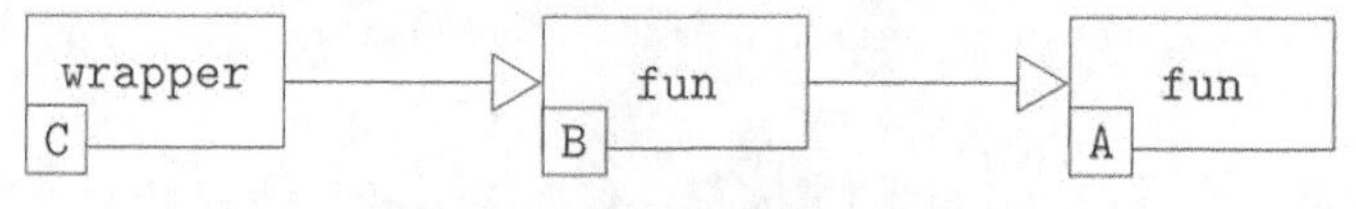

图 2.1 简单的单继承关系

这里使用实线箭头表示继承关系，箭头指向的方向为基类方向。在图中，B 继承自 A，二者定义了同名函数。此时，我们称 B::fun 支配（dominate）了 A::fun。在搜索时，编译器会选择具有支配地位的函数。

另一种典型的支配关系发生在多继承的情况中，如图 2.2 所示。

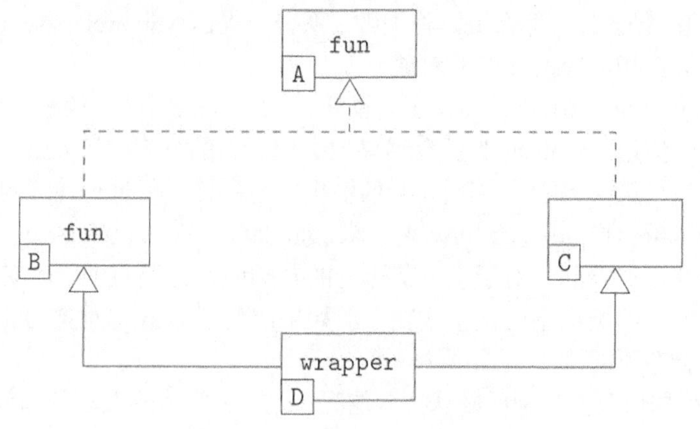

图 2.2 多继承中的支配关系

这里使用虚线箭头表示虚继承的关系，即

```
1 | struct B : virtual A;
2 | struct C : virtual A;
```

假定 D::wrapper 会调用 fun 函数。在这个图中，C 继承了 A 中的 fun 函数，而 B 则重新定义了 fun。相应地，B 中新定义的函数更具有支配地位。因此 D 在调用时会选择 B::fun。

注意对于多重继承的情况，只有采用虚继承时，上述讨论才是有效的。否则，编译器会报告函数解析有歧义。另外，即使使用了虚继承，如果对于图 2.2 来说，当 C 中也定义了函数 fun 时，编译器还是会报告函数解析有歧义——因为有两个处于支配地位的函数，它们之间并不存在支配关系，这也会使得编译器无从选择。

前文讨论了函数间的支配关系。实际上，支配关系不仅存在于函数之间。在类型与常量定义等方面，同样存在着类似的支配关系。

2.3.5 policy 对象与 policy 支配结构

在了解了支配与继承的关系后，我们可以考虑一下 policy 对象的构造了。policy 对象之所以能“改变”默认的 policy 值，实际上是因为它继承了定义的 policy 类，并在其自身定义中改变了原始的 policy 的值，即形成了支配关系。

比如，在给定 AccPolicy 的基础上，可以这样定义 PMulAccu:

```
1   struct AccPolicy {
2       struct AccuTypeCate { struct Add; struct Mul; };
3       using Accu = AccuTypeCate::Add;
4       // ...
5   };
6
7   struct PMulAccu : virtual public AccPolicy {
8       using MajorClass = AccPolicy;
9       using MinorClass = AccPolicy::AccuTypeCate;
10       using Accu = AccuTypeCate::Mul;
11   }
```

这里给出了PMulAccu的完整定义。其中，代码的8～9行定义了PMulAccu的major class与 minor class，后文会讨论对这二者操作的元函数，目前可以不用太关心。我们只需要关注代码的第 10 行即可，这一行重新引入了 Accu 的值。根据支配关系，如果存在某个类 X 继承自 PMulAccu，那么当在类 X 中搜索 Accu 的信息时，编译器将返回 AccuEnum::Mul 而非定义于 AccPolicy 中的默认值 AccuEnum::Add。

一个 policy 模板可以接收多个 policy 对象，而 policy 模板的行为则是由这些 policy 对象共同决定的。基于 policy 模板所接收到的全部 policy 对象，可以通过元编程的手段构造一个 policy 的支配层次结构，如图 2.3 所示。

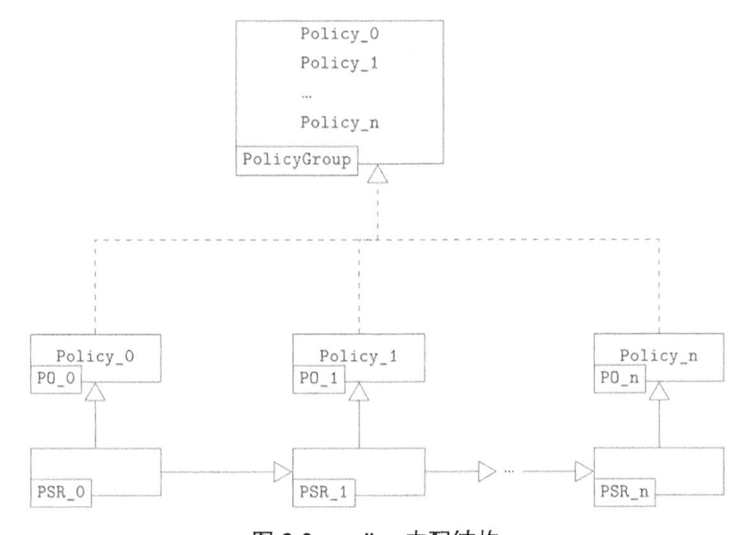

图 2.3 policy 支配结构

其中的 PO_0～PO_n 表示可以作为模板参数的，属于同一组的 policy 对象。它们均虚继承自相同的 policy 类：PolicyGroup。在此基础上，我们引入了 PSR_0～PSR_n 这几个外围类[①]。除了 PSR_n，每个外围类都有两个基类；PSR_n 则只有一个基类。如果 PO_0～PO_n 是相容的，即任意两个 policy 对象的 minor class 均不相同，那么从 PSR_0 出发，进行搜索时，对于属于该组的任意 policy，一定能找到一个在支配性上没有歧义的定义。这个定义要么来自 PolicyGroup 类——这将对应 policy 的默认值；要么来自某个 policy 对象——这将对应某个非默认值。

在明确了这个结构之后，接下来的主要工作就是引入元函数，基于模板参数构造出该结构。

2.3.6 policy 选择元函数

主体框架

整个 policy 模板的对外接口就是 policy 选择元函数：PolicySelect。回顾一下这个元函数的使用方式：

```
1  template <typename...TPolicies>
2  struct Accumulator {
3      using TPoliCont = PolicyContainer<TPolicies...>;
4      using TPolicyRes = PolicySelect<AccPolicy, TPoliCont>;
5  
6      using ValueType = typename TPolicyRes::Value;
7      static constexpr bool is_ave = TPolicyRes::IsAve;
8      using AccuType = typename TPolicyRes::Accu;
9  
10      // ...
11 }
```

程序的第 4 行调用了 PolicySelect，即 policy 选择元函数。传入我们所关注的 policy 组信息 AccPolicy，以及由模板接收到的 policy 对象所构成的 policy 数组 TPoliCont。元函数返回的 TPolicyRes 就是图 2.3 所示的 policy 支配结构。在此基础上，6～8 行使用了这个结构，获取了相应的 policy 参数值。

PolicyContainer 是 policy 的数组容器，其声明与我们之前所见的编译期数组声明并没有什么不同：

```
1  template <typename...TPolicies>
2  struct PolicyContainer;
```

完全可以使用 std::tuple 或者其他的容器作为它的代替品。但使用这个容器声明，可以从名称上很容易地分辨出该数组的功能。

PolicySelect 仅仅是元函数 NSPolicySelect::Selector_的封装：

```
1  template <typename TMajorClass, typename TPolicyContainer>
2  using PolicySelect
```

① PSR 是 Policy Selection Result（policy 选择结果）的缩写。

```
3        = typename NSPolicySelect::Selector_<TMajorClass,
4                                              TPolicyContainer>::type;
```

它将参数传递给 NSPolicySelect::Selector_，由其实现核心的计算逻辑。NSPolicySelect::Selector_的定义如下：

```
1  template <typename TMajorClass, typename TPolicyContainer>
2  struct Selector_;
3
4  template <typename TMajorClass, typename... TPolicies>
5  struct Selector_<TMajorClass, PolicyContainer<TPolicies...>> {
6      using TMF = typename MajorFilter_<PolicyContainer<>,
7                                        TMajorClass,
8                                        TPolicies...>::type;
9
10     static_assert(MinorCheck_<TMF>::value,
11                   "Minor class set conflict!");
12
13     using type = std::conditional_t<IsArrayEmpty<TMF>,
14                                     TMajorClass,
15                                     PolicySelRes<TMF>>;
16 };
```

通过引入模板特化，Select_限定其第 2 个参数只能是 PolicyContainer 类型的容器。在其内部，它做了 3 件事情。

- 调用 MajorFilter_元函数对数组进行过滤，生成新的 PolicyContainer 数组——确保该数组中的所有元素的 major class 均为 TMajorClass（6～8 行）。
- 调用 MinorCheck_元函数检测上一步生成的数组，确保其中的元素不会冲突——即不存在相同 minor class 的 policy 对象（10～11 行）。
- 构造最终的返回类型（13～15 行）。

在这 3 步中，第一步的逻辑本质上就是线性搜索，相对比较简单。相应的分析工作就留给读者完成了。我们直接看一下第二步的逻辑。

MinorCheck_元函数

前文已经强调过：作为同一模板参数的 policy 对象的 minor class 不能相同。否则，这是不合逻辑的，编译器也会因此遇到解析出现歧义的情形，从而给出编译错误。但既然编译器已经能给出错误提示了，为什么还要在这里进行检测呢？事实上，编译器给出的错误提示是“解析出现歧义”，并没有明确地表示出这种歧义产生的原因——policy 对象出现了冲突。因此，在这里有必要引入一次额外的检测，给出更明确的信息。

上述代码的 10～11 行完成了这个检测。它调用 MinorCheck_函数，传入 policy 对象数组，获得该函数的返回值（布尔类型编译期常量）。并使用了 C++ 11 中引入的 static_assert 进行检测。static_assert 是一个静态断言，接收两个参数：当第一个参数为 false 时，将产生一个编译错误，输出第二个参数提供的错误信息。

MinorCheck_元函数的功能就是检测输入的 policy 对象数组（这个数组中的每个元素都属于相同的 policy 组），判断其中的任意两个元素是否具有相同的 minor class，如果不存在，则返回 true，否则返回 false。

考虑一下，如果在运行期该如何解决这个问题。相应的算法并不复杂，用一个二重循环就可以了：

```
1  for (i = 0; i < VecSize; ++i) {
2      for (j = i + 1; j < VecSize; ++j) {
3          if (Vec[i] and Vec[j] have same minor class)
4          {
5              return false;
6          }
7      }
8  }
9  return true;
```

上述代码已经很说明问题了：在外层循环中，我们依次处理数组中的每个元素，通过内层循环将其与位于它后面的元素进行比较，只要发现存在相同 minor class 的情况，就返回 false。如果整个比较完成后，还是没有发现这样的情况，那么就返回 true。

元函数的实现逻辑也没有什么本质上的不同：引入一个类似的二重循环就行了。只不过编译期与运行期的循环写起来有一些差异，导致它看上去有些复杂罢了。

```
1  template <typename TPolicyCont>
2  struct MinorCheck_ {
3      static constexpr bool value = true;
4  };
5
6  template <typename TCurPolicy, typename... TP>
7  struct MinorCheck_<PolicyContainer<TCurPolicy, TP...>> {
8      static constexpr bool cur_check
9          = MinorDedup_<typename TCurPolicy::MinorClass,
10                       TP...>::value;
11
12      static constexpr bool value
13          = AndValue<cur_check,
14                     MinorCheck_<PolicyContainer<TP...>>>;
15 };
```

MinorCheck_接收一个名为 TPolicyCont 的 policy 对象数组，通过特化构成外层循环。

首先看一下特化版本。该版本的输入参数为 PolicyContainer<TCurPolicy, TP...>，这表明所接收的是一个以 PolicyContainer 为容器的数组，数组中包含了一个或一个以上的元素，其首元素为 TCurPolicy，其余的元素表示为 TP...。

在此基础上，程序首先获取了该 policy 对象所对应的 minor class（第 9 行），之后调用 MinorDedup_传入这个获取到的值以及后续的全部元素进行比较（也即内层循环），将比较的值返回到 cur_check 这个编译期常量中。

如果这个返回值为 true，表示后续的每个元素的 minor class 都不是 TCurPolicy，此时就可以进行下一步的检测了，下一步的检测是通过递归调用 MinorCheck_来完成的。其逻辑在第 14 行。在这里，我们使用了 AndValue 这个自定义的元函数，实现了判断的短路逻辑——如果当前这一步的检测结果 cur_check 为 false，那么程序将直接返回 false，不再进行后续的检测。只有本次检测结果为 true，后续的检测结果（即第 14 行对应的结果）也为 true 时，元函数才返回 true。

外层循环的终止逻辑是位于 MinorCheck_的原始模板定义中的。当输入的 policy 对象数组中的全部元素处理完成，再次递归调用时，传入该元函数中的参数将是 PolicyContainer<>。此时就无法匹配该模板的特化版本了（特化版本要求数组中至少存在一个元素）。那么编译器将匹配该模板的原始版本（程序的 1～4 行）。这个定义只需要简单地返回 true 就实现了循环的终止。

内层循环逻辑则定义于 MinorDedup_元函数中：

```
1   template <typename TMinorClass, typename... TP>
2   struct MinorDedup_ {
3       static constexpr bool value = true;
4   };
5
6   template <typename TMinorClass, typename TCurPolicy, typename... TP>
7   struct MinorDedup_<TMinorClass, TCurPolicy, TP...> {
8       using TCurMirror = typename TCurPolicy::MinorClass;
9
10       constexpr static bool cur_check
11           = !(std::is_same<TMinorClass, TCurMirror>::value);
12
13       constexpr static bool value
14           = AndValue<cur_check,
15                      MinorDedup_<TMinorClass, TP...>>;
16   };
```

这个元函数同样存在一个原始模板与特化版本，分别实现了循环的终止与迭代两部分。它接收一个参数序列，其中的第一个参数为待比较的 minor class 类型；后面的参数则为进行比较的 policy 对象。该模板的特化版本是循环的主体：获取当前处理的 policy 对象（TCurPolicy）的 MinorClass（第 8 行），调用 std::is_same 将其与 TMinorClass 比较（10～11 行）。std::is_same 是 C++标准库中的一个元函数，接收两个类型参数，当二者相同时返回 true，否则返回 false。

程序的 13～15 行实现了与 MinorCheck_类似的循环逻辑：如果当前检测结果为 true，那么就继续循环，进行下一次检测，否则直接返回 false。

与 MinorCheck_类似，MinorDedup_也是在其原始模板中实现了循环的终止逻辑：返回 true。

构造最终的返回类型

在经过了“基于组名的 policy 对象过滤”“同组 policy 对象的 minor class 检测”之后，

policy 选择元函数的最后一步就是构造最终的返回类型，即 policy 支配结构。

这里还有个小分支需要处理：在某些情况下，这一步的输入是空数组 PolicyContainer<>。产生空数组的原因有两种：一是用户在使用时没有引入 policy 对象对模板的默认行为进行调整；另一种是虽然用户进行了调整，但调整的 policy 对象属于其他的组，这样在 policy 选择的第一步，就会因过滤而产生空的 policy 数组。

图 2.3 中给出的 policy 支配结构要求输入数组中至少存在一个 policy 对象。因此，如果数组中不存在对象，就需要单独处理。处理的方式也很简单：如果数组中不包含对象，那么就直接返回默认的 policy 定义即可。

```
1  template <typename TMajorClass, typename... TPolicies>
2  struct Select_<TMajorClass, PolicyContainer<TPolicies...>> {
3      ...
4      using type = std::conditional_t<IsArrayEmpty<TMF>,
5                                      TMajorClass,
6                                      PolicySelRes<TMF>>;
7  };
```

TMF 是第一步生成的 policy 对象数组，IsArrayEmpty 用于判断该数组是否为空。如果数组确实为空，那么就直接返回 TMajorClass。TMajorClass 中定义了属于该组中的每个 policy 的默认值。

如果 TMF 不为空，那么就可以使用其构造 policy 的支配结构了。这里用 PolicySelRes <TMF>来表示这个支配结构：

```
1  template <typename TPolicyCont>
2  struct PolicySelRes;
3
4  template <typename TPolicy>
5  struct PolicySelRes<PolicyContainer<TPolicy>> : public TPolicy {};
6
7  template <typename TCurPolicy, typename... TOtherPolicies>
8  struct PolicySelRes<PolicyContainer<TCurPolicy, TOtherPolicies...>>
9      : public TCurPolicy,
10       public PolicySelRes<PolicyContainer<TOtherPolicies...>> {};
```

在图 2.3 的基础上，这一段代码并不难以理解。PolicySelRes 通过两个特化实现了整个逻辑。这个元函数的输入为 PolicyContainer 的数组。如果数组中包含了两个或两个以上的元素，那么编译器将选择第二个特化（7～10 行），这个特化将派生自两个类。

- TCurPolicy：当前的 policy 对象，即图 2.3 中由 PSR_x 到 PO_x 的垂直连线（$x \in [0, n-1]$）。
- PolicySelRes<PolicyContainer<TOtherPolicies...>>：对应从 PSR_x 到 PSR_(x+1)的水平连线（$x \in [0, n-1]$）。

如果数组中只包含一个元素，那么编译器将选择第一个特化（4～5 行），这个特化只派生自一个类，对应图 2.3 中从 PSR_n 到 PO_n 的垂直连线。

2.3.7 使用宏简化 policy 对象的声明

至此，我们已经基本完成了 policy 模板的主体逻辑。为了使用 Policy 模板，我们需要：

- 声明一个类表示 policy 组以及组中 policy 的默认值；
- 声明 policy 对象或 policy 对象模板，将其与 policy 组关联起来；
- 在 policy 模板中使用 PolicySelect 获得特定组中的 policy 信息。

第 2 步需要为每个 policy 对象或 policy 对象模板引入一个类。这里引入了 4 个宏来简化这项操作：

```
1  #define TypePolicyObj(PolicyName, Ma, Mi, Val) \
2  struct PolicyName : virtual public Ma\
3  { \
4      using MajorClass = Ma; \
5      using MinorClass = Ma::Mi##TypeCate; \
6      using Mi = Ma::Mi##TypeCate::Val; \
7  }
8
9  #define ValuePolicyObj(PolicyName, Ma, Mi, Val) ...
10  #define TypePolicyTemplate(PolicyName, Ma, Mi) ...
11  #define ValuePolicyTemplate(PolicyName, Ma, Mi) ...
```

限于篇幅，这里仅列出 TypePolicyObj 的定义。从中不难看出，它的本质就是构造一个类，虚继承自 policy 组，同时设置 major class，minor class 与 policy 的值。

这里有一个小技巧来简化代码：为了声明 policy 对象所属的组，我们需要为每个 policy 对象引入“using MajorClass = Ma;”这样的语句。所有派生自 Ma 的 policy 对象（模板）都需要加上这一句。我们可以对其进行简化：在 policy 的定义中引入这个声明。比如，对于之前定义的 AccPolicy 来说，可以这么写：

```
1  struct AccPolicy
2  {
3      using MajorClass = AccPolicy;
4      // ...
5  }
```

这样就可以简化上述宏的定义，去掉其中 MajorClass 的声明了：

```
1  #define TypePolicyObj(PolicyName, Ma, Mi, Val) \
2  struct PolicyName : virtual public Ma\
3  { \
4      using MinorClass = Ma::Mi##TypeCate; \
5      using Mi = Ma::Mi##TypeCate::Val; \
6  }
```

读者可以自行分析一下另外 3 个宏的实现。

需要说明的是，宏的引入只是为了简化 policy 对象的声明。也可以不用宏来声明这种对象。宏的处理能力是有限的。对于某些无法使用这些宏声明的 policy 对象，可以考虑使用一般的（模板）类进行声明。

2.4 小结

在本章中，我们讨论了异类词典与 policy 模板的实现。

这两个模块本质上都是容器，通过键来索引容器中的值。只不过对于异类词典来说，它的键是编译期常量，而值则是运行期的对象；对于 policy 模板来说，它的键与值都是编译期常量。因为编译期与运行期性质的不同，其实现的细节也存在较大的差异。

虽然本章的讨论是从具名参数出发的，但像异类词典这样的构造，也可以应用在参数传递以外的场景中。比如像 std::map 那样作为单纯的容器使用。此时，异类词典索引较快，可存储不同数据类型的优势也能够得到体现。

每种数据结构都有其优势与劣势，虽然异类词典与 std::map 相比具有上述优势，但它也有其自身的不足：正是为了支持存储不同的数据类型，以及可以在编译期处理键的索引，异类词典所包含的元素个数是固定的，它不能像 std::map 那样在运行期增加与删除元素。

但反过来，虽然无法在运行期为异类词典添加新的元素，但我们可以在编译期通过元函数为异类词典添加或删除元素。关于这一部分的内容，就留给读者自行练习了。

与异类词典相比，policy 模板的值也是编译期常量，相应地，可以在其中保存数值以外的信息，比如类型与模板等。本章所讨论的只是 policy 模板的一个初步实现。在第 7 章，我们会对本章所讨论的 policy 模板进行进一步的扩展，为其引入层次关系，使得它能够处理更加复杂的情形。

本章其实并没有引入什么新的元编程知识（关于支配的讨论并不是元编程的知识，而是与 C++继承相关的基本知识，属于面向对象的范畴）。我们只是在确定了最终的接口形式后，用元编程来实现而已，所用的基本技巧也都是在第 1 章所讨论的顺序、循环、分支程序设计方法。但与第 1 章相比，不难看出，本章所编写的顺序、循环、分支程序更加复杂，也更加灵活。要想真正掌握这种程序设计技术，还需要读者不断地体会、练习。

本章所构造出的模块将被用于深度学习框架之中，作为基本的组件来使用。从第 3 章开始，我们将讨论深度学习框架的实现。

2.5 练习

1. NSVarTypeDict::Create_使用的是线性方式来构造元素。即要构造 N 个元素，那么就每次构造一个，再次循环。这样在编译期循环的执行次数以及实例化的数目为 O(N)。能否修改这个逻辑，使得在编译期循环执行次数与实例化的数目为 O(log(N))?
2. 阅读并分析 NSVarTypeDict::Tag2ID 的执行逻辑。
3. 本章分析了 NSVarTypeDict::NewTupleType_的实现逻辑。这个元函数包含了一个声明与两个特化。实际上，它的定义是可以简化的：特化 1(N!=M 时)与特化 2(N==M 时)实际上是一种分支，可以使用 std::conditional_t 将这两个特化合并成一个。改写这个元函数的实现，按照上述思路进行化简。思考化简后的代码与之前的代码的优劣。

4. 阅读并分析 VarTypeDict::Values::Get 的执行逻辑。
5. VarTypeDict::Values::Set 在定义时函数声明的结尾处加了&&，这表明该函数只能用于右值。定义一个能用于左值的 Set，思考这个新的函数与旧的函数相比，有什么优势，什么劣势。
6. 接收数组的 Values 构造函数是供 Values::Set 函数调用的。而 Set 也是定义于 Values 中的函数。那么，能否将该构造函数的访问权限从 public 修改为 private 或 protected? 给出你的理由，之后尝试修相应的访问权限改并编译，看看是否符合你的预期。
7. 使用 std::tuple 替换 VarTypeDict::Values 中的指针数组，实现不需要显式内存分配与释放的 VarTypeDict 版本。分析新版本的复杂度。
8. 在 2.3 节，我们给出了一个用于进行累积计算的类，并使用它展示了 policy 与 policy 对象的概念。事实上，除了类模板，我们也可以在函数模板中使用它们。将该节提供的例子进行改写，使用函数模板实现与示例所提供的累积算法相同的功能。
9. 分析 NSPolicySelect::MajorFilter_的实现逻辑。
10. 分析 IsArrayEmpty 的实现逻辑。
11. 尝试构造模板 policy 对象，即 policy 对象的“值”是一个模板。尝试引入宏来简化相应 policy 对象的定义。
12. 本章开发的异类词典包含了 Get 方法，可以根据键值获取不同类型的数据对象。但目前 Get 方法在返回对象时是先对词典中的对象进行复制，之后将复制的结果返回。对于一些数据结构来说，复制的成本相对较高。我们可以考虑使用移动语义来减少复制所引入的额外的成本。在已有的代码框架基础上，为 NamedParameters::Values 引入一个新的 Get 函数，当 NamedParameters::Values 对象本身是右值时调用：调用新的 Get 函数时，将通过移动的方式返回底层数据对象。
13. 尝试编写两个元函数，在编译期为异类词典添加或删除元素。比如编写 AddItem 与 DelItem 两个元函数，使得如下的代码：

```
using MyDict = VarTypeDict<struct A, struct B>;

using DictWithMoreItems = AddItem<MyDict, struct C>;
using DictWithLessItems = DelItem<MyDict, A>;
```

DictWithMoreItems 的类型为 VarTypeDict<A, B, C>，而 DictWithLessItems 的类型为 VarTypeDict<B>。

注意 AddItem 与 DelItem 应当能处理一些边界情况，比如调用 AddItem<MyDict, A> 或调用 DelItem<MyDict, C>应当报错：前者添加了重复的键，而后者要删除一个并不存在的键。

第二部分

深度学习框架

第3章

深度学习概述

深度学习是人工智能的一个分支，在语音、图像、自然语言处理等众多方向上得到了广泛的应用，取得了很好的效果，在近年来得到了学术界的广泛关注。本书并不打算对其进行深入的讨论——相较深度学习的数学原理而言，本书关注的更多在于使用元编程实现这样的框架。虽然如此，对深度学习背景的初步了解也是后续讨论的前提。

本章将对深度学习以及将实现的框架进行概述，从而使读者对将要实现的框架有一个整体性的了解。

3.1 深度学习简介

身处计算机行业的读者想必已经不止一次听说“深度学习”这项技术了，并且或多或少地了解到这项技术在图像处理、语音识别等领域所取得的突破性的成就。比如，谷歌旗下的 DeepMind 所开发的基于深度学习技术的围棋程序 AlphaGo 击败了人类的顶级棋手李世石与柯洁，一举震惊世界。然而，深度学习技术的应用领域不止于此。事实上，深度学习（或者更基础的概念：机器学习）技术已经渗透到了我们生活的各个方面。

比如，当我们驾车或行走在繁华城市的公共区域时，部署在城市角落的高清摄像头所拍摄的影像会被传输到相关的系统中进行车牌识别、人脸识别、碰撞检测等处理，以保障整个城市的公共安全；当我们在便利店刷卡支付时，银行的数据中心则会使用此类技术来自动判断这是否是一次盗刷；当我们使用搜索引擎来查询信息时，运行在服务器集群上的搜索算法会使用深度学习技术对用户的输入与海量的数据进行匹配，返回让用户满意的结果；当我们使用社交或者资讯类软件时，部署在服务器上，由深度学习技术所支撑的算法都会或多或少地分析用户与软件的交互行为，从而提供对用户来说相对个性化的服务。

尽管媒体经常用“模拟了人脑”此类哲学意味的比喻来向公众介绍深度学习技术，从而让公众或多或少地感受到这是一项强大而神秘的技术，但这往往会在一定程度上误导大众。本书会避免使用此类生物学上的比喻，而是从程序员的角度向读者介绍关于这项技术的基础知识。

读者可能经常会看到深度学习和机器学习被一起提及，实际上深度学习是机器学习的一个重要子领域。

3.1.1 从机器学习到深度学习

作为一名程序员，相信大家对如何编写计算机程序来解决实际的问题并不陌生。当我们需要实现一个程序，等待用户的输入，之后根据其输入来显示不同的内容。我们会很自然地将整个功能拆解成使用顺序、循环、分支代码可以表达的形式。稍微复杂一些，当我们需要根据某项信息对数组中的元素排序时，我们会很自然地想到使用某些排序算法。再进一步，在设计大型项目时，我们会参考经典的设计模式，保障模块间的复用性与灵活性。

但是，考虑如下的问题：我们需要实现一个程序，根据用户输入的图片判断其中画的是猫还是人。完全不了解机器学习的程序员，在把图片的像素值读到数组中之后，可能就不知道接下来该怎么做了。可能有的程序员会尝试把程序写成：如果某部分区域的像素值介于某个范围之内，那么它上面画的就是一只猫。这样的程序，在今天看来，无疑是可笑的，如果用准确率这个指标来衡量，那么这种程序可能只会比随机猜一个类别得到的准确率高一些：即便同样是猫，根据其拍摄的角度与时间不同，相应地图片上的像素值也会受到影响。

如果我们把这个问题的难度降低一些，假定有一个神奇的机器，在输入图片后，能够告诉我们图片上的生物有几只脚，那么我们就可以使用这个信息进行判断：如果机器返回图片中的生物有 4 只脚，那么我们将其判断为猫，如果有 2 只脚，则将其判断为人。

我们并不能保证这种判断百分之百的准确，比如，因为拍摄角度的限制，猫的两只脚被挡住了，那么按照之前的逻辑，图片中的猫可能会被判断成人；另一种情况是，画面中的老人手持拐杖，系统将其误判为第三只脚，那么我们的程序将无法处理这样的情况。

另外，假定神奇的机器还能告诉我们更多的信息，比如生物的脸上有没有胡须，身体毛发浓密程度等等。同样的，这些信息都可能存在误差，但即使如此，如果综合考虑这些信息，我们的程序还是能对图片中的生物是人是猫有一个比随机猜测精确得多的预测输出。

如果我们的目标是构造这样一个程序的话，那么就有两个问题要解决。首先是，假定神奇的机器已经存在了，那么要如何最大限度地利用它所提供的各种信息，提升分类的准确性。其次，如何构造之前所提到的“神奇的机器”，为我们提供这样的信息。

第一个问题相对来说直观一些。比如，我们可以考虑构造一个模型，其输入为脚的数目、脸上有没有胡须，身体上有多少毛发等信息，将每一个信息转换为一种数值表示，并为其赋予一定的权重，之后将这些数值与权重综合起来考虑——将每个输入信息所对应的数值乘以相应的权重并求和，如果求和的结果大于某个值，则认为是人，否则认为是猫。如何确定每个信息所对应的权重呢？我们可以通过不停地试验，选择一组试验结果中最好的。但更可取的方式则是找一大批包含了猫或人的图片，让系统自动地得出这些权重。

这是一个典型的机器学习问题。如果问题无法通过显式编程求解，那么我们可以利用机器学习算法，从训练数据当中泛化出特定的模型来解决。为了从训练数据中学习，我们需要构造一个模型：它描述了该如何利用训练数据所提供的信息，模型所包含的具体参数可以被调整。随后，我们需要从训练数据中提取信息（比如图片中的生物有几条腿，是否有胡须等）——在机器学习中，这些信息称为特征。训练数据集中包含了大量的样本，每个样本中除了特征，还可能包含我们希望得到的输出结果。通过这些样本以及特定的训练算法，我们可以调节模型所包含的参数，并于最终得到训练好的模型——这是模型的训练过程。另一方面，使用训练好的模型，输入新的特征，使用模型中的参数以得到相应的预测结果——这个过程则是模型的预测过程。

当然，这并非机器学习的全部内容，我们只是在这里简单地介绍了机器学习中的一个分支——有监督学习。机器学习还包含很多其他的分支，比如无监督学习、强化学习等，但从数据中学习，使用特征进行学习则是机器学习的通用理念。

说了这么多，那么这与深度学习有什么关系呢？事实上，这就涉及前文所述的第二个问题：如何构造那个神奇的机器，即如何从原始的输入信息中提取特征。

在深度学习诞生之前，这个问题很大程度上依赖于特定领域的专家与算法。比如，为了提取图像中的生物包含了几条腿，我们可能需要一些图像领域专门的算法。这种算法的局限性很强，对图像处理领域有效的提取特征的算法可能很难应用到语音领域上。事实上，这样的特征提取已经困难到了一定的程度，以至于发展出了专门的领域：特征工程。

特征工程很困难，同时人为提取的特征效果往往并不理想。那么，能不能让计算机自己来提取特征呢？基于这个想法，人们进行了长期的研究。在 20 世纪 90 年代，Yann LeCun 等学者提出了 LeNet，使用多层人工神经网络从原始的输入像素中自动学习特征提取，并使用提取后的特征预测图像中所书写的是 0～9 中的哪一个数字，取得了非常好的效果。但 LeNet 比传统的人工神经网络复杂很多，相应的训练起来也比较困难，因此相关领域一度没有较大的进展。直至 2006 年，著名的学者 Geoffrey Hinton 发表了相关的论文，在一定程度上解决了复杂网络的训练问题，由此开创了多层神经网络研究的一个新高潮。多层神经网络通过自身的学习，可以有效地从原始数据中提取特征，这是传统的机器学习不具备的优势。相应地，通过将复杂的神经网络堆叠在一起，形成很“深”的结构，自动提取特征并完成模型学习的方法就称为深度学习。

3.1.2 各式各样的人工神经网络

人工神经网络与矩阵运算

深度学习系统脱胎于人工神经网络，图 3.1 展示了一个简单的人工神经网络（原图选自 *Neural Network Design*）。

图 3.1 中的 p_1, p_2, …, p_R 为输入数据，a_1, a_2, …, a_s 为输出结果。对于任意一个 a_i 有

$a_f = f\left(\sum_{j=2}^{R} p_j w_{ij} + b_i\right)$。其中，$f$为一个非线性变换，典型的非线性变换包括 $\tanh(x) = \frac{e^x - e^{-x}}{e^x + e^{-x}}$ 或者 $\mathrm{sigmoid}(x) = \frac{1}{1+e^{-x}}$ 等。可以将 a_i 的计算公式写成如下向量的形式：

$$\vec{a} = F(W\vec{p} + \vec{b})$$

a、b、p 的上方加上了箭头，表示它们是向量，$\boldsymbol{W}$ 为矩阵，F 表示对向量中的每个元素进行非线性变换。

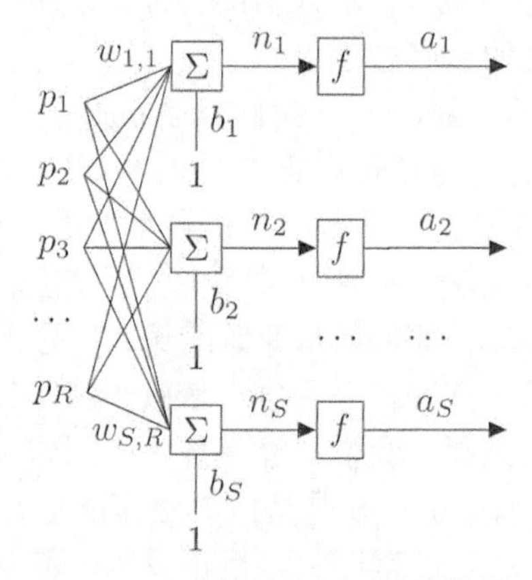

图 3.1 一个简单的人工神经网络

使用矩阵运算的形式表示人工神经网络，不仅简化了网络的表示，同时也使得我们可以进行更加灵活地扩展。比如，如果将非线性变换 F 视为对向量，而非向量中每个元素的运算，那么就可以构造更加复杂的非线性变换，比如非线性运算

$$\mathrm{Soft\,max}(a_1, \ldots, a_n) = \left(\frac{e^{a_1}}{\Sigma_i e^{a_i}}, \ldots, \frac{e^{a_n}}{\Sigma_i e^{a_i}}\right)$$

就是一种相对复杂的向量变换，用于将一个向量中的每个元素映射成（0,1）之间的值，同时满足这些值的和为 1。可以使用这个变换来模拟概率分布。研究人员还发明了 dropout、maxout、Layer-Normalization 等复杂的变换，它们都可以被视为某种特殊形式的矩阵运算。

深度神经网络

将人工神经网络简单地堆叠起来，就形成了深度神经网络（Deep Neural Network，DNN）：

$$\overrightarrow{a_1} = F(W_0\overrightarrow{a_0} + \overrightarrow{b_0})$$

$$\overrightarrow{a_2} = F(W_1\overrightarrow{a_1} + \overrightarrow{b_1})$$

$$\cdots$$

$$\overrightarrow{a_n} = F(W_{n-1}\overrightarrow{a_{n-1}} + \overrightarrow{b_{n-1}})$$

网络的输入为 $\overrightarrow{a_0}$ ，输出为 $\overrightarrow{a_n}$ 。$\overrightarrow{a_0}$ 是原始的输入信息，而 $\overrightarrow{a_n}$ 则是经过若干层非线性变换后得到的结果。假定我们希望识别图像中包含的十进制数值，那么 $\overrightarrow{a_0}$ 可以是图像中的像素，而 $\overrightarrow{a_n}$ 则可以是一个包含了 10 个元素的向量，分别表示了该图像所对应的数字（0～9）的可能性。

循环神经网络

深度神经网络的输入向量长度是固定的，而循环神经网络（Recurrent Neural Network，RNN）则擅长处理变长的序列。一个典型的 RNN 具有如下的形式：

$$\overrightarrow{h_n} = F(\overrightarrow{h_{n-1}}, \overrightarrow{x_n})$$

设输入序列为 $\overrightarrow{x_1},\ldots,\overrightarrow{x_n}$ ，同时 $\overrightarrow{h_0}$ 为一预先设定好的参数，那么 $\overrightarrow{h_n}$ 中将包含了 $\overrightarrow{x_1},\ldots,\overrightarrow{x_n}$ 中的全部信息。RNN 可以很自然地处理输入为序列的情形，因此它也在自然语言处理、语音识别等领域得到了广泛的应用。

卷积神经网络

另一种比较常见的神经网络是卷积神经网络（Convolutional Neural Network，CNN），它的思想是将要处理的数据分割成小块，每一块与一个卷积矩阵作用以进行特征提取。图 3.2 展示了一个典型的图像处理中卷积计算过程。

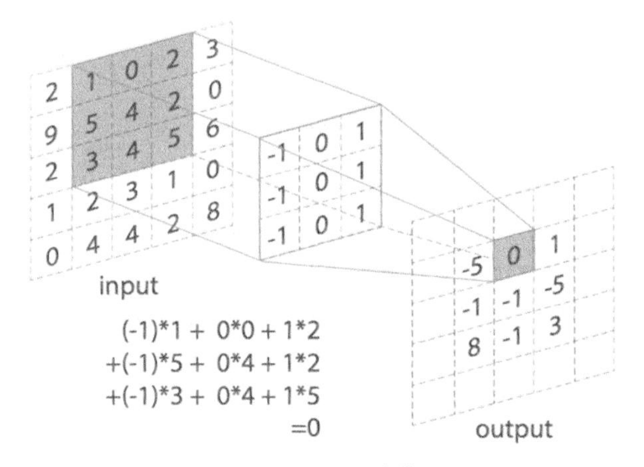

图 3.2　卷积计算

神经网络组件

以上只是对 DNN、RNN 与 CNN 进行了非常简单的介绍。这些网络结构还可以进行变种、组合，以适应具体的任务需求。一个实际的深度学习系统其内部的网络结构可以非常复杂，以完成像机器翻译、自动驾驶这样具有挑战性的任务。

为了使深度学习系统更容易维护，我们往往会将一个复杂的系统划分成若干较小的组件。利用这些组件像搭积木一样构造出整个系统。比如，对于基本的 DNN 来说，我们可以维护用于矩阵乘向量的组件、向量相加的组件，以及非线性变换的组件，使用它们就可以构造出表示 $\vec{a}=F(W\vec{p}+\vec{b})$ 的全连通网络结构，再进一步将这个结构视为一个组件，将其堆叠起来，就形成了 DNN。

引入组件是一种典型的分治思想。与直接维护复杂的深度学习系统相比，维护组件的成本相对来说要低很多，一个通用的组件可以在深度学习框架中被反复用到（当然，每个组件对象中包含的参数可能会有所区别，但其内部的运算逻辑是相同的）。神经网络还有一个很好的特点，可以将整个网络的参数优化过程从数学上分解为对每个组件进行参数优化的过程。正是因为这一点，我们才可以构造很复杂的深度学习系统而保证系统训练过程的正确性。

3.1.3 深度学习系统的组织与训练

深度学习系统中的神经网络结构可能会非常复杂，其中包含了大量的参数。而所谓深度学习系统的训练，就是调整网络中所包含的参数，使得它能够满足相关任务的需求。比如，我们希望使用卷积神经网络来进行图像识别，那么就需要调整网络中卷积矩阵的参数，使得最终系统的识别准确率尽量高。

网络结构与损失函数

使用深度学习系统解决实际问题之前，我们首先要选择深度学习系统所包含的神经网络结构与优化目标。正如前文所述，不同的网络结构适用的领域也有所区别。如果是处理序列相关的问题，可以考虑引入 RNN 这样的结构；对于图像处理来说，CNN 可能是不错的选择；对于比较复杂的问题，则需要采用专门的结构，或者将多种结构组合到一起，构造复杂的网络。

另一个比较实际的问题是如何定量地描述网络的优化目标。通常来说，我们需要将网络的优化目标转换成数学表示形式，并在随后的训练过程中利用一些优化算法对深度学习系统中的网络参数进行调整，使得网络的行为越来越倾向于我们优化的目标。通常，优化目标会以损失函数（loss function）的形式表示出来，而系统的学习过程，就是不断调整网络参数，使得在训练集合上损失函数的值逐渐变小的过程。以前文所述的判断图片中绘制的是猫还是人的任务为例，假定我们构造了一个深度学习系统，其输入为图片中的像素，输出为两个概率值 p_c、p_p，分别表示图片为猫的概率与图片为人的概率。给定 N 个样本，样本 i 的真实类别为 y_i，那么我们可以定义如下的损失函数：

$$loss=\frac{-1}{N}\sum_{i=1}^{N}\left\{\delta_{y_i=y_c}\log p_c^i+\delta_{y_i=y_p}\log p_p^i\right\}$$

其中的 p_c^i 与 p_p^i 分别表示对于样本 i 来说，当前系统输出的该样本为猫与为人的概率。当 y_i 为猫时，$\delta_{y_i=y_z}$ 的值为 1，否则为 0。类似地，当 y_i 为人时，$\delta_{y_i=y_p}$ 的值为 1，否则为 0。从式子中不难看出，随着系统分类准确率的提升，该式的值将逐渐减少。而网络的训练过程，也正是通过调整网络参数，使得损失函数逐步减少的过程。

对于深度学习框架的开发者来说，我们无需过多地关注该如何选择网络的结构与损失函数，我们需要做的是提供一系列的模块，可以在确定了网络结构与损失函数后，很方便地搭建出相应的网络结构。

模型训练

在定义了网络结构与损失函数后，就可以使用这些信息来搭建神经网络模型了。搭建好的模型中会包含大量的参数。而模型的训练过程，就是根据训练样本调节模型参数，使得损失函数尽量小的过程。不同的网络结构与损失函数对应的训练流程也不尽相同，但总的来说，整个模型的训练包含了如下几个步骤。

- **参数初始化**：在模型训练之初，我们需要初始化其中包含的参数。通常来说，可以用随机初始化的方式为这些参数赋予初值，但为了保证模型最终能取得较好的效果，我们可能需要对初始化参数的分布进行限定——比如按照某种分布初始化，或者确保初始化的参数具有某些特定的性质等。深度学习框架需要提供各种初始化方式，供使用者选择。
- **正向、反向传播**：为模型中的参数赋予初始值后，就需要根据训练样本来进行参数调整了。调整的过程主要由正向传播与反向传播两部分组成。所谓正向传播，是指依次输入每个样本，计算在模型的当前参数下，系统所产生的输出，以及相应输出所对应的损失函数值；所谓反向传播，则是利用损失函数的值计算梯度信息，并将这个信息沿着与正向传播相反的路径反馈给神经网络的每个组件，由这些组件分别计算其所包含的参数的梯度的过程。数据在正向传播时所经历的组件与梯度反向传播时所经历的组件完全相同，但顺序完全相反。深度学习框架需要维护正向与反向传播的过程，确保每一步都能得到正确的结果，同时计算足够高效。
- **参数更新**：在对一到多个样本进行了正向、反向传播之后，系统中累积了参数所对应的梯度信息，之后，就可以利用这些梯度来更新参数值了。最基本的更新方式是将梯度值乘以一个系数加到原始的参数上。当然，也存在其他的参数更新方式，这些方式各有优劣，深度学习框架需要提供多种参数更新的方式供使用者选择。

不难看出，深度学习框架在模型训练的每一步中都起到了重要的作用。而一个成熟的深度学习框架还可能包含若干扩展的功能，比如因为正向、反向传播的计算速度相对较慢，深度学习框架可能需要支持多机并发训练，以提升训练速度。再如，一个好的深度学习框架应当可以输出某些中间结果，供用户调试使用。

模型预测

模型训练好之后，就可以使用其进行预测了。所谓模型的预测，是指将预测样本输入到模型之中，进行正向传播并计算输出结果的过程。从神经网络的角度上来看，模型的预测过程只涉及正向传播，并不涉及反向传播与参数更新的问题，因此较模型训练来说要简单一些。同时，模型预测只涉及正向传播，因此它不需要记录反向传播时可能需要的一些中间变量，进而存在进一步优化的空间。

一个优秀的深度学习框架不仅要能较好地支持模型的训练，同时也应当针对模型的预测进行进一步的优化，以提升预测速度，减少资源的占用。

3.2 本书所实现的框架：MetaNN

3.2.1 从矩阵计算工具到深度学习框架

深度学习的基础是人工神经网络。而人工神经网络的核心则是矩阵运算。因此，一个深度学习框架的核心也就是矩阵运算。

有很多通用的工具都提供矩阵计算的功能，比如 Matlab、Octave 等。那么，直接使用这些软件进行深度学习是否可行呢？从理论上来说，这样做是可以的，这些软件提供的计算逻辑已经能满足深度学习的需求了。但深度学习系统本身有其特殊性，这就导致了这些软件虽然能构造深度学习系统，但其效果上还存在有待完善之处。

首先，深度学习系统是计算密集型系统，在其内部往往涉及大量高复杂度的矩阵计算，系统的流畅运行对处理速度往往要求很高。事实上，对于比较复杂的系统来说，CPU 甚至都无法满足矩阵计算的需求了，要求诸于其他的计算设备（如 GPU、FPGA 等）来实现快速的矩阵计算。而诸如 Matlab、Octave 这样的软件所要解决的是通用型任务，计算速度（特别是矩阵运算的速度）并不是其所关注的最重要的目标之一，这就导致了使用这种通用型软件构造出来的系统，在训练一个中高规模的深度学习模型时，往往慢得让人无法接受。

其次，深度学习系统往往比较复杂，同时存在独特的体系结构。以模型训练为例，训练过程包含正向与反向传播两个部分。前者基于样本的输入产生相应的输出；而后者则会基于损失函数计算网络参数的梯度信息。正向与反向传播均包含了相应的计算方法——有的计算方法还比较复杂，而通用的矩阵运算软件往往没有较好地将这些算法组织起来，使得用户可以方便地使用它们来完成深度学习的任务。如果希望使用通用的矩阵运算软件实现深度学习，那么用户可能要在这些软件的基础上进行二次开发，付出较高的开发与维护成本。

深度学习是一门发展非常迅速的领域。毫不夸张地说，几乎每个月都会有论文提出新的技术或改进原有的算法。引入专门的深度学习框架，就可以将框架的开发与使用这二者划分开来：由框架的开发者负责实现并维护已有的算法，引入新的算法，确保算法的高效性与可扩展性；而框架的使用者则关注于使用已有的框架，将深度学习应用到实际的领域之中，解决实际问题或者进行深度学习的理论研究。随着这种分工的产生，深度学习的研究者对框架的依赖越来越强。时至今日，可以说深度学习框架的好坏甚至在一定程度上决定了深度学习任务的成败。

正是在这样的背景下，很多深度学习框架应运而生。目前，可以在网络上找到很多开源的深度学习框架，而深度学习的研究机构与使用者甚至不惜花费时间与金钱来开发自己的深度学习框架——其目的就是让这个框架更符合自身的需求。这些框架中比较有名的包括 TensorFlow、Theano、PaddlePaddle、Caffe 等，它们各有所长，应用于不同的深度学习系统之中，可谓百花齐放、百家争鸣。

3.2.2 MetaNN 介绍

本书将要实现一个深度学习框架——MetaNN。其中 Meta 表示使用元编程技术（Meta-programming）来实现，而 NN 则是神经网络（Neural Network）的缩写。一个很自然的问题是，既然已经有了如此众多的深度学习框架了，那么为什么还要再实现一个呢?

我们希望以该框架为载体，来讨论 C++元编程的技术。讲解 C++的书籍有很多，但讨论 C++元编程的书籍并不算多。即便对元编程有所讨论，讨论的重点也往往是元编程所涉及的诸多技术本身——一些相对较小的知识点，独立但缺乏连贯性。而对使用元编程开发大型的框架的讨论就更可谓是凤毛麟角了。以至于很多读者在阅读完一些讨论元编程的书籍后，将此类技术归结为华而不实的“小技巧”。因为我们并没有理解该如何将这些技术串连起来，形成可以开发大型程序的完整体系。

深度学习框架足够复杂，事实上，深度学习领域产生了大量的研究成果。如果要将这些研究成果融入到一个框架之中，那么这样的框架本身就足够复杂，并非依靠一些所谓的“小技巧”就可以实现的了。我们希望以之来证明：元编程完全有能力构造出这样的一个系统。而构造的过程是有规则可遵循的——它的本质还是第 1 章所讨论的“顺序、分支、循环”的编程技术。只要对这些技术熟练掌握，是完全有可能构造出如此复杂的一套系统的。阅读本书的过程，也就是对这些编程技术熟练的过程。

深度学习系统是复杂的，一个好的深度学习框架必须有能力在一定程度上掩盖这种复杂性，为用户提供便于配制、使用的接口。而另一方面，深度学习系统的一个关键之处在于提供高效的计算能力，满足实际的训练需求。这二者在一定程度上难以兼顾，而每个框架都需要维护二者之间的平衡。在这一点上，不同的框架采用了不同的策略。比如，Theano 框架采用 Python 作为用户接口。Python 容易使用但执行速度较慢，为了提升系统的执行速度，Theano 在其内部对 Python 的代码进行转换，并调用 C++编译器来编译转换后的代码，使用编译生成的结果进行实际的模型训练。这种方式虽然在一定程度上解决了易用性与高性能的问题，但不利于调试与深层次的分析——框架实际运行的并非用户编写的代码，而是经过 C++编译器处理过的产物，因此一般用户可能很难了解这个转换的过程中实际上做了什么。在遇到复杂的问题时，也就很难深入到系统底层，真正分析出问题所在。

TensorFlow 与 Caffe 采用 C++作为底层的实现语言：利用了 C++高性能的特点，在上层使用Python等更易使用的语言提供接口方便用户调用。这种方式虽然不会涉及二次编译，但它们采用的是传统的面向对象 C++编程方式，因此为了确保易用性，还是会在一定程度上牺牲性能。这种框架使用简单，很适合学术研究，但以之作为底层直接对外提供服务，比如提供在线的高访问量预测服务，就可能会受限于框架本身的特性而无法发挥出底层硬件系统全部的性能。比如，Caffe 会以“层”为单位组织深度学习的组件，每个层维护自身的计算。这就导致了在一些情况下本来可以合并或优化的计算因为层的存在而只能单独调用，从而对性能产生了不利的影响。在这种情况下，为了提供高访问量的网络服务，可能需要开发专门的线上预测系统，对整个预测逻辑进行重写，引入大量的优化；或者使用专门的硬件（如 Google 的 TPU），以进一步提升系统的性能。

这种取舍不仅体现在为了易用性而牺牲性能，同时也存在为了性能、效果而牺牲易用性的情况。比如，Caffe 中引入了 SoftmaxLoss 层，它在数学上等价于 Softmax+Log 这样的两层结构。Caffe 中包含了 Softmax 层与 Log 层。之所以引入额外的 SoftmaxLoss 层，除了对层进行合并以提升运算速度，一个主要的原因是减少因为计算的舍入误差而导致的系统不稳定。正是为了提升系统的稳定性，在使用 Caffe 时，如果要在 Softmax 后面紧接着进行 Log 计算，就需要使用 SoftmaxLoss 层，而不建议显式地构造 Softmax+Log 的两层结构。其他的深度学习框架中也有类似的限制——这就是典型的为了性能牺牲易用性的例子。

与 TensorFlow、Caffe 等框架类似，MetaNN 也是基于 C++构建的深度学习框架，这套框架的上层也提供了抽象的接口，并使用这种接口来掩盖系统内部复杂的逻辑——从而提升了易用性。但因为 MetaNN 的内部包含了大量的元编程技术，可以利用元函数与编译期计算对模型的计算过程引入额外的优化。这就使得这个系统在保持易用性的同时在速度上具有天然的优势——这是很难通过传统的面向对象编程方法能够获得的。同时，MetaNN 也不用为了提升性能引入诸如 SoftmaxLoss 这样的构造[①]。

但使用元编程技术也有其弊端：因为对元编程技术的深度依赖，使得 MetaNN 难以像主流的深度学习框架那样提供 Python 这样的上层接口。事实上，也不是完全不能提供一个 Python 调用层供不熟悉 C++的用户使用，但如果提供了这样的调用层，我们就需要对 C++元编程所产生的结果进行一次封装，而这种封装会在一定程度上影响程序的优化逻辑，使得元编程的优势有所丧失。因此，MetaNN 并不会对外提供 Python 调用层。

3.2.3 本书将要讨论的内容

深度学习是一门发展迅速、应用广泛的领域。相应地，一个完整的深度学习框架所包

① 在本书的第 8 章我们将看到，MetaNN 无须引入像 SoftmaxLoss 这样的层。系统会在编译期判断层的连接关系，发现如果出现了 Log 层紧接着 Softmax 层这样的情形时，会自动引入相应的优化，提升计算速度的同时保持计算的稳定性。

含的内容也是非常多的。典型的深度学习框架应当能处理高维矩阵（主要用于图像、视频等相关处理）；进行并发训练（以应付训练数据过多的情形）；可以使用 CPU/GPU 等不同的处理器进行模型的训练与预测（以应对不同的应用场景）……

如果对这些问题一一讨论，那么无疑将大大增加本书的厚度。另外，本书以深度学习框架为载体，所讨论的核心还是模板元编程的技术。从这个角度出发，没有必要对一个深度学习框架中可能涉及的每一方面都进行深入的讨论。深度学习框架非常复杂，我们会将讨论限制在最核心的部分上。虽然在后续的讨论中只包含了这个框架中最核心的内容，但 MetaNN 具有足够的扩展性，完全可以包含深度学习框架中应有的功能。因此，如果读者在阅读完本书的内容后意犹未尽，那么完全可以利用在本书中学到的技术对这个框架进行进一步开发，进一步丰富这个框架，使得它能满足具体任务的需要。

整个框架的核心组件自底向上可以划分为 4 个层次：数据、运算、层、求值。在这些概念的基础上可以构建网络，进行训练与预测。本书后续的讨论也将围绕这这些概念展开。

数据表示

整个框架的核心是数据。通常来说，数据被表示为矩阵的形式，但对于不同的任务，数据的具体形式也有所区别。

比如，对于自然语言处理类型的任务，其处理的基本单位是词。如果用向量来表示词，那么框架所要处理的数据则通常来说是一维的向量。将词串起来可以组成句子，相应地，将表示词的向量排列起来可以组成二维的矩阵。对于每次处理一句话的系统（比如翻译系统），其处理的基本单位就是二维矩阵了。如果希望进一步提升系统的吞吐量，支持多个句子同时处理，此时系统所处理的数据就是三维的张量（Tensor）了。对于输入数据是一维向量的情形，通常来说处理系统最多支持到三维张量这个级别的数据即可。

但对于图像处理来说，框架可能需要支持更高维度的数据——一幅黑白图像可以用一个二维矩阵表示，而对于彩色图像，它的每个点通常都包含 3 个分量（红、绿、蓝）。因此处理彩色图像的系统就需要使用三维的张量来表示一幅图像。如果希望提升系统吞吐量，一次性处理多幅图像，那么就需要使用四维的张量来表示图像组。因此处理图像的系统需要引入更高维的张量来表示数据。

在本书中，我们所讨论的数据最高支持到 3 维：它可以满足大部分自然语言处理任务的需求。这对某些图像处理任务来说是不够的。但如果需要，我们也可以对 MetaNN 进行扩展，引入新的基础数据类型，支持四维的数据，从而可以满足此类任务的需求。

矩阵运算

深度学习框架应当支持多种矩阵运算的方法。比如将两个矩阵点乘，或者对矩阵中的元素求 Tanh 值等。深度学习的发展日新月异，有很多新的运算被不断地发明出来。相应地，深度学习框架也应当能够支持运算扩展，可以很容易地引入新的运算。

MetaNN 将矩阵计算分成两步进行：运算表达式构造与运算表达式求值。前者用于构造表示运算结果的模板表达式，而后者则是对模板表达式进行实际的计算，求得计算结果。比如，两个矩阵相加的运算会产生一个模板表达式，来表示运算的结果。这个模板表达式可以在随后被求值，以得到最终的结果矩阵，但在求值之前，我们无法通过模板表达式获得结果矩阵中元素的值。

之所以采用这样的设计，一方面，相比求值来说，构造表示运算结果的模板表达式是很快的。另一方面，将表达式的构造与求值划分开来可以专门针对求值进行优化，提升系统性能。我们会用专门的一章来讨论矩阵运算与模板表达式的构建。

因为运算过程被划分成两步进行，而求值会被单独讨论，所以后续在提及 MetaNN 中的运算时，我们主要是指构造运算表达式的过程。我们在第 5 章讨论的“运算”，也主要是指运算表达式的构建；而求值则会在第 8 章讨论。

层与自动求导

在 MetaNN 中，矩阵运算之上还有一个抽象概念：层。一些深度学习框架会将运算与层的概念合并起来。但作者认为区分这两个概念可以进行更好的抽象，从而提升其易用性。

层建立在矩阵运算的基础上，提供更高层次的抽象。如前文所述，深度学习系统的模型训练会涉及正向传播与反向传播两个过程。这两个过程都需要引入矩阵运算。层的主要工作之一就是将正向与反向传播时使用到的矩阵运算关联起来，同时将它们的细节进行封装，使得用户不需要关注其具体实现。

深度学习模型的训练过程中需要计算梯度值，而梯度的计算则涉及求（偏）导数并将计算结果反向传播。可以将深度学习框架所涉及到的求导公式大略地分成两类，这也对应到 MetaNN 中两种类型的层。

- **基本层**：这些层封装了正向与相应的反向传播代码。其中也包含反向传播所需要的求导计算的代码——代码并不复杂，可以比较容易地写出、写对。
- **复合层**：由基本层组合而成的层。复合层还可以进一步复合，即由小的复合层与基本层组成更大的复合层。

理论上来说，复合层可以调用其子层来实现数据的正向、反向传播。但在数据的反向传播时，需要链式法则来进行求导。链式法则的概念本身并不复杂，但如果一个复合层涉及的子层过多，则相应地写起来就会比较繁琐，而且很容易出错。事实上，完全可以根据链式法则的基本原理封装出相应的逻辑，使用它对复合层自动求导。这样，只要确保对链式法则逻辑的封装是正确的，那么就可以保证复合层的求导不会出现错误。

本书会用一章来着重讨论复合层的自动求导的实现。

求值与性能优化

矩阵运算是深度学习框架的核心。虽然我们可以很快地构造模板表达式，但归根结底是要对模板表达式求值来获取最终的计算结果。可以说，提升求值，或者说实际的矩阵计算的速度对提升系统的整体性能至关重要。通常说来，深度学习框架会从硬件与软件两个方面来提升矩阵计算的速度。

在硬件方面，深度学习框架会支持除 CPU 以外的其他计算设备，比如 GPU、FPGA 等。利用这些计算单元独特的性能优势来提速。在软件方面，深度学习框架会考虑调用专门的矩阵运算库，以及通过合并计算的方式来优化性能。

在本书中，我们只讨论使用 CPU 进行计算，同时并不会引入其他的矩阵计算库。因为“使用专用的计算设备”和“使用矩阵运算库”进行矩阵运算已经超出了本书所讨论的主题。MetaNN 会预留扩展接口，以支持 CPU 以外的其他运算设备。同时我们会讨论通过合并计算的方式来优化程序性能——有了这些基础的概念，在此基础上引入矩阵运算库并不复杂。

3.2.4 本书不会涉及的主题

除了上述内容，还有一些主题是深度学习框架需要包含，但本书不会涉及。主要原因是它们与模板元编程的关系不大，或者所涉及的元编程知识在本书中已经有过讨论了。这些主题包括以下内容。

- **并发训练**：即如何在大数据量下通过并发的方式提升训练速度。在实现了 MetaNN 的核心逻辑的基础上，对其进行扩展就可以实现多机并发训练。多机并发训练的关键点在于数据传输与网络通信，涉及元编程的部分比较少。而本书的主题是讨论元编程技术，因此就不会讨论并发训练的内容了。
- **模型参数更新**：模型训练过程中需要使用某种算法对其包含的参数进行更新。本书并不会讨论这一部分的内容，这是因为这些逻辑中使用的元编程技术已经在框架更核心的部分得到体现了。

3.3 小结

本章概述了深度学习的背景知识，同时对后续将要讨论的深度学习框架（MetaNN）进行了简述。深度学习是一个发展非常迅速的领域，有很多成果。本书并不希望对其中所有的内容进行讨论，而是只会描述框架设计的一些核心问题。虽然如此，但是 MetaNN 预留了足够的扩展接口，可以方便地进行功能扩充。

接下来，我们将逐步讨论 MetaNN 的设计细节。

第4章

类型体系与基本数据类型

数据是整个框架的基石。本章将讨论 MetaNN 中使用的类型体系与基本数据类型。

作为一个深度学习框架，MetaNN 会涉及大量的矩阵运算，相应的，MetaNN 中涉及的数据类型也是以矩阵为主。可以使用数组来存储矩阵中的元素，在此基础上构造表示矩阵的数据类型，但这仅仅是矩阵的一种表示方式而已。不同的应用场景所涉及的矩阵的特点也不尽相同——针对矩阵的具体特点，采用相应的表示方式，可以减少数据相关操作所需要的空间、时间复杂度；在简化程序编写的同时为后续的框架整体优化提供了更大的空间。

除了矩阵，MetaNN 也会操作其他的数据类型，典型的情况是：两个向量（可以视为行数或列数为 1 的矩阵）的内积是标量，标量的相关处理也被纳入到整个框架的类型体系之中。除了矩阵和标量，MetaNN 还可以处理矩阵或标量的列表，从而支持更加复杂的计算。

为了在数据表示上提供较大的灵活度，很多深度学习框架引入了张量（Tensor）的概念，可以表示任意维度的数据集合。可以用 0 维张量表示单独的数字（标量），用一维张量表示向量或者数组，用二维张量表示矩阵等等。MetaNN 并没有引入张量来表示所有可能用到的数据类型：它希望通过引入不同的数据类型，来更加明显地区分数据的用途。比如，同样是一维数组，它可以用于表示标量的列表，也可以表示一个向量，使用张量进行统一表示会对这两个概念产生混淆，不利于较大规模程序的开发。反之，如果为这两种形式赋予不同的类型（类模板），则可以从类的名称上显式地区分其用途。为不同用途的数据引入独特的数据类型，是 MetaNN 的特色之一。

事实上，我们有意将 MetaNN 设计为富类型的：对于每一种数学上的概念（如矩阵），在 MetaNN 中可能对应多种表示形式（表示为不同的类或类模板）——每一种都有其独特的作用。同时，MetaNN 也是可扩展的：可以向其中添加同一数学概念的新的表示形式（即新的类型）：只要这些类型满足某些基本的要求，即可无缝地与现有的算法对接。为了能够管理这些类型，同时便于扩展，MetaNN 引入了专门的类型体系对这些类型进行划分。随着讨论的深入，我们将在后续章节中看到相对复杂的数据类型。但即使再复杂的类型，也可以被归结到整个类型体系之中，类型体系的设计思想贯穿了 MetaNN 的整个设计，理解类型体系是理解整个代码框架的基石。

事实上，类型体系及其典型的实现可以被视为一种范式，它不仅适用于 MetaNN 框架本身，也可以被推广到其他泛型系统之中：本章前半部分将会从这一角度讨论 MetaNN 中使用的数据类型体系，从而使读者对其有一个更高层次的认识。在此基础上，本章的后半部分将介绍 MetaNN 中所使用的具体的数据类型。这些数据类型将作为框架的最底层，提供基本的数据存储与访问的功能。

4.1 类型体系

4.1.1 类型体系介绍

无论是何种系统，如果我们希望其支持不同的数据类型，同时便于引入新的数据类型而进行扩展，那么就需要一套机制对其中的数据类型进行管理。本书将这种管理数据类型的机制称为类型体系。类型体系所要做的最重要的工作之一就是对不同的数据类型进行分组：每组称为一个类别（Category），表示一个独特的概念及其所对应的若干具体的实现方式。

每种编程方式都可以引入自己的数据类型管理体系。比如，在面向对象的系统中，典型的方式是通过派生进行类别划分——每个类别中的类型均直接或间接地派生自某个基类，而这个基类则表示相应类别所描述的概念，基类通过虚函数的形式定义了该概念所对应的接口，派生类可以选择继承或重写基类中的虚函数，从而提供满足概念要求的、适合具体情况的实现方式。

C++支持面向对象，因此可以采用上述方式来定义类型体系。但本书讨论的是泛型编程。在泛型编程的框架下，还存在其他的数据管理方式——比如通过标签（Tag）来管理类型。

标签并非什么新事物，事实上，我们每天所使用的 C++标准模板库中就包含了标签：它使用标签系统来管理迭代器，进而将迭代器划分成若干类别。每一种迭代器类别都要求提供特定的接口与行为，但类别对接口的要求并非通过基类与虚函数的方式显式引入，而是通过文档的方式给出。属于相同类别的不同数据类型之间并不存在共同的基类，因此与基于派生的类型体系相比，在基于标签的类型体系中，同类迭代器之间是一种相对松散的组织关系。

与基于派生的类型体系相比，基于标签的类型体系有其天然的性能优势。在基于派生的类型体系中，基类与派生类通过虚函数作为纽带，派生类需要继承或修改基类中定义的虚函数来实现自身的逻辑。而使用者则需要调用虚函数来访问接口。虚函数的访问涉及指针，其本身就会引入性能上的损失。摆脱虚函数的限制，可以在一定程度上提升系统的性能。此外，因为没有了虚函数的限制，不同的类型在实现接口时会有更大的自由度[①]。

当然，与基于派生的类型体系相比，基于标签的类型体系也有其不便之处。其最大的使用限制还是与编译期计算相关。在基于派生的类型体系中，我们可以声明函数接收基类的引用或指针，并为其传入派生类的对象，这是多态的一种典型的实现方式，这种多态是在运行期被处理的，因此也被称为动态多态。但使用基于标签的泛型类型体系时，我们将丧失这种运行期的多态特性，所有的类型都会在编译期完成指定，不能在运行期进行灵活地调整。正因为如此，是否应当使用基于标签的类型体系也要视具体情况而定。进一步，我们还可以将基于标签的类型体系与基于派生的类型体系进行组合，发挥二者的优势。

在 MetaNN 中，我们将主要使用基于标签的类型体系，并用基于派生的类型体系作为辅助。基于派生的类型体系主要用于程序的运行期，我们会在第 6 章讨论层的概念时，引入基于派生的动态类型体系 DynamicData 以保存深度学习框架计算的中间结果。同时，第 6 章会讨论将这两种类型体系结合起来的方法。

除了第 6 章所涉及的特殊情况，MetaNN 将主要使用基于标签的类型体系来维护它所使用的数据集合。我们需要一个体系来表示框架所用到的各种数据类型。每一种数据类型都有其具体的作用，如果使用深度学习框架所构造的网络在编译期就可以明确下来[②]，那么相应地，这个网络中所使用的数据类型也就可以在编译期明确下来了。此时，使用基于标签的类型体系将充分体现出其速度快、易扩展的优势。

基于标签的泛型类型体系并非 MetaNN 独创：C++标准模板库 STL 就使用了标签体系来管理迭代器的类型。而 MetaNN 则借鉴并扩展了相应的技术，使用类似的标签体系来管理它所用到的数据。在理解 MetaNN 中的数据标签体系之前，我们需要首先了解一下 C++中用于管理迭代器的标签体系。

4.1.2 迭代器分类体系

使用过 C++ STL 的读者对迭代器一定不会陌生。STL 将迭代器分成了若干类别，同时规定了每个迭代器类别所需要实现的接口。具体如下。

- 输入迭代器需要支持递增操作，可以解引用以获取相应的值，可以与另一个输入迭代器进行比较，判断是否相等。
- 随机访问迭代器与输入迭代器相比支持更多的操作。比如，可以加上或减去一个整数以移动迭代器所指向的位置；可以与另一个迭代器比较大小；两个随机访问迭代器还可以相减，计算二者之间的距离等。

迭代器的类型虽然千差万别，但将它们划分成若干类别之后，就可以针对特定的迭代器类别来设计或优化算法了。比如，某些算法只支持随机访问迭代器，而如果传入输入迭

① 比如，在 C++中，派生类在实现基类的虚函数时，可以对函数的签名进行一些修改，比如修改函数的返回类型。但这种修改的限制还是比较多的。而在基于标签的类型体系中，相应的限制就会少很多。

② 这也是本书的一个前提。

代器，那么算法将无法工作。再如，某些算法在传入随机访问迭代器时，可以选择恰当的方式进行优化，以提升算法速度。

C++引入了迭代器标签来表示迭代器的类别。比如，input_iterator_tag 用来表示输入迭代器，而 random_access_iterator_tag 则表示随机访问迭代器。同时，C++要求为每个迭代器引入特殊的结构 iterator_traits，将迭代器的标签（类别）与具体的迭代器类型之间关联起来。比如：

```
template<typename T>
struct iterator_traits<const T*>
{
    typedef random_access_iterator   iterator_category;
    // ...
};
```

这表明，任意的指针类型都可以被视为随机访问迭代器。

常规的 C++开发更多地会涉及迭代器本身的操作，而不会直接涉及迭代器的分类标签。但实际上，正是因为迭代器分类标签的存在，算法才有优化的可能。以 std::distance 算法为例[①]：

```
template<typename _InputIterator>
inline auto __distance(_InputIterator b, _InputIterator e,
                       input_iterator_tag)
{
    typename iterator_traits<_InputIterator>::difference_type n = 0;

    while (b != e) {
        ++b; ++n;
    }

    return n;
}

template<typename _RandomAccessIterator>
inline auto __distance(_RandomAccessIterator b,
                       _RandomAccessIterator e,
                       random_access_iterator_tag)

{
    return e - b;
}

template<typename _Iterator>
inline auto distance(_Iterator b, _Iterator e)
{
    return __distance(b, e, __iterator_category(b));
}
```

① 注意 C++标准只规定了算法应当具有的行为，而并没有指出算法的实现细节。这里给出的只是一种可能的实现，同时进行了简化，去掉了与讨论不相关的细节。

distance 用于计算两个迭代器之间的距离，其实现是一个典型的编译期分支结构。distance 函数会调用__iterator_category(b)来构造表示迭代器所属类别的变量，之后编译器会使用这个变量选择两个__distance 中的一个执行：对于输入迭代器，只能采用逐步递增的方式计算两个迭代器之间的距离，其时间复杂度是 O(n)；而对于随机访问迭代器（random_access_iterator），则可以直接将两个迭代器相减，计算二者的距离，其时间复杂度是 O(1)。

从上述代码段中，我们可以很清楚地看到类型（type）与类别（category）之间的差异。迭代器可能具有各种各样的类型，但每个类型都属于某一个特定的类别，比如整数指针是一个迭代器的类型，而该迭代器所属的类别则是随机访问迭代器。二者之间的关系是通过 iterator_traits 建立起来的。

4.1.3 将标签作为模板参数

再次考虑上面的代码段：__distance 的实现中包含了 3 个函数参数，其中第 3 个参数表示迭代器的类别，编译器使用它进行选择函数，但在__distance 的具体实现中，这个参数所对应的对象则不会被用到。因此无需为其指定相应的参数名称。

事实上，除了将标签作为函数参数，还可以将其作为模板参数。下面的代码为 distance 的改写，使用模板参数来传递标签信息：

```
1   template<typename TIterTag, typename _InputIterator,
2            enable_if_t <is_same<TIterTag,
3                                  input_iterator_tag>::value>* = nullptr>
4   inline auto __distance(_InputIterator b, _InputIterator e)
5   {
6       typename iterator_traits<_InputIterator>::difference_type n = 0;
7
8       while (b != e) {
9           ++b; ++n;
10       }
11
12       return n;
13   }
14
15   template <typename TIterTag, typename _RandomAccessIterator,
16             enable_if_t <is_same<TIterTag,
17                                   random_access_iterator_tag>::value>*
18                          = nullptr>
19   inline auto __distance(_RandomAccessIterator b,
20                          _RandomAccessIterator e)
21
22   {
23       return e - b;
24   }
25
26   template<typename _Iterator>
27   inline auto distance(_Iterator b, _Iterator e)
```

```
28  {
29      using TagType
30          = typename iterator_traits<_Iterator>::iterator_category;
31      return __distance<TagType>(b, e);
32  }
```

像 STL 那样使用函数参数来传递标签信息，就意味着我们需要为函数指定一个额外的不会被使用到的参数，这会在一定程度上影响对函数的理解。同时，这可能意味着我们要构造并传递一个根本不会被用到的额外的标签对象。虽然很多编译器可以将这个标签对象的构造与传递过程优化掉，但编译器同样可以选择不进行这项优化。如果是这样，就意味着我们需要为此付出相应的运行期的成本。反过来，使用模板参数传递标签信息则不会付出任何额外的运行期成本。MetaNN 会为它所使用的数据类型赋予相应的类别标签，并在运算中使用与上述代码类似的方式在模板参数中传递标签信息。

在简单了解了迭代器类别标签的工作原理后，我们将深入讨论 MetaNN 所使用的类型体系与具体的类别标签。

4.1.4 MetaNN 的类型体系

作为一个深度学习框架，MetaNN 中处理的基本数据类型就是矩阵。除此之外，为了满足不同深度学习任务的需求，MetaNN 还需要能够处理其他类型的数据。

最简单的数据类型就是标量。深度学习框架的主要工作之一是封装矩阵运算。矩阵运算也会涉及标量，比如：矩阵与标量相加就是一种典型的既涉及矩阵又涉及标量的运算。相应的，深度学习框架少不了要与标量打交道。

除了标量、矩阵，深度学习框架也可能会涉及批量计算。大量实验表明，将同类的计算批量处理，往往比依次进行每一个计算的效率高。相信很多读者都听过 SIMD 这个词，它表示单条指令，多组数据协同处理，是 CPU 中计算优化的主要方式之一。我们可以通过此类指令，一次性完成多组浮点数的相加与相乘。与之类似，将多个同种类型的矩阵计算放在一起执行，也会提升执行效率。MetaNN 引入了专门的数据类别来表示批量计算的输入输出。

当前，MetaNN 一共引入了 4 种数据标签。这些数据标签被放到结构体中统一管理：

```
1  struct CategoryTags
2  {
3      struct Scalar;           // 标量
4      struct Matrix;           // 矩阵
5      struct BatchScalar;      // 标量列表
6      struct BatchMatrix;      // 矩阵列表
7  };
```

MetaNN 的标签体系支持扩展，如果需要的话，可以向其中添加新的标签类别。

关于这个标签体系，有两点需要着重说明。

首先，MetaNN 中并不区分向量与矩阵。向量可以被视为行数（或列数）为 1 的矩阵，它所涉及的运算也可以用矩阵运算来表示。因此，MetaNN 中并不专门对向量与矩阵加以区分，这二者统一地使用 Matrix 标签进行表示。

其次，MetaNN 的标签之间不存在层次关系——这一点与迭代器的标体系不同。STL 迭代器的标签体系展现了一种层次性：比如随机访问迭代器也是输入迭代器，这种层次性是通过在迭代器的标签类之间引入派生来显式描述的。但在 MetaNN 所引入的类型体系中，标签之间在概念上的隶属的关系则并不明显，我们会对每一类标签单独处理。这也就意味着：在调用一个函数时，一定要确保传入参数的类别与函数要求的类别精确匹配，否则会出现错误①。

4.1.5 与类型体系相关的元函数

在定义了表示类别的标签之后，接下来要做的就是将它们与具体的数据类型关联起来——只有这样，类别标签才能发挥其实际的作用。MetaNN 引入了两组元函数来关联标签与具体的数据类型：

IsXXX 元函数

给定任意一个数据类型，IsXXX 元函数用于判断该类型是否属于某个标签。对于每一种标签，都存在一个 IsXXX 元函数与之对应。比如，对于 BatchMatrix 类型的标签，相应的元函数定义如下：

```
1   template <typename T>
2   constexpr bool IsBatchMatrix = false;
3
4   template <typename T>
5   constexpr bool IsBatchMatrix<const T> = IsBatchMatrix<T>;
6
7   template <typename T>
8   constexpr bool IsBatchMatrix<T&> = IsBatchMatrix<T>;
9
10  template <typename T>
11  constexpr bool IsBatchMatrix<const T&> = IsBatchMatrix<T>;
12
13  template <typename T>
14  constexpr bool IsBatchMatrix<T&&> = IsBatchMatrix<T>;
15
16  template <typename T>
17  constexpr bool IsBatchMatrix<const T&&> = IsBatchMatrix<T>;
```

这里定义了 5 个特化（4～17 行），用于去掉类型中的常量与引用符号——这使得元函数更加通用。比如，在引入了这些特化之后，IsBatchMatrix<const int>与 IsBatchMatrix<int>

① 对比一下，在 STL 的迭代器的标签体系中，如果函数指定接收输入迭代器为参数，那么也可以传入随机访问迭代器的对象。

将产生相同的结果：这也是通常情况下我们希望看到的。

IsBatchMatrix 的基本定义直接返回 false，表示默认情况下某个具体的数据类型的标签并非 BatchMatrix。假定随着程序的开发，我们需要引入一个新的类型 A，它是一种矩阵列表，那么可以在程序中使用如下的特化进行描述：

```
template <>
constexpr bool IsBatchMatrix<A> = true;
```

这样，在后续的代码中，元函数 IsBatchMatrix<A &>与 IsBatchMatrix<const A>等都将返回 true。

IsScalar、IsMatrix、IsBatchScalar 的定义与 IsBatchMatrix 基本相同，这里就不再赘述了。

DataCategory 元函数

DataCategory 元函数也用于将具体类型与其标签相关联。但与 IsXXX 不同的是，它接收一个具体类型，返回该类型所对应的类别标签。

```
template <typename T>
struct DataCategory_
{
private:
    template <bool isScalar, bool isMatrix, bool isBatchScalar,
              bool isBatchMatrix, typename TDummy = void>
    struct helper;

    template <typename TDummy>
    struct helper<true, false, false, false, TDummy> {
        using type = CategoryTags::Scalar;
    };

    template <typename TDummy>
    struct helper<false, true, false, false, TDummy> {
        using type = CategoryTags::Matrix;
    };

    template <typename TDummy>
    struct helper<false, false, true, false, TDummy> {
        using type = CategoryTags::BatchScalar;
    };

    template <typename TDummy>
    struct helper<false, false, false, true, TDummy> {
        using type = CategoryTags::BatchMatrix;
    };

public:
    using type = typename helper<IsScalar<T>, IsMatrix<T>,
                                 IsBatchScalar<T>,
                                 IsBatchMatrix<T>>::type;
```

```
33  };
34
35  template <typename T>
36  using DataCategory = typename DataCategory_<T>::type;
```

DataCategory 调用了 DataCategory_来实现其主体逻辑。而在 DataCategory_中则使用了一个简单的分支来实现类型与标签之间的映射。

DataCategory 元函数是通过调用 IsXXX 元函数来实现的，因此，如果我们修改了 IsXXX 元函数的行为，那么相应的 DataCategory 元函数的行为也会发生改变。比如，如果没有为数据类型关联上相应的类别标签，那么以之调用 DataCategory 元函数会编译失败——这表示该数据类型不能用于 MetaNN 的框架体系之中。但如果像前文那样引入如下特化：

```
1  template <>
2  constexpr bool IsBatchMatrix<A> = true;
```

那么 DataCategory<A>将返回 CategoryTags::BatchMatrix。

以上，我们完成了 MetaNN 的类别标签体系的搭建。在本章的后半部分，我们将依次讨论 MetaNN 所引入的基本数据类型。MetaNN 是富类型的，同时支持类型扩展。它所使用的类型可能千变万化，但每种类型的设计都有一定的规律可循。这些规律放在一起就组成了 MetaNN 数据类型的设计理念。在深入到具体的数据类型之前，我们需要讨论 MetaNN 中的一些的设计理念，理解它们将有助于理解每个具体的数据类型。同时，理解这些设计思想对理解整个系统框架至关重要。

4.2 设计理念

4.2.1 支持不同的计算设备与计算单元

MetaNN 所包含的很多数据类型都涉及存储空间的相关操作。因此它们也就存在一些共性：

整个框架希望能支持不同的计算设备——虽然本书所关注的是基于 CPU 的计算逻辑，但整个框架应当比较容易地进行扩展，支持诸如 GPU 或 FPGA 这样的计算设备。不同设备的特性也不相同：比如，GPU 显存的分配方式与 CPU 内存的分配方式就有所差别。框架需要能够在一定程度上隐藏这种设备间的差异。对用户提供相对一致的调用接口。

另外，对于相同的计算设备，参与计算的数据单元也可能有所区别。举例来说，使用 CPU 进行计算时，我们可以选择 float 或者 double 作为数据的存储单元——前者所占空间较小，而后者较为精确。在使用 FPGA 计算时，我们也可以考虑使用浮点数或者定点数作为计算单元，用于在精确度与速度之间引入折衷。因此，除了计算设备，数据类型应该能支持不同的计算单元，并提供相对统一的接口与行为。

基于上述考虑，我们的数据类型要能够对不同的计算设备与单元进行封装，并提供接口，暴露出相应的信息。为了支持不同的计算设备，同时方便扩展，MetaNN 引入了结构体 DeviceTags 描述计算设备：

```
struct DeviceTags
{
    struct CPU;
};
```

其内部包含了对于不同设备的声明。目前，只有 CPU 这一项，但如果需要，可以向其中添加 GPU、FPGA 这样的设备名称。

支持不同计算设备的数据结构彼此之间不能混用。为了明确描述计算设备与计算单元，MetaNN 中大部分的数据类型都被设计为类模板，接收两个参数，分别表示计算单元与计算设备。

以矩阵为例，其模板声明为：

```
template<typename TElem, typename TDevice>
class Matrix;
```

其中的第一个模板参数为计算单元，第二个模板参数则表示计算设备。

4.2.2 存储空间的分配与维护

MetaNN 框架中的某些数据类型会涉及存储空间的维护。典型的情况是，一个 N 行 M 列的矩阵需要开辟并维护大小为 $N \times M$ 的数组来存储它所包含的数据。进一步，不同的设备对存储空间的分配、释放与使用方式也有所区别。我们希望对这种差异性进行封装，提供相对统一的接口，进而使得上层无需关注存储空间操作的相关细节。

MetaNN 通过 Allocator 与 ContinuousMemory 这两个类模板来维护存储空间。Allocator 包含了存储空间的分配与释放逻辑；ContinuousMemory 则对分配的存储空间进行维护。

Allocator 类模板

Allocator 类模板的声明如下：

```
template <typename TDevice>
struct Allocator;
```

它接收一个参数，取值为 DeviceTags 中定义的某个设备类型。通过特化可以引入不同的 Allocator 的实例，采用设备相关的逻辑进行存储空间的分配与释放。

这里给出了一个用于分配 CPU 内存的 Allocator 模板的特化：

```
template <>
struct Allocator<DeviceTags::CPU>
{
```

```
4        template <typename TElem>
5        static std::shared_ptr<TElem> Allocate(size_t p_elemSize) {
6            return std::shared_ptr<TElem>
7                (new TElem[p_elemSize], [](TElem* ptr) { delete[] ptr; });
8        }
9    };
```

Allocator 的每个特化版本都要包含函数模板 Allocate，它接收要分配的数据类型为模板参数，要分配的元素个数为函数参数，在其内部分配存储空间并将分配结果置于 std::shared_ptr 类型的智能指针中返回。上述特化版本就实现了这样的功能。

从名字上看，Allocate 实现了存储空间分配的功能。但实际上，它还包含了存储空间释放的逻辑：这个逻辑是在 std::shared_ptr 构造函数中赋予的。以上述实现为例：std::shared_ptr 在默认情况下会采用 delete 的方式来释放内存——这适合分配单一元素的情形。但我们这里分配的是元素数组，因此需要在构造 std::shared_ptr 时使用其接收两个参数的版本，第二个参数通过 lambda 表达式指定内存的释放方式：调用 delete []释放数组内存。

之所以引入 Allocator 类模板而非直接调用 new 进行内存分配，是因为除了对不同的分配方式[①]进行封装，我们还可以在其中引入更加复杂的逻辑来实现更高效的内存使用方式。比如，可以在 Allocator 中建立一个内存池，将当前不再使用的内存保存起来，下次调用 Allocator 时如果可能，直接从内存池中获取内存进行复用。这样可以减少内存分配与释放所付出的成本。我们需要修改 std::shared_ptr 构造函数的第二个参数的逻辑以实现这一目标。

内存池及其相关技术已经超出了本书所讨论的范围。因此这里只给出了相对一个最简单的实现。有兴趣的读者可以参考 MetaNN 的内部实现，了解如何使用内存池来替换此处的 delete []行为。

ContinuousMemory 类模板

ContinuousMemory 类模板对 Allocator 分配的内存进行维护。其定义如下：

```
1    template <typename TElem, typename TDevice>
2    class ContinuousMemory {
3        static_assert(std::is_same<RemConstRef<TElem>, TElem>::value);
4        using ElementType = TElem;
5    public:
6        explicit ContinuousMemory(size_t p_size)
7            : m_mem(Allocator<TDevice>::template Allocate<ElementType>(p_size))
8            , m_memStart(m_mem.get())
9        {}
10
11        ContinuousMemory(std::shared_ptr<ElementType> p_mem,
12            ElementType* p_memStart)
13            : m_mem(std::move(p_mem))
14            , m_memStart(p_memStart)
```

① 比如，我们不能使用 new 来分配 GPU 使用的显存。

```
15        {}
16
17        auto RawMemory() const { return m_memStart; }
18
19        const std::shared_ptr<ElementType> SharedPtr() const {
20            return m_mem;
21        }
22
23        bool operator== (const ContinuousMemory& val) const {
24            return (m_mem == val.m_mem) && (m_memStart == val.m_memStart);
25        }
26
27        bool operator!= (const ContinuousMemory& val) const {
28            return !(operator==(val));
29        }
30
31        size_t UseCount() const {
32            return m_mem.use_count();
33        }
34
35    private:
36        std::shared_ptr<ElementType> m_mem;
37        ElementType* m_memStart;
38    };
```

它接收两个模板参数：TElem 表示计算单元的类型；而 TDevice 表示设备类型，取值范围限定于 DeviceTags 中的声明。

ContinuousMemory 首先确保了计算单元类型中不包含引用与常量限定符——对深度学习框架来说，如果某个用于计算的矩阵中的元素是引用或者常量类型，那么这通常来说是没有意义的。ContinuousMemory 通过元函数 RemConstRef 去掉 TElem 中可能出现的引用或常量信息，将元函数的输出类型与 TElem 比较。如果这二者相同，那么说明 TElem 中并不包含引用或常量信息；否则会触发静态断言，报告错误。

随后，ContinuousMemory 使用计算单元的类型信息构造了两个数据成员：m_mem 用来维护 Allocator 所分配得到的智能指针，而 m_memStart 则记录了数据的起始位置。通常来说 m_memStart 指向了 m_mem 的开头，但在涉及子矩阵的情况下（本章后面会讨论子矩阵），m_memStart 则可能指向 m_mem 的中间位置。m_mem 只用于保存 Allocator 的分配结果，确保相应智能指针的引用计数的正确性，实际在读取数据时，还是通过 m_memStart 进行的。

ContinuousMemory 提供了两个构造函数，其第一种形式接收元素个数作为参数，这个参数会被传递给 Allocator 来分配内存。另一个构造函数则供构造子矩阵时使用（我们会在讨论子矩阵时提及相应的构造逻辑）。同时，这个类提供了相应的接口以返回内部保存的数据（17～21 行）。

ContinuousMemory 还包含了两个接口，用于判断两个 ContinuousMemory 的实例是否相等。如果两个实例指向相同的内存区域，则它们是相等的。判等操作为求值优化提供了相应的支持，本书的第 8 章会讨论求值，我们会在那里重新审视判等操作的用途。

除了上述接口，ContinuousMemory 还提供了一个接口——UseCount。这个接口用于返回底层智能指针的引用计数——它看起来似乎没有什么必要：因为通常来说，引用计数只是为了便于底层逻辑判断是否可以进行内存回收时使用，为什么要将其暴露给上层呢？要解释这个问题，就涉及 MetaNN 的另一个设计理念：浅拷贝与写操作检测。与内存维护类似，这个设计理念也会贯穿到 MetaNN 的各种数据类型之中。

4.2.3 浅拷贝与写操作检测

浅拷贝与写操作检测也是 MetaNN 的数据类型设计理念之一。但这两个概念与“元素级读写”的概念密切相关。本节会首先讨论元素级读写的相关问题，并由此引申出浅拷贝与写操作检测的具体含义。

除了标量，深度学习框架所操作的数据类型——无论是矩阵还是用于批量计算的数据，或者其他的数据类型，基本上都是数据的集合。对于数据集合来说，一种常见的操作就是在 CPU 端访问其中的元素，进行读写。我们将这种操作称为元素级读写。

无需支持元素级读写的数据类型

无论是矩阵还是矩阵列表，它们的核心功能都是存储计算所需要的数据集合，似乎都应当提供接口来访问其中的每个元素。但仔细分析一下，就可以看出，很多情况下元素级的读写都是不必要的。

这首先是一个成本问题。通常来说，数据的读写要涉及与 CPU 内存的交互：我们可以从内存中读取数据，也可以将数据写回内存之中。而如果要读写的存储的空间并非 CPU 所控制的内存——比如供 GPU 操作的矩阵，其数据是保存在 GPU 的显存之中的。那么为了实现元素级的读写，就需要进行显存与内存之间的拷贝，比如从 GPU 中读取数据，就需要首先将数据从 GPU 的显存复制到 CPU 中，之后才能供用户读取。与读写数据本身相比，这种存储空间的拷贝所需要的成本往往是非常大的，因此，支持这种读写就会为系统引入额外的负担。而通常来说，在涉及不同类型的计算设备间的交互时，我们所需要的往往并非对某个元素进行读写，而是对整个数据集合进行读写——比如将某个位于 CPU 中的矩阵数据整体复制到 GPU 中，或者进行相反的操作。因此，框架只需提供 CPU 与特定设备的抽象数据类型级别（如矩阵级别）的复制操作，就能实现所需要的功能。这种复制一次性处理多个数据，可以充分利用计算设备所提供的带宽，提升复制效率。

其次，某些特殊类型的数据结构也不需要支持元素级的读写。典型的数据结构包括全零或者全一的特殊矩阵。这种矩阵在系统中具有特殊的用途，对其进行写操作没有意义，读操作也是平凡的——因为所有的元素都具有相同的值。

元素级写与浅拷贝

即使某种数据类型确实需要支持 CPU 端的元素级读写操作，其读写的地位也并不相同：通常来说，读操作可以在任意时刻进行，但写操作是否支持，则要看操作的时机。我们将以矩阵为例讨论这种现象的成因。

深度学习框架的很多操作都涉及数据的复制——比如，将一个网络的输出进行复制，作为另一个网络的输入。通常来说，数据类型会在其内部使用数组来存储其元素值。数组的复制是相对比较耗时的，如果每次复制都涉及数据中每个元素的拷贝，那么整个框架的运行速度就因此受到很大的影响。为了解决这个问题，MetaNN 使用浅拷贝进行数据复制——对于通常意义上的矩阵：数据类型的内部会包含 ContinuousMemory 类型的对象，其复制的核心逻辑也是通过对该对象的复制而完成的。而 ContinuousMemory 使用的是默认的复制方式，本质上是对 std::shared_ptr 这个智能指针的复制。参与复制的目标对象与原对象将指向相同的内存——这样能够极大地提升系统的性能。

但这种设计会带来一个副作用：对某个对象的写操作会影响指向相同内存位置的其他对象。通常来说，这种行为并不是我们所希望的。一种典型的情况是：我们为了保证反向传播可以正确进行，会在网络中保存正向传播的中间结果。但这种中间结果可能与输入矩阵共享内存。如果在某次正向传播之后，我们修改了输入矩阵中的内容（即进行了写操作），相应的网络中所保存的中间结果也会被修改，那么后续的计算就会出错。对于复杂的网络来说，如果不加以预防，很可能会因为错误的写入而造成整个系统的行为异常。更不幸的是，这种异常往往追查起来非常困难。为了杜绝这种现象的发生，我们有必要对写操作进行特殊处理：如果当前进行元素级写操作的对象并不与其他对象共享内存，那么操作就可以进行；反之，如果该对象与其他对象共享内存，那么写操作就应当被禁止。

std::shared_ptr 智能指针的内部使用了引入计数来实现资源的维护。可以通过其成员函数 use_count 来获取其引用计数：该计数值等于 1 时表示没有其他的 std::shared_ptr 指向相同的内存，此时写入是安全的，不会影响其他对象。这也是为什么我们会在 ContinuousMemory 中引入函数 UseCount——在写操作之前，可以首先调用该函数，获取相应的引用计数值，确保写操作的安全性。

4.2.4 底层接口扩展

对写操作的限制体现了 MetaNN 对系统安全性的考虑。出于同样的目的，MetaNN 还对底层的数据引入了更多的限制：比如，不允许用户通过数组的头指针直接访问保存的数据等。框架的用户只应通过 MetaNN 提供的对外接口进行有限的数据访问。

但另一方面，这种有限的接口也限制了系统优化。以矩阵计算为例：MetaNN 提供了

Matrix 模板[①]来描述矩阵，同时提供了函数基于其进行矩阵运算。Matrix 类提供了元素级的读写接口，但它们只能一次访问一个元素。而实际的矩阵计算往往需要访问矩阵中所有的元素（即矩阵级的读写），此时使用元素级访问接口就显得不够友好了。

首先，函数调用本身就会产生开销，虽然编译器可以选择将元素级读写函数编译成内联的，但很难保证编译器一定会这样做。如果编译器不将相应的函数内联化，那么试图调用这样的接口以获取整个矩阵的数据时速度将受到很大影响。

其次，Matrix 在元素级读写接口函数中添加了断言来判断传入行列参数的合法性：每次调用该接口，相应的断言语句都会被触发。相对而言，在访问整个矩阵时，我们只需要确保传入的行与列范围是合法的即可，无需针对每个元素进行相应的确认。

更为重要的是，为了提升系统的速度，我们往往需要求诸于第三方的库以进行专门的矩阵计算。比如，在 CPU 环境下，我们可以使用 MKL 库进行加速；在 GPU 环境中，我们则需要利用 Cuda 等库来实现矩阵乘法等操作。这些第三方库提供的对外接口往往要求传入矩阵对应的元素数组的指针以及其他的辅助参数，从而实现对整个矩阵的访问，而 Matrix 模板并没有相关的接口暴露这些信息。

MetaNN 中很多的数据结构都面临着类似的问题。当然，我们可以为这些数据结构引入更多、更开放的接口，使得它们可以更高效地与其他库配合工作。但这并不是我们希望看到的：因为如果提供了这种接口，那么除了第三方库，框架的用户也可以使用这些接口。但事实上，我们并不希望框架的用户可以使用它们。引入更开放的接口的核心目的是提升计算速度。但与此同时，这些接口也会一定程度上丧失我们所希望确保的安全性。MetaNN 框架的用户并不需要关心计算的细节，虽然他们也会读写特定的数据结构，但与整个网络计算过程相比，用户对数据的读写的频率还是比较低的，使用较安全的接口虽然对相应操作的速度有所影响，但所影响的只是整个系统处理过程中耗时很小的那一部分。反过来，对框架用户来说，我们更关心让他们可以安全地使用，减少在使用过程中可能产生的风险。因此，我们希望对最终用户屏蔽这些更高效、也更有风险的接口。

MetaNN 是泛型框架，其所有的代码都包含在头文件中，理论上框架的用户可以看到所有的实现细节。在这样的环境下，想对框架用户屏蔽一些高效但更具风险的接口是很难做到的。但至少我们可以在一定程度上进行屏蔽 ——即通过特殊的方式实现矩阵级访问。MetaNN 采用一个中间层来实现一定程度上的用户屏蔽：

```
1  template<typename TData>
2  struct LowerAccessImpl;
3
4  template <typename TData>
5  auto LowerAccess(TData&& p)
6  {
7    using RawType = RemConstRef<TData>;
8    return LowerAccessImpl<RawType>(std::forward<TData>(p));
9  }
```

① 我们会在本章的后面讨论 Matrix 模板的具体实现。

LowerAccess 为底层访问接口，该接口只应被 MetaNN 的框架本身所调用。

LowerAccessImpl 是一个模板，用于暴露一些不希望向框架用户暴露，但希望对 MetaNN 的其他组件所暴露的信息。理论上，LowerAccessImpl 可以用于暴露任何类的底层信息：只需为每一希望提供额外访问支持的数据类型给出相应的特化即可。而 LowerAccess 则是一个函数，用于给定数据，获取到相应的底层访问支持类。

我们将在本章讨论具体的数据结构时看到 LowerAccess 的应用。

4.2.5 类型转换与求值

我们在前文中讨论了标签体系：它用于对 MetaNN 中涉及的数据进行类别划分。每个标签表示一种类别，可能对应一到多种具体的数据类型。给定计算单元与计算设备，在一个标签所对应的全部类型中，存在一种最具一般性的类型，MetaNN 将其称为主体类型。可以说，同一标签下任何其他的类型都是该主体类型的一种特列。比如，Matrix<float, DeviceTags::CPU>是矩阵的主体类型，它使用数组来表示矩阵中每个元素的值。我们可以构造某种数据类型来表示全零的矩阵，但显然，全零矩阵也可以用 Matrix<float, DeviceTags::CPU>来表示。

给定类别标签、计算单元与计算设备，相应的主体类型也就被确定了：MetaNN 使用元函数 PrincipalDataType 来得到主体类型：

```
1   template <typename TCategory, typename TElem, typename TDevice>
2   struct PrincipalDataType_;
3
4   template <typename TElem, typename TDevice>
5   struct PrincipalDataType_<CategoryTags::Matrix, TElem, TDevice>
6   {
7       using type = Matrix<TElem, TDevice>;
8   };
9
10   // 其他 PrincipalDataType_ 的特化
11   // ...
12
13   template <typename TCategory, typename TElem, typename TDevice>
14   using PrincipalDataType
15       = typename PrincipalDataType_<TCategory, TElem, TDevice>::type;
```

比如，PrincipalDataType<CategoryTags::Matrix, float, DeviceTags::CPU>将返回 Matrix<float, DeviceTags::CPU>——这是计算单元为 float，计算设备为 DeviceTags::CPU 的矩阵主体类型。

主体类型通常用于与用户交互，比如，用户可以使用主体类型定义输入矩阵，并将定义好的输入矩阵送到深度学习系统中进行计算，获取计算结果。而为了读取计算结果矩阵中每个元素的值，用户也需要将计算结果转换为主体类型。将具体的数据类型转换为相应主体类型的过程就被称为求值。

求值过程本身可能会非常复杂，会涉及深度学习框架中的大部分计算操作，这些操作往往是很耗时的，提升求值的速度也就成了提升深度学习系统的计算速度的关键。为了使得系统能够进行更快的求值，我们需要引入一整套机制。正是因为求值的重要性与复杂性，所以需要单独开辟一章来对其进行讨论。本书会在第 8 章讨论求值。

4.2.6 数据接口规范

MetaNN 使用类别标签来进行类型体系的划分。属于相同类别的不同类型之间是一种松散的组织结构。每个类型需要提供的接口是通过文档描述的形式给出的。在上述讨论的基础上，本节会概述一下 MetaNN 现有的类别所需要支持的接口。

- 每个数据类型需要提供 ElementType 与 DeviceType 两个类型定义，表示它所关联的计算单元与计算设备。比如，对于数据类型 A 来说，A::DeviceType 就表示它所对应的计算设备。
- 每个数据类型都需要引入某个形式为 IsXXX 的元函数的特化，以表明其所属类别。比如，对于数据类型 A 来说，如果它是一个矩阵，那么就需要为其引入 IsMatrix<A>=true 的特化。
- 每个数据类型都需要提供相应的求值逻辑以转换成相应的主体类型。求值逻辑实际上对应了一系列接口，包括一个 EvalRegister 以进行求值注册以及若干接口来判断对象之间是否相等。我们会在第 8 章讨论这些接口的使用。
- 如果某个类型属于矩阵类别，那么它就需要提供接口 RowNum 与 ColNum 来返回矩阵的行数与列数。
- 如果某个类型是列表，那么它就需要提供接口 BatchNum 来返回其中包含的“元素”数。典型的，矩阵列表需要提供 BatchNum 来返回其中的矩阵个数，而标量列表则需要提供 BatchNum 来返回其中的标量个数。
- 对数据类型的其他接口并不强制规定，特别是不要求其提供接口来进行元素级的读写。但如果有必要，需要针对特定的数据类型提供 LowerAccessImpl 来访问其底层数据。

以上，我们讨论了 MetaNN 中数据类型的设计理念与接口规范，这些思想将贯穿整个框架。接下来，我们将依次讨论 MetaNN 中包含的基础数据类型，首先讨论的是标量。

4.3 标量

标量在深度学习框架中的地位很特殊。通常来说，一个深度学习框架需要提供专门的抽象数据类型来表示矩阵等数据结构，但对于标量来说，则不一定要引入专门的数据类型。

比如，基于 C++的深度学习框架可以选择使用 C++内部提供的 float/double 等数据类型来表示标量。

MetaNN 对标量也进行封装：为标量引入了专门的抽象数据类型。这样设计的原因有两个方面：确保底层数据结构在一定程度上的一致性，使得标量的使用更加灵活。

首先是一致性，在前文中我们看到，MetaNN 对每种类别的数据提出相应的要求，包括提供若干的成员函数、类型定义等。MetaNN 会使用这些信息维护整个框架体系。如果使用 C++的内建数据类型来表示标量，C++的内建数据类型不具备 MetaNN 对数据类型的相应要求，因此我们不得不对标量引入专门的处理逻辑。进一步，如第 3 章所讨论的那样，MetaNN 会引入运算的概念，而运算的核心是构建模板表达式。设想某些运算的结果是标量，相应表示标量的模板表达式提供了若干成员函数与类型定义，这与基本使用 C++的内建数据类型所构造的标量有本质上的不同。而这种不一致性也会增加框架维护的复杂度。反之，将标量封装成专门的数据类型则可以在很大程度上确保它与矩阵等其他数据结构具有类似的行为，从而便于整个系统的维护。

其次，将标量进行封装也可以使得它使用起来更加灵活。MetaNN 支持多个层次上的扩展，其中的一种扩展方式就是支持不同的计算设备。当前，MetaNN 只支持 CPU。但我们可以对其进行扩展，使得它支持 GPU、FPGA 等设备。不同设备所使用的存储区域可能不同，如 CPU 会使用内存，而 GPU 则会对显存进行读写。通常来说，标量保存在内存中，但也不排除需要在其他的存储区域中分配空间、保存标量的情形。MetaNN 对标量进行封装，可以使用相对统一的方式处理位于不同存储区域中的标量。

4.3.1 类模板的声明

MetaNN 为标量引入了专门的类模板，其声明如下：

```
1 | template <typename TElem, typename TDevice = DeviceTags::CPU>
2 | struct Scalar;
3 |
4 | template <typename TElem, typename TDevice>
5 | constexpr bool IsScalar<Scalar<TElem, TDevice>> = true;
```

MetaNN 用 Scalar 模板表示标量，这个模板接收两个参数，依次表示计算单元与计算设备类型。计算设备类型具有默认值 DeviceTags::CPU，表明在默认情况下，标量是存储在 CPU 所对应的内存中的。

这里同时声明了一个特化，将 IsScalar<Scalar<...>>设置为 true，通过这种方式，我们就为 Scalar 这个类模板关联了类别标签 CategoryTags::Scalar。而根据前文的讨论，此后调用 DataCategory<Scalar>时，系统也会返回这个标签。

4.3.2 基于 CPU 的特化版本

Scalar 可以针对不同的设备引入特化。在本书中，我们会将讨论的范围限制在 CPU 上，因此这里仅仅给出 Scalar 的 CPU 特化版本。其中包含的接口与数据成员如下。

```
1  template <typename TElem, typename TDevice = DeviceTags::CPU>
2  class Scalar
3  {
4  public:
5      using ElementType = TElem;
6      using DeviceType = TDevice;
7
8  public:
9      Scalar(ElementType elem = ElementType())
10         : m_elem(elem) {}
11
12     auto& Value() { return m_elem; }
13
14     auto Value() const { return m_elem; }
15
16     // 求值相关接口
17     bool operator== (const Scalar& val) const;
18
19     template <typename TOtherType>
20     bool operator== (const TOtherType&) const;
21
22     template <typename TData>
23     bool operator!= (const TData& val) const;
24
25     auto EvalRegister() const;
26
27 private:
28     ElementType m_elem;
29 };
```

类型定义与数据成员

如前文所述，MetaNN 中每个数据类型都需要包含两个声明：ElementType 与 DeviceType，它们分别表示计算单元与计算设备类型。它们可以被视为一种接口。通常来说，对于 MetaNN 中所使用的数据类型 X，可以通过 X::DeviceType 与 X::ElementType 获得相应的设备与计算单元的信息。同时，Scalar 使用计算单元的类型声明了其唯一的数据成员 m_elem。

除了类型定义与数据成员的声明，Scalar 模板还包含若干接口，它描述了标量所支持的操作。这些操作可以被划分成如下几类。

构造、赋值与移动

Scalar 显式声明了一个构造函数，接收 ElementType 类型的数据成员作为参数，使用该数据成员初始化标量值。如果在构造 Scalar 的过程中不为其传入任何参数，那么其中保存的将是由 ElementType()所构造的默认值。

除了这个构造函数，Scalar 类模板没有声明任何其他的构造、赋值与移动函数。根据 C++标准，编译器会为其自动合成出相应的拷贝构造、赋值与移动函数。

读写元素

Scalar 模板提供了接口 Value 用于获取元素的值，Value 有两个重载版本，其中非 const 的版本可以用于修改元素的值。

求值相关接口

除了构造函数与 Value，Scalar 模板所提供的其他接口均用于求值。求值是个相对复杂的过程，为了支持求值，我们需要提供两类接口。

- 判断数据是否“相等”——上述代码段的 17～23 行定义了若干函数，用于给定两个 MetaNN 所使用的数据成员，判断二者是否“相等”。我们将相等打上引号，是出于性能的考虑，这里的相等判断与一般数学意义上的相等判断存在差异。
- 求值注册——MetaNN 中使用的每个数据类型都需要提供 EvalRegister 接口来进行求值注册。

关于求值的细节，我们会留到第 8 章进行讨论。而对这两类接口的分析，也会留到第 8 章进行，这里就不展开了。

4.3.3 标量的主体类型

标量是一种相对简单的数据结构，并不存在很多的变化。到目前为止，MetaNN 的基础数据类型中，只为标量引入了一种模板实现——即前文所讨论的 Scalar[①]。

而标量又是 MetaNN 中的一种标签，我们在前文中讨论过：需要为每个标签引入相应的主体类型。虽然标量类别当前只包含一个类模板，但也要为其引入主体类型：

```
1  template <typename TElem, typename TDevice>
2  struct PrincipalDataType_<CategoryTags::Scalar, TElem, TDevice>
3  {
4      using type = Scalar<TElem, TDevice>;
5  };
```

① 注意本章只讨论 MetaNN 的基础数据类型。第 5 章会讨论运算，运算会构造表达式模板。表达式模板可以被视为一种复合数据类型，它也可以是标量。

标量的主体类型就是 Scalar 类模板基于计算单元与计算设备所实例化出的类型。

在完成了对标量的讨论后，我们接下来将看一下 MetaNN 中矩阵类别的实现：矩阵与标量有很多相似之处，但矩阵将包含多种数据类型。下一节将讨论这些数据类型的用途以及它们之间的联系。

4.4 矩阵

在现有的 MetaNN 体系中，标量与矩阵相比最大的不同在于：矩阵类别中包含了多个具体的数据类型。如前文所述，这些类型中的一个将作为"主体类型"，每个具体的数据类型都会提供相应的求值方法来转换成主体类型。矩阵中的主体类型使用 Matrix 模板来表示。让我们首先看一下这个类模板的定义。

4.4.1 Matrix 类模板

声明与接口

Matrix 类模板的声明如下：

```
1   template<typename TElem, typename TDevice>
2   class Matrix;
3
4   template <typename TElem, typename TDevice>
5   constexpr bool IsMatrix<Matrix<TElem, TDevice>> = true;
```

与 Scalar 模板类似，这个模板也接收两个参数：TEelem 表示计算单元的类型，TDevice 表示使用该矩阵所关联的计算设备。在此基础上，我们引入了 IsMatrix 的特化，为 Matrix<TElem, TDevice>这样的类型打上矩阵的类别标签。

与 Scalar 类似，本书只会讨论该模板针对 CPU 的特化：

```
1   template <typename TElem>
2   class Matrix<TElem, DeviceTags::CPU>
3   {
4   public:
5       using ElementType = TElem;
6       using DeviceType = DeviceTags::CPU;
7
8   public:
9       Matrix(size_t p_rowNum = 0, size_t p_colNum = 0);
10
11      // 维度相关接口
12      size_t RowNum() const { return m_rowNum; }
13      size_t ColNum() const { return m_colNum; }
14
15      // 读写访问接口
```

```
16        void SetValue(size_t p_rowId, size_t p_colId, ElementType val);
17        const auto operator () (size_t p_rowId, size_t p_colId) const;
18        bool AvailableForWrite() const;
19
20        // 子矩阵接口
21        Matrix SubMatrix(size_t p_rowB, size_t p_rowE,
22            size_t p_colB, size_t p_colE) const;
23
24        // 求值相关接口
25        // ...
26
27    private:
28        Matrix(std::shared_ptr<ElementType> p_mem, ElementType* p_memStart,
29            size_t p_rowNum, size_t p_colNum, size_t p_rowLen);
30
31    private:
32        ContinuousMemory<ElementType, DeviceType> m_mem;
33        size_t m_rowNum;
34        size_t m_colNum;
35        size_t m_rowLen;
36    };
```

矩阵是一种二维结构，因此在构造 Matrix 对象时需要传入两个参数来表示矩阵的行数与列数。在该类的内部也需要两个对象 m_rowNum 与 m_colNum 来保存这两个值。m_mem 指向保存矩阵元素的数组开头位置。矩阵中的元素是按行优先存储在数组中的，也即数组中会首先保存矩阵中元素的第 1 行数据，之后是第 2 行，依此类推。

这个特化版本与 Scalar 有很多类似之处：比如，它们都采用了默认的拷贝、移动语义；都提供了求值相关的接口。这些内容在前文中均有所讨论，因此就不再赘述了。以下主要讨论一下与 Scalar 相比，Matrix 独有的特性。

尺寸信息与元素级读写

矩阵是二维的，Matrix 类模板提供了 RowNum 与 ColNum 来返回矩阵的行数与列数。

代码段的第 16、17 行提供了两个函数，分别用于进行元素级的读写操作。如前文所述，读操作与写操作的地位不同，因此，不能通过如下的接口同时提供读写功能：

```
1    TElem& operator () (size_t p_rowId, size_t p_colId);
```

因为如果采用这样的接口，那么在调用该接口时，矩阵对象本身将无法分辨调用将用于写操作还是读操作。

读操作是安全的，我们使用 operator()作为读操作的接口——这个接口返回矩阵内部元素的副本，而非引用或指针，这确保了后续操作不会改变矩阵对象的内部状态。写操作则是引入了专门的函数 SetValue 进行实现。该函数的内部会判断引用计数的值，只有在满足对当前存储空间独占的条件下，才可以进行写操作：

```
1    const auto operator () (size_t p_rowId, size_t p_colId) const
2    {
```

```
3      assert((p_rowId < m_rowNum) && (p_colId < m_colNum));
4      return (m_mem.RawMemory())[p_rowId * m_rowLen + p_colId];
5  }
6
7  bool AvailableForWrite() const
8  {
9      return m_mem.UseCount() == 1;
10 }
11
12 void SetValue(size_t p_rowId, size_t p_colId, ElementType val)
13 {
14     assert(AvailableForWrite());
15     assert((p_rowId < m_rowNum) && (p_colId < m_colNum));
16     (m_mem.RawMemory())[p_rowId * m_rowLen + p_colId] = val;
17 }
```

m_mem.UseCount() == 1 为真表示当前对象不与其他对象共享内存。只有在这个前提下——也即 AvailableForWrite()返回 true 时，SetValue 才会进行后续的操作，否则断言将失败。

子矩阵

Matrix 类模板在其内部使用一个连续的数组来表示矩阵中的元素。矩阵中的元素按行在数组中依次排列。同时：

- 存储空间的第一个元素表示了矩阵的第一个元素；
- 矩阵每一行的最后一个元素与下一行的第一个元素是相邻的。

在一些情况下，我们可能需要访问矩阵的子矩阵。比如，对于一个 100 × 100 的矩阵，我们希望获取其 20～30 行、15～55 列所包含的元素，将其作为子矩阵使用。

与矩阵复制的情形类似，我们同样不希望在构造子矩阵时涉及大量的内存拷贝。我们希望采用类似“浅拷贝”的方式让子矩阵与其父矩阵共享存储空间。现在来思考一下，为了实现这个目的，需要引入哪些处理。

显然，如果要求子矩阵与父矩阵共享存储空间，那么在子矩阵中，上述两个性质将不再保持。因为子矩阵的首元素可能不是父矩阵的首元素，同时如果子矩阵的列数小于父矩阵的列数，那么子矩阵每一行最后一个元素与下一行第一个元素之间将存在“空隙”。

因为上述两个性质的缺失，我们就需要额外的信息来标识出矩阵元素的正确位置：我们在 ContinuousMemory 类中引入了 m_memStart 表示矩阵第一个元素的位置；同时在 Matrix 模板中引入 m_rowLen 来表示一行应有的长度。如果一个矩阵并非另一个矩阵的子矩阵，那么它的 m_memStart 将指向所分配内存的起始位置（即 ContinuousMemory 中的成员变量 m_mem 所指向的位置），同时它的 m_rowLen 与 m_colNum 具有相同的值（即矩阵中每一行的长度就是矩阵的列数）。但对于子矩阵来说，m_memStart 可能不再指向所分配的内存的起始位置，同时 m_rowLen 的值与其父矩阵的 m_rowLen 的值保持一致：父矩阵与子矩阵连续两行的起始位置之差是相同的，保存于 m_rowLen 之中。图 4.1 展示了父子矩阵中数据成员间的关系。

SubMatrix 基于上述思想实现了构造子矩阵的逻辑，它接收 4 个参数，分别表示子矩阵的开始与结尾行、开始与结尾列。根据这 4 个参数构造出一个新的 Matrix 实例并返回：

```
1   Matrix SubMatrix(size_t p_rowB, size_t p_rowE,
2                    size_t p_colB, size_t p_colE) const
3   {
4       assert((p_rowB < m_rowNum) && (p_colB < m_colNum));
5       assert((p_rowE <= m_rowNum) && (p_colE <= m_colNum));
6
7       TElem* pos = m_mem.RawMemory() + p_rowB * m_rowLen + p_colB;
8       return Matrix(m_mem.SharedPtr(),
9                     pos,
10                     p_rowE - p_rowB,
11                     p_colE - p_colB,
12                     m_rowLen);
13  }
```

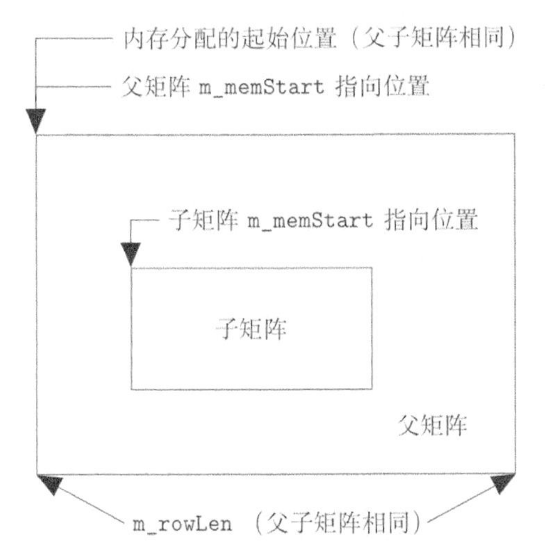

图 4.1 父子矩阵中数据成员间的关系

上述代码段的第 7 行计算了新的起始位置，8～12 行调用了 Matrix 的一个私有的构造函数实现了子矩阵的构造。这个私有的构造函数内部会调用 ContinuousMemory 的第二个（接收指针的）构造函数，完成指针的复制。

SubMatrix 沿用了 STL 中在确定参数区间时采用的前闭后开的风格：子矩阵所包含的行是$[p_rowB, p_rowE]$，包含的列是$[p_colB, p_colE]$。函数返回的实例与原矩阵共享内存，但新实例的(i, j)元素实际上是原实例的$(i+p_rowB, j+p_colB)$元素。

Matrix 的底层访问接口

在前文中，我们提及了一种机制专门供框架进行底层数据访问。Matrix 模板就利用了这种机制对 MetaNN 的其他组件提供相对便捷但安全级别较低的接口。

为了实现这种接口，我们首先在 Matrix 模板中声明了友元类型：

```
template <typename TElem>
class Matrix<TElem, DeviceTags::CPU>
{
    // ...
    friend struct LowerAccessImpl<Matrix<TElem, DeviceTags::CPU>>;
    // ...
};
```

之后，引入如下类模板特化：

```
template<typename TElem>
struct LowerAccessImpl<Matrix<TElem, DeviceTags::CPU>>
{
    LowerAccessImpl(Matrix<TElem, DeviceTags::CPU> p)
        : m_matrix(p) {}

    auto MutableRawMemory() {
        return m_matrix.m_mem.RawMemory();
    }

    const auto RawMemory() const {
        return m_matrix.m_mem.RawMemory();
    }

    size_t RowLen() const {
        return m_matrix.m_rowLen;
    }

private:
    Matrix<TElem, DeviceTags::CPU> m_matrix;
};
```

它以指针的方式暴露了 Matrix 模板内部的数据存储区域。

基于这样的构造，我们可以按照如下的方式声明对象并访问矩阵所对应的数组头指针：

```
Matrix<XXX, DeviceTags::CPU> X;
auto lower_X = LowerAccess(X);
auto ptr = lower_X.RawMemory();
```

ptr 将指向 MetaNN 所分配的矩阵底层存储空间。MetaNN 的其他组件可以使用这个内存指针实现快速的数据访问，而不需要在每次访问数据时调用（相对耗时的）元素级读写接口。

同时，LowerAccessImpl<Matrix<...>>类型的对象还提供了 RowLen 函数，用于暴露 Matrix 的行长度信息。对于元素级的操作，这个信息不需要暴露出来。但在操作矩阵内部存储元素的数组时，就需要这个信息从而确定数据的边界了。

与调用 Matrix 固有的接口相比，调用 LowerAccessImpl<Matrix<...>>相关的接口会对系统的安全性产生一定的影响。比如，我们可以调用 MutableRawMemory 获得数组指针并利用其进行写操作。这个接口并不会判断是否存在内存共享的问题，滥用该接口可能会出现如前文所述的那样，是因为写入操作所引入副作用。需要再次强调一下：我们不希望框架的用户获取到底层数组指针以进行不安全的操作。LowerAccessImp 及其相关部件只是为了框架内部实现而引入的。使用额外的 LowerAccessImp 而非在 Matrix 中提供指针访问的接口正是表达了这样的意图。

MetaNN 使用 Matrix 模板表示一般意义上的矩阵。Matrix 的内部维护了一个数组，数组元素与矩阵元素一一对应。理论上来说，可以用这种模板表示任意的矩阵。但实际任务可能会涉及一些特殊的矩阵，这些矩阵有其自身的特性，采用 Matrix 的表示方式，既浪费内存，又不利于计算的优化。反之，如果采用其他的方式进行表示，则可能达到更好的效果。当前，MetaNN 就包含了 3 种特殊的矩阵：平凡矩阵、全零矩阵与独热向量。

4.4.2 特殊矩阵：平凡矩阵、全零矩阵与独热向量

平凡矩阵

如果一个矩阵中的每个元素取值均相同，那么我们称这个矩阵是平凡（trival）的。平凡矩阵通常在深度学习框架中作为某些网络的输入，不会涉及元素的修改。

MetaNN 中使用 TrivalMatrix 模板表示平凡矩阵，该类模板的定义如下所示：

```
1   template<typename TElem, typename TDevice, typename TScalar>
2   class TrivalMatrix
3   {
4   public:
5       using ElementType = TElem;
6       using DeviceType = TDevice;
7
8   public:
9       TrivalMatrix(size_t p_rowNum, size_t p_colNum, TScalar p_val);
10
11       // 维度相关接口
12       size_t RowNum() const;
13       size_t ColNum() const;
14
15       // 读访问接口
16       auto ElementValue() const;
17
18       // 求值相关接口
19       // ...
20
21    private:
22       TScalar m_val;
23       size_t m_rowNum;
24       size_t m_colNum;
```

```
25
26        // 求值结果缓存
27        EvalBuffer<Matrix<ElementType, DeviceType>> m_evalBuf;
28    };
```

在讨论了 Scalar 与 Matrix 类模板后，想必读者已经了解了一些 MetaNN 中的通用的设计原则。因此在后续的讨论中，我们将略过这些类似的概念。专注于讨论每个类特有的部分。

与 Matrix 相比，TrivalMatrix 包含了一个额外的模板参数，表示它所存储的标量类型。根据前文的讨论，一个标量除了它所表示的数值，还包含其他的信息，比如标量值本身所在的设备（DeviceType），而这个信息将决定 TrivalMatrix 的行为细节。

TrivalMatrix 类也会提供 ElementType 与 DeviceType 这两个信息，可以将其理解为：在对其求值之后，求值结果所对应的的计算单元与计算设备。比如，假定 MetaNN 支持 GPU 作为计算设备，那么 TrivalMatrix<float, GPU, ...>就表示对其进行求值后，我们会在 GPU 的显存上分配一块空间来存储求值结果。

TrivalMatrix 的第 3 个模板参数（标量）中也包含了计算单元与计算设备的信息，这个信息可以与 TrivalMatrix 前两个模板参数不同。比如，完全可以声明如下的类型：TrivalMatrix<float, GPU, Scalar<int, CPU>>——它表示虽然对 TrivalMatrix 求值后将构造一个存储于 GPU 显存中的 float 矩阵，但这个矩阵中的每个值都是存储于 CPU 中的某个 int 值的副本。

我们允许 TrivalMatrix 与其包含的标量在计算单元与计算设备上存在一定程度上的差异，只要满足如下的条件即可。

- 标量的计算单元类型可以被隐式转换成 TrivalMatrix 的计算单元类型。
- 标量的计算设备类型是 CPU 或者与 TrivalMatrix 的计算设备类型相同。这表明，我们可以在 CPU 端设置某个平凡矩阵中的元素值，也可以用某个设备里存储的标量来构造位于相同设备之中的矩阵。但目前并不支持从某个特定的设备（比如 GPU 的显存）中获取标量值，在另一个设备（比如 FPGA）上构造相应的平凡矩阵——这种需求并不常见。

TrivalMatrix 的构造函数接收 3 个参数：即矩阵的行、列数与相应的标量对象。标量对象被保存在 m_val 中：在矩阵对象的内部只需要记录这个标量值即可，不需要专门分配一个数组来表示矩阵中的每个元素——从这个角度上来说，TrivalMatrix 的空间复杂度比 Matrix 少了很多。此外，TrivalMatrix 还提供了专门的函数 ElementValue 来访问其中的标量对象。这一点也是与 Matrix 的不同之处。

TrivalMatrix 与 Matrix 的另一个不同之处是它多了一个数据成员 m_evalBuf，这个数据成员用于保存求值的结果。我们将在求值一章对其进行讨论。

在实现了平凡矩阵之后，我们需要特化 IsMatrix 将其与 MetaNN 中的矩阵标签关联起来：

```
1  template <typename TElem, typename TDevice>
2  constexpr bool IsMatrix<TrivalMatrix<TElem, TDevice>> = true;
```

这一步非常重要，相当于为 TrivalMatrix 打上了相应的标签。只有引入了这个特化，才能将 TrivalMatrix 与 MetaNN 整个的类型系统关联起来。

关于 TrivalMatrix 还有一点需要说明。直接构造 TrivalMatrix 的对象是比较复杂的：我们需要提供计算单元、计算设备以及标量的类型信息。MetaNN 提供了一个函数来简化 TrivalMatrix 的构造：

```
1  template<typename TElem, typename TDevice, typename TVal>
2  auto MakeTrivalMatrix(size_t rowNum, size_t colNum, TVal&& m_val)
3  {
4      using RawVal = RemConstRef<TVal>;
5
6      if constexpr (IsScalar<RawVal>)
7      {
8          // 检测 RawVal::DeviceType 与 TDevice 相同或者为 CPU
9          // ...
10          return TrivalMatrix<TElem, TDevice, RawVal>(rowNum, colNum,
11                                                      m_val);
12      }
13      else
14      {
15          TElem tmpElem = static_cast<TElem>(m_val);
16          Scalar<TElem, DeviceTags::CPU> scalar(std::move(tmpElem));
17          return TrivalMatrix<TElem, TDevice,
18                              Scalar<TElem, DeviceTags::CPU>>
19                  (rowNum, colNum, std::move(scalar));
20      }
21  }
```

它接收两种形式的输入：如果输入的第 3 个参数为标量，那么就会断言标量与要构造的平凡矩阵具有相同的设备类型，或者标量的设备类型是 CPU，之后会使用该标量的类型（RawVal）构造相应的平凡矩阵。如果输入的第 3 个参数是一个数值，那么就使用它构造一个设备类型为 CPU 的标量，之后使用构造好的标量进一步构造平凡矩阵。

全零矩阵

全零矩阵可以被视为某种特殊的“平凡矩阵”：矩阵中的元素值均为 0。如果系统能够了解到某个用于深度学习框架中的平凡矩阵本质上就是一个全零矩阵，那么就可以依据该信息引入更多的优化。比如，在计算两个矩阵的和 $A+B$ 时，如果 B 是平凡矩阵，那么计算可以简化为：将 A 的每个元素加上 B 中存储的元素值（B.ElementValue()）；而如果我们能进一步确定 B 是一个全零矩阵，那么该计算的结果就与 A 的求值结果相同。MetaNN 引入了 ZeroMatrix 类模板来表示全零矩阵。这个类模板只包含了两个数据域：行数与列数。其实现与平凡矩阵基本相似，这里就不再赘述了。

独热向量

向量可以看成行数或者列数为 1 矩阵，与矩阵的计算逻辑相同。因此，MetaNN 并不专门引入数据结构来表示向量。但独热向量（OneHot Vector）是一个例外。

很多深度学习应用需要为每个处理的基本单元关联一个向量表示。比如，在自然语言处理相关的任务中，系统可能会为每个词关联一个向量表示，输入的词序列会转换为对应的向量表示并参与运算。这些向量表示被称为 embedding。

一个深度学习系统可能将所有的 embedding 向量放在一起，形成一个 embedding 矩阵。基于输入信息选择矩阵的若干行或若干列进行后续的计算。而选择的过程可以视为矩阵与向量相乘的过程。以行向量为例：假定我们的 embedding 矩阵大小为 $N\times M$——其中包含了 N 个行向量，每个向量的长度为 M，如果在其左侧乘以一个长度为 N 的行向量(0, ..., 0, 1, 0, ..., 0)——即只有第 k 位元素为 1，其余元素均为 0 的向量——那么乘法就相当于取出了 embedding 矩阵的第 k 行。

独热向量作为一种输入选择的机制，在深度学习框架中具有特殊的用途。MetaNN 中所涉及的向量主要是行向量[①]。相应地，MetaNN 中实现的独热向量也是行向量。其实现方式与平凡矩阵很相似，也是只记录了必须要保存的信息，就不在书中罗列其代码了。读者可以阅读 MetaNN 的源码来了解独热向量的实现方法。

4.4.3 引入新的矩阵类

相信通过上面的讨论，读者能够在一定程度上了解类别与类型的差异。在 MetaNN 中，矩阵是一个类别，它可以对应多种不同的类型，包括一般意义上的矩阵、平凡矩阵、全零矩阵等等。每种类型都有不同的使用场景，我们可以针对具体的使用场景优化矩阵的数据结构。不同矩阵类之间的联系是松散的，虽然它们都用来表示矩阵这个概念，但并不派生自某个基类。MetaNN 通过 IsMatrix 模板特化来刻划矩阵类型与矩阵类别之间的关系。

MetaNN 的扩展性之一就体现在可以引入新的数据类型。比如，假定我们需要引入一种数据结构来表示单位阵[②]，那么需要做的就是：

（1）定义一个新的类或类模板，存储单位阵的行数或列数；

（2）在类（类模板）中引入相应的接口，包括求值相关的接口、表示计算单元与计算设备的接口、以及返回行列数的接口；

（3）对 IsMatrix 进行特化，表明所引入的是一个矩阵。

以上，我们讨论了 MetaNN 中的基本矩阵类型。标量与矩阵是深度学习框架通常都需

① 这是因为如果我们在一个矩阵中取列向量，那么列向量中相邻的元素其存储空间并不相邻——这会为优化造成困难。因此 MetaNN 支持的向量也主要为行向量。

② 即对角线元素为 1，其他元素为 0 的方阵。

要支持的基本数据类型。在此基础上，可以引入更复杂的数据结构。比如，可以将多个标量或者矩阵排列成一组，形成列表的结构。接下来我们将讨论 MetaNN 中的列表结构。

4.5 列表

引入列表是为了便于批量计算，从而提升系统性能。在批量计算时，每个参与计算的操作数可以视为一个数据序列，其中均包含了一组（有序的）原始数据，这些原始数据的维度与类型通常是相同的。比如：假定我们要进行矩阵乘法运算，参与相乘的矩阵尺寸分别为 $M\times N$ 与 $N\times K$，相乘后得到 $M\times K$ 的矩阵。现在，我们希望用批量计算的方式来提速：每 B 组矩阵组合到一起，一次性计算完成。此时，每次相乘，参与相乘的实际上将是两个矩阵序列，每个序列中分别包含 B 个矩阵，每个矩阵的尺寸分别为 $M\times N$ 与 $N\times K$，相乘后的结果是一个矩阵序列，包含了 B 个大小为 $M\times K$ 的矩阵。

如果要支持批量计算，那么框架必须提供数据结构来表示进行批量计算的序列。最简单的表示批量计算数据的方式是升维。比如：原始参与计算的是一维的向量，那么我们可以使用二维的矩阵来表示向量列表；原始参与计算的是二维的矩阵，那么我们可以使用三维的张量来表示矩阵列表。但作者认为这种方式过于简单粗暴了，这样会造成概念上的混淆——同样是矩阵，在进行批量计算的模式中用来表示向量列表，在非进行批量计算的的模式中表示单独的矩阵，这可能会引入程序逻辑上的混乱。为了避免这种混乱，MetaNN 引入列表类别来专门表示批量计算所需要的操作数。

MetaNN 中的列表实际上对应两个类别：BatchScalar 表示标量列表，BatchMatrix 表示矩阵列表。在本节中，我们将以矩阵列表为例展开讨论。标量列表与矩阵列表有一定的相似之处，因此其具体的实现逻辑就留给读者自行分析。

本节将首先讨论基本的列表类型，之后会讨论两种特殊的列表类型：Array 与 Duplicate。

4.5.1 Batch 模板

Batch 模板用于表示基本的列表类型。其声明如下：

```
1  template <typename TElement, typename TDevice, typename TCategory>
2  class Batch;
```

它接收 3 个模板参数，分别表示计算单元、计算设备与列表中每个元素的类别。进一步，我们可以使用如下的特化分别表示标量列表与矩阵列表：

```
1  // 标量列表
2  template <typename TElement, typename TDevice>
3  class Batch <TElement, TDevice, CategoryTags::Scalar>;
4
```

```
5  // 矩阵列表
6  template <typename TElement, typename TDevice>
7  class Batch <TElement, TDevice, CategoryTags::Matrix>;
```

在引入了类型声明后，我们就可以通过引入元函数的特化将 Batch 类模板与 MetaNN 的标签体系关联起来了：

```
1  template <typename TElement, typename TDevice>
2  constexpr bool IsBatchMatrix<Batch<TElement, TDevice,
3                                     CategoryTags::Matrix>> = true;
4
5  template <typename TElement, typename TDevice>
6  constexpr bool IsBatchScalar<Batch<TElement, TDevice,
7                                     CategoryTags::Scalar>> = true;
```

这表明 Batch 类模板的具体标签可能是矩阵列表或标量列表中的一种，其取值取决于其第 3 个模板参数所给出的类别。

接下来，我们以矩阵列表为例讨论 Batch 类模板的实现细节。矩阵列表类的主要定义如下（为了简洁起见，我们忽略了求值相关的接口）：

```
1  template <typename TElement, typename TDevice>
2  class Batch<TElement, TDevice, CategoryTags::Matrix>
3  {
4  public:
5      using ElementType = TElement;
6      using DeviceType = TDevice;
7
8      friend struct LowerAccessImpl<Batch<TElement, TDevice,
9          CategoryTags::Matrix>>;
10
11  public:
12      Batch(size_t p_batchNum = 0, size_t p_rowNum = 0,
13            size_t p_colNum = 0);
14
15      // 维度相关接口
16      size_t RowNum() const { return m_rowNum; }
17      size_t ColNum() const { return m_colNum; }
18      size_t BatchNum() const { return m_batchNum; }
19
20      // 求值相关接口...
21
22      // 读写访问接口
23      bool AvailableForWrite() const;
24      void SetValue(size_t p_batchId, size_t p_rowId,
25          size_t p_colId, ElementType val);
26      const auto operator [] (size_t p_batchId) const;
27
28      // 子矩阵列表接口
29      auto SubBatchMatrix(size_t p_rowB, size_t p_rowE,
30                          size_t p_colB, size_t p_colE) const;
31
32  private:
33      ContinuousMemory<ElementType, DeviceType> m_mem;
```

```
34      size_t m_rowNum;
35      size_t m_colNum;
36      size_t m_batchNum;
37      size_t m_rowLen;
38      size_t m_rawMatrixSize;
39  };
```

Batch 在其内部将数据存储于一维数组之中，并使用 ContinuousMemory 维护数组中的元素。列表中的矩阵按照先后顺序放置于数组中，即数组首先包含了第 0 号矩阵的所有元素，之后是第 1 号矩阵，依此类推。而矩阵中的元素则还是按照行优先的方式来组织。

与构造 Matrix 对象相比，为了构造矩阵列表，我们除了要传入每个矩阵的行数、列数，还需要提供其中包含的矩阵个数——也就是构造函数中的 p_batchNum 参数。相应地，矩阵列表也提供了一个额外的函数 BatchNum 来返回列表所包含的矩阵个数。

与 Matrix 类似，Batch 类模板同样需要区分读写，因此它提供了 AvailableForWrite 接口来查询是否写安全；提供了 SetValue 接口来写入数据；提供了 operator []接口来读取数据。

这里需要说明一下读取数据的接口 operator []：Matrix 提供了 operator ()来访问数据元素，它接收两个参数。而这里使用 operator []，只接收一个参数——即矩阵的序号，系统返回的是一个 Matrix 类型的临时对象。通过这种方式，我们可以按照如下的形式访问列表中某个矩阵的元素（即第 2 个矩阵中第 3 行第 5 列的元素）：

```
1  Batch<int, DeviceTags::CPU, CategoryTags::Matrix> bm...;
2  auto x = bm[2](3, 5);
```

对不同的操作符进行重载是有意为之的：列表的行为更像数组，在 C++中一般使用中括号来表示数组，因此这里也重载了 operator []来获取列表中的元素。而矩阵本身则需要使用两个索引来访问其中的数据，因此需要重载 operator ()。通过重载不同的操作符，能够更清晰地体现矩阵列表中的数据层次：矩阵列表包含的是矩阵，而矩阵包含的是数据元素。

最后，矩阵列表也提供了接口来获取子矩阵列表，其行为是对其中包含的每个矩阵获取相应的子矩阵，并最后组成一个新的矩阵列表。回顾一下，在 Matrix 的定义中，为了确保父子矩阵共享存储空间，我们引入了 m_rowLen 这个中间变量。与之类似，为了确保父子矩阵列表共享存储空间，我们还需要引入一个变量 m_rawMatrixSize 表示原始矩阵列表中每个矩阵的大小（即行数乘以列数）。读者可以自行分析一下如何基于这些信息定位子矩阵中的元素。

Batch 是最基本的列表类模板，它使用数组来存储其中的数据，同时要求位于列表中的矩阵（或标量）是连续的——这种设计可以确保在一些情况下提升计算速度[①]，但它同时也失去了一些灵活性。接下来，我们将讨论一类特殊的列表 Array，它更关注灵活性，是 Batch 的有益补充。

① 比如，如果希望让多个向量分别乘以一个矩阵，就可以将多个向量排列成一个列表，之后调用底层的矩阵相乘的接口，传入列表数组的首指针与矩阵数组的首指针。通过一次调用就可以计算出每个向量与该矩阵相乘的结果。

4.5.2 Array 模板

Batch 与 Array 的关系，很像 C++中的内建数组与 STL 中的线性容器——前者所分配的空间不会改变，数据是连续存放的，提供更好的存储空间访问性能；而后者则可以动态调整大小，但并不保证数据一定是连续存储的，其存储空间访问性能可能也会稍差一些。

Array 模板的引入

Array 模板的声明如下：

```
1 template <typename TData>
2 class Array;
```

与 Batch 不同，Array 只接收一个模板参数，即其中包含的元素类型（比如矩阵类型或者标量类型）。Array 可以根据该类型所提供的接口来推导出相应的计算单元、计算设备等信息。

接下来，为了将 Array 纳入到整个类型体系中，我们需要对 IsXXX 引入相应的特化：

```
1 template <typename TData>
2 constexpr bool IsBatchMatrix<Array<TData>> = IsMatrix<TData>;
3
4 template <typename TData>
5 constexpr bool IsBatchScalar<Array<TData>> = IsScalar<TData>;
```

上述代码并不难理解：如果 Array 中存储的元素是矩阵，那么显然 Array 就是一个矩阵列表；如果 Array 中存储的元素是标量，那么 Array 就是标量列表了。

在讨论完 Array 的声明后，让我们接下来看一下其实现。这里有一个问题：矩阵列表与标量列表需要提供不同的接口。比如，矩阵列表需要提供接口来返回矩阵的行数与列数，而标量列表则无需提供这样的接口——虽然隶属于相同的类模板，但接口不同，因此其实现显然也有所区别。我们需要为不同的类别提供不同的实现方式。为了达到这个目的，我们引入了一个辅助类 ArrayImp：

```
1  template <typename TData, typename TDataCate>
2  class ArrayImp;
3
4  template <typename TData>
5  class ArrayImp<TData, CategoryTags::Matrix> {
6      // ...
7  };
8
9  template <typename TData>
10  class ArrayImp<TData, CategoryTags::Scalar> {
11      // ...
12  };
13
```

```
14  template <typename TData>
15  class Array : public ArrayImp<TData, DataCategory<TData>>
16  {
17  public:
18      using ElementType = typename TData::ElementType;
19      using DeviceType = typename TData::DeviceType;
20      using ArrayImp<TData, DataCategory<TData>>::ArrayImp;
21  };
```

上述代码最重要的部分是第 15 行，Array 继承自 ArrayImp，Array 内部并不包含什么复杂的逻辑，它的实现主要继承自 ArrayImp 之中。与 Array 相比，ArrayImp 包含了一个额外的模板参数，表示其数据元素的类别（也是在第 15 行派生时指定的）。而 ArrayImp 则可以利用该信息引入特化，以提供该类别应支持的接口。

ArrayImp 类模板

接下来，我们将讨论一下用 CategoryTags::Matrix 特化的 ArrayImp，它实现了矩阵列表。标量列表的实现与之类似，这里同样不再赘述了。

用 CategoryTags::Matrix 特化的 ArrayImp 主要定义如下：

```
1   template <typename TData>
2   class ArrayImp<TData, CategoryTags::Matrix>
3   {
4   public:
5       using ElementType = typename TData::ElementType;
6       using DeviceType = typename TData::DeviceType;
7
8       ArrayImp(size_t rowNum = 0, size_t colNum = 0);
9
10      template <typename TIterator,
11                std::enable_if_t<IsIterator<TIterator>>* = nullptr>
12      ArrayImp(TIterator b, TIterator e);
13
14  public:
15      size_t RowNum() const { return m_rowNum; }
16      size_t ColNum() const { return m_colNum; }
17      size_t BatchNum() const { return m_buffer->size(); }
18
19      // STL 兼容接口
20      // push_back, size...
21
22      // 求值接口
23      // ...
24
25      bool AvailableForWrite() const {
26          return (!m_evalBuf.IsEvaluated()) &&
27                 (m_buffer.use_count() == 1);
28      }
29
30  protected:
31      size_t m_rowNum;
```

```
32 |        size_t m_colNum;
33 |        std::shared_ptr<std::vector<TData>> m_buffer;
34 |        EvalBuffer<Batch<ElementType, DeviceType,
35 |                        CategoryTags::Matrix>> m_evalBuf;
36 |    };
```

它包含了两个构造函数，第一个构造函数接收行数与列数两个参数，它会将其记录到 m_rowNum 与 m_colNum 中。随后向其中添加矩阵时，要求每个新添加的矩阵的行列数要分别等于 m_rowNum 与 m_colNum。第二个构造函数则接收一组迭代器（std::enable_if_t<IsIterator<TIterator>>*=nullptr 限制了 TIterator 需要是迭代器类型，IsIterator 具体的实现会在后续讨论），这个构造函数会假定迭代器中的每个元素都是 TData 类型的数据，它会使用迭代器所对应的区间初始化 Array 列表对象，构造的过程会假定区间中的每个矩阵具有相同的行列数，同时将其设置为矩阵列表的行列数。

与 Batch 类模板相似，ArrayImp 也提供了 RowNum、ColNum 与 BatchNum 分别返回矩阵的行、列数以及列表所包含的矩阵数。但与 Batch 不同的是，ArrayImp 提供了若干与 STL 兼容的接口可以向其中添加矩阵（如 push_back），实现列表的动态增长。

这里有必要讨论一下 ArrayImp 中的写操作。我们希望向 Matrix 那样，允许多个 ArrayImp 的实例共享存储空间，因此，这里将 m_buffer 设置成共享指针，确保对 ArrayImp 的复制不会涉及大量的数据拷贝。但同样的，数据共享就需要我们对写操作进行保护：ArrayImp 是包含写操作的，调用 push_back 向其中添加一个矩阵就是典型的写操作。我们并不希望在同一个 ArrayImp 存在多个副本时可以写入——这会产生不可预料的副作用。为了解决这个问题，我们同样引入了 AvailableForWrite 函数，并在其中判断了 m_buffer.use_count()==1。

但 ArrayImp::AvailableForWrite 函数还包含了另一个判断：!m_evalBuf.IsEvaluated()。这个判断涉及求值的一部分逻辑。我们会在第 8 章详细讨论求值的过程，但这里简单提一下这个函数的功能。如前文所述，求值可以被视为将某种特定的数据类型转换为其所属类别的主体类型的过程。矩阵列表的主体类型是 Batch<TElem, TDevice, CategoryTags::Matrix>，因此在 ArrayImp 类模板中就包含了一个相应的 EvalBuffer（34～35 行），用来存储求值的结果。

EvalBuffer 包含了一个内部状态，表示之前是否完成过求值。对于一般的数据对象来说，如果它在之前已经进行过求值了，那么下次再对其求值，就直接返回 EvalBuffer 所存储的求值结果即可，这样可以避免对相同数据的反复求值，从而提升系统性能。

但这里有一个问题，就是 ArrayImp 本身包含了诸如 push_back 这样的写操作函数，可以改变其内部的数据。如果我们对 ArrayImp 完成了一次求值，并在之后调用了 push_back 改变了其内部的数据，那么再次调用求值时，系统所返回的是 EvalBuffer 所存储的求值结果。这与 ArrayImp 的当前状态不再匹配，从而出现求值错误。

产生错误的根本原因是：求值操作与写操作的冲突。MetaNN 解决这个问题的方法是：

如果求值操作进行过，就不能在后续进行写操作了。这也是 AvailableForWrite 中另一个判断的由来：如果求值操作进行过，那么 m_evalBuf.IsEvaluated()将为真，相应的 AvailableForWrite 将返回假。

IsIterator 元函数

到目前为止，我们已经基本完成了 ArrayImp 对象的讨论。但这里还遗漏一个细节：IsIterator 元函数的实现。这个元函数在给定一个类型时，判断其是否是一个 C++ STL 的迭代器。事实上，C++ STL 中并没有提供这样的元函数，这个元函数需要我们自己实现。而实现的逻辑还是颇具技巧性的，因此在这里专门讨论一下。

这个元函数的定义如下：

```
1   template <typename T>
2   struct IsIterator_
3   {
4       template <typename R>
5       static std::true_type Test(typename std::iterator_traits<R>
6                                            ::iterator_category*);
7
8       template <typename R>
9       static std::false_type Test(...);
10
11       static constexpr bool value = decltype(Test<T>(nullptr))::value;
12  };
13
14  template <typename T>
15  constexpr bool IsIterator = IsIterator_<T>::value;
```

这段代码的核心在于两个 Test 函数的声明（4～9 行）。这相当于重载了 Test 函数。根据 C++对重载函数的匹配原则：参数为...形式的函数匹配程度最低。即对于某次函数调用来说，如果有别的重载版本可以与该函数调用相匹配，那么编译器就不会选择参数为...形式的函数，只有所有其他重载的版本均无法匹配调用语句时，编译器才会选择参数为...形式的函数。

现在考虑对 IsIterator_<T>::value 的求值过程。为了进行求值，编译器需要从两个重载的 Test 函数中做出选择。如果 T 是迭代器，那么 std::iterator_traits<R>::iterator_category 是存在的，其“值”为迭代器的类别。如果是这种情况，那么编译器可以选择第一个 Test 的声明，即返回类型为 std::true_type 的函数声明。

反之，如果 T 不是迭代器，那么第一个 Test 将无法匹配 Test<T>(nullptr)的调用。根据匹配失败并非错误的原则，编译器并不会立即报错，而是会尝试匹配其他的函数声明，此时，编译器只能选择匹配第二个 Test 的声明，即返回 std::false_type 的版本。

decltype(Test<T>(nullptr))将返回表达式 Test<T>(nullptr)的结果类型。即 std::true_type 与 std::false_type 中的一种。而 std::true_type 与 std::false_type 均包含了可以在编译期被访问的数据成员 value：其值分别为 true 与 false。通过第 11 行的代码，我们就将 T 是否为迭

代器类型这个问题转换成了 decltype(Test<T>(nullptr))::value 的值，这个值将作为元函数 IsIterator_<T>的输出。

这里还要说明的一点是：Test 只需要声明，不需要定义。事实上，这里的编译期行为只涉及重载函数的选择，而选择的过程只涉及函数声明，因此也就没有必要为 Test 引入定义。

Array 对象的构造

ArrayImp 类并不会被用户直接使用，用户所构造的是 Array 类，传入元素类型作为其模板参数，比如：

```
Array<Matrix<int, DeviceTags::CPU>> check(10, 20);
```

这将构造出矩阵列表 check，列表中的每个元素都是 Matrix<CheckElement, CheckDevice>类型的矩阵，每个矩阵都具有 10 行 20 列。Array 会自动继承 ArrayImp 中提供的接口，用户可以使用这些接口向列表中添加矩阵。而 Array<Matrix<CheckElement, CheckDevice>>的类别标签会被自动推导为 CategoryTags::Matrix。

此外，如果用户想基于一个矩阵数组或 vector 来构造矩阵列表，那么可以选择如下的方式：

```
vector<Matrix<int, DeviceTags::CPU>> vec;
vec.push_back(...)

Array<Matrix<int, DeviceTags::CPU>> check(vec.begin(), vec.end());
```

构造列表时，系统会检测以确保每个矩阵的行列数是相同的，因此 vec 中的每个矩阵的行列数必须相同。

上面的代码在构造 check 时，需要指定矩阵的具体类型，MetaNN 提供了 MakeArray 函数来简化调用的方式，从而使得用户免于显式提供类型声明：

```
template <typename TIterator>
auto MakeArray(TIterator beg, TIterator end)
{
    using TData = typename std::iterator_traits<TIterator>::value_type;
    using RawData = RemConstRef<TData>;

    return Array<RawData>(beg, end);
}
```

基于这个函数，用户可以用如下方式构造矩阵列表：

```
vector<Matrix<int, DeviceTags::CPU>> vec;
vec.push_back(...)

auto check = MakeArray(vec.begin(), vec.end());
```

Array 是一种特殊的列表，它提供了动态增加列表元素的功能。但它并不是唯一的特殊列表，我们还可以在 MetaNN 中引入其他的特殊列表以满足不同的需求。目前来说，MetaNN 就引入了另一种特殊列表 Duplicate，让我们看一下这种列表的功能与实现。

4.5.3 重复与 Duplicate 模板

Duplicate 模板的引入

考虑一个乘法网络：网络中包含矩阵 A，给定任意一个输入矩阵 X，网络输出 AX。现在希望批量计算，一次性输入多个矩阵 $X_1, X_2, \ldots, X_n$，希望网络输出 $AX_1, AX_2, \ldots, AX_n$。

在实现时，我们可以将 $X_1, X_2, \ldots, X_n$ 放到一个 Batch 对象中，那么该怎么处理 A 呢？或者换句话说，我们希望如何表示多个矩阵与一个矩阵相乘的行为呢？

可以在矩阵运算层面解决这个问题。规定：Batch 矩阵列表可以与矩阵对象相乘，其行为是 Batch 列表中的每个元素都与矩阵对象相乘，将结果收集起来形成新的 Batch 对象。在这种规定下，我们可以为矩阵乘以矩阵、矩阵乘以矩阵列表、矩阵列表乘以矩阵、矩阵列表乘以矩阵列表分别引入具体的实现逻辑。

但这种方式显然不够完美：一方面，我们要实现的函数数目可能会随着类别的增加呈指数级上升的趋势——这既不利于代码编写，也不利于代码维护；另一方面，这些函数中的很多逻辑都是相同的，整个实现过程耗时而且无聊。为了解决这个问题，我们可以将计算过程划分成两步：第一步，判断是否矩阵同矩阵列表相乘，如果是，则将矩阵转换为矩阵列表；第二步，我们只需要实现矩阵相乘，矩阵列表相乘两个版本。对于每一种乘法类型，我们都需要引入第一步相应的实现。但第一步只涉及类型转换，因此实现成本并不高。运算的主体逻辑在第二步中，但第二步只涉及两个实现，因此整个逻辑实现起来比单独实现每种乘法要容易很多。

现在让我们将关注点放在第一步上，也即，要如何将矩阵转换成矩阵列表。注意到这种情况下，列表中的每个矩阵都是相同的。我们当然可以使用 Batch 类模板来构造这个矩阵列表，但这将使我们丧失“列表中每个矩阵均相同”的信息。为了保存这个信息以便于求值优化，我们引入了 Duplicate 模板，来实现这种具有复制意义的列表：

```
1   template <typename TData, typename TDataCate>
2   class DuplicateImp;
3
4   template <typename TData>
5   class Duplicate : public DuplicateImp<TData, DataCategory<TData>>
6   {
7   public:
8       using ElementType = typename TData::ElementType;
9       using DeviceType = typename TData::DeviceType;
10      using DuplicateImp<TData, DataCategory<TData>>::DuplicateImp;
11   };
```

```
12
13  template <typename TData>
14  constexpr bool IsBatchMatrix<Duplicate<TData>> = IsMatrix<TData>;
15
16  template <typename TData>
17  constexpr bool IsBatchScalar<Duplicate<TData>> = IsScalar<TData>;
```

与 Array 模板类似，Duplicate 模板也派生自一个基类：DuplicateImp，DuplicateImp 负责区分所复制的是标量还是矩阵。如果 TData 是矩阵（标量），那么 Duplicate<TData>就属于矩阵（标量）列表。

DuplicateImp 类模板

DuplicateImp 模板的定义如下（这里同样省略了标量列表的部分）：

```
1   template <typename TData, typename TDataCate>
2   class DuplicateImp;
3
4   template <typename TData>
5   class DuplicateImp <TData, CategoryTags::Scalar> {
6       // ...
7   };
8
9   template <typename TData>
10  class DuplicateImp<TData, CategoryTags::Matrix>
11  {
12  public:
13      using ElementType = typename TData::ElementType;
14      using DeviceType = typename TData::DeviceType;
15
16      DuplicateImp(TData data, size_t batch_num)
17          : m_data(std::move(data))
18          , m_batchNum(batch_num)
19      {
20          assert(m_batchNum != 0);
21      }
22
23  public:
24      size_t RowNum() const { return m_data.RowNum(); }
25      size_t ColNum() const { return m_data.ColNum(); }
26      size_t BatchNum() const { return m_batchNum; }
27
28      const TData& Element() const { return m_data; }
29
30      // 求值相关接口
31      // ...
32  protected:
33      TData m_data;
34      size_t m_batchNum;
35      EvalBuffer<Batch<ElementType, DeviceType,
36                  CategoryTags::Matrix>> m_evalBuf;
37  };
```

这个类的构造函数接收两个参数：列表中存储的元素以及元素的数目。它们分别被保存在 m_data 与 m_batchNum 中。除了求值与维度相关的接口，这个类还提供了一个接口 Element 来返回列表中的元素。

与 ArrayImp 相比，DuplicateImp 的逻辑更简单一些——它不支持写操作[①]，因此也就不需要提供诸如 AvailableForWrite 这样的函数进行写操作的判断了。

Duplicate 对象的构造

可以通过如下方式来构造 Duplicate 对象：

```
1  ZeroMatrix<int, DeviceTags::CPU> mat(100, 200);
2
3  Duplicate<ZeroMatrix<int, DeviceTags::CPU>> batch_matrix(mat, 10);
```

第 3 行构造了一个矩阵列表，其中包含了 10 个矩阵，每个矩阵的内容与 mat 相同。

使用上述方式构造矩阵列表时，需要指定 batch_matrix 的类型，而在这个类型的声明中最主要的部分就是给出 Duplicate 的模板参数的类型，也即上例中 mat 的类型。在一些情况下，显式给出矩阵 mat 的类型可能比较困难，但又希望基于其构造矩阵列表。为了实现这个目标，MetaNN 提供了两个 MakeDuplicate 函数：

```
1   template<typename TData>
2   auto MakeDuplicate(size_t batchNum, TData&& data)
3   {
4       using RawDataType = RemConstRef<TData>;
5       return Duplicate<RawDataType>(std::forward<TData>(data), batchNum);
6   }
7
8   template<typename TData, typename...TParams>
9   auto MakeDuplicate(size_t batchNum, TParams&&... data)
10  {
11      using RawDataType = RemConstRef<TData>;
12      RawDataType tmp(std::forward<TParams>(data)...);
13      return Duplicate<RawDataType>(std::move(tmp), batchNum);
14  }
```

基于 MakeDuplicate 函数，就可以用如下方式来构造矩阵列表了：

```
1  ZeroMatrix<int, DeviceTags::CPU> mat(100, 200);
2  auto batch_matrix = MakeDuplicate(10, mat);
3
4  // 或者
5  auto batch_matrix
6      = MakeDuplicate<ZeroMatrix<int, DeviceTags::CPU>>(10, 100, 200);
```

① 因为 Duplicate 的目的是对一个已有的矩阵或标量进行复制，其所需要的全部信息都在构造时就提供了，不需要在对象的生存期中有所改变。

4.6 小结

本章讨论了 MetaNN 所引入的基本数据类型。

一个灵活的深度学习框架可能会涉及多种数据类型。这些数据类型可以被划分成不同的类别。面向对象编程处理这种情形的做法是声明基类以表示类别，之后从基类派生成各个类型。但作为一个泛型编程框架，MetaNN 采用了典型的泛型编程思想：属于相同类别的不同类型间并没有派生的关系——它们的组织是松散的，在设计上更加自由一些。

另一方面，我们还是需要从概念上对 MetaNN 中的类型进行划分：通过标签体系为每个类型引入了一个类别标签，并规定了属于相同类别的类型所需要提供的接口集合。这在面向对象中是通过虚函数实现的，而泛型编程的组织方式则没有采用虚函数，它更加松散，也更加高效——至少在调用这些函数的过程中，我们不需要负担虚函数所引入的额外的调用成本。

泛型编程与面向对象并非水火不容。在 Array 与 Duplicate 的实现过程中，我们将泛型编程与面向对象中的继承手法相结合，提供了一种针对不同类别，引入不同接口的实现方案。学习泛型编程并不意味着抛弃面向对象中的典型概念，相反，在恰当的时刻使用恰当的概念，能使我们开发出更优雅、更健壮的程序。

在本节中，我们看到，类所提供的接口不局限于函数，像 DeviceType 与 ElementType 这样的声明也可以看作接口，用来提供计算设备等信息，便于后续扩展。

4.7 练习

1. 本章讨论了标签的用法。在我们经常使用的标准模板库(STL)中也存在标签的概念。STL 将迭代器进行了划分，为不同的迭代器赋予不同的标签（如双向迭代器、随机访问迭代器等）。在网络上搜索一下相关的概念，学习并了解 STL 中标签的用法，并与本章中标签的用法进行比较。
2. 在本章中，我们讨论了使用函数参数或模板参数传递类别标签。STL 将标签作为函数参数进行传递，这样做的一个好处是可以自动处理标签的继承关系。STL 中的迭代器标签具有派生层次，比如前向迭代器是一种特殊的输入迭代器，这体现在标签体系中，是表示前向迭代器的标签 forward_iterator_tag 派生自 input_iterator_tag。而对于本章所讨论的__distance 实现来说，如果传入其中的第 3 个参数是前向迭代器，那么编译器会自动选择输入迭代器的版本进行计算。如果像本章所讨论的那样，使用模板参数来传递迭代器标签，则不能简单地通过 std::is_same 进行比较来实现类似的效果。请尝试引入新的元函数，在使用模板参数传递迭代器类别的算法中实现类似的标签匹配效果。更具体来说，实现的元函数应当具有如下调用方式：

```
template<typename TIterTag, typename _InputIterator,
         enable_if_t <FUN<TIterTag,
                         input_iterator_tag,
                         forward_iterator_tag,
                         bidirectional_iterator_tag>>*= nullptr>
inline auto __distance(_InputIterator b, _InputIterator e);
```

其中 FUN 是需要实现的元函数，上述调用表明，如果 TIterTag 是 input_iterator_tag（输入迭代器），forward_iterator_tag（前向迭代器）或者 bidirectional_iterator_tag（双向迭代器）之一，编译器就会选择当前的__distance 版本。

3. 使用模板参数而非函数参数来传递标签信息还有另一个好处，我们不再需要提供标签类型的定义了。为了基于函数参数来传递标签信息，STL 不得不引入类似下面的类型定义：

   ```
   struct output_iterator_tag {};
   ```

   但如果使用模板参数来传递标签，相应的类型定义就可以被省略：

   ```
   struct output_iterator_tag;
   ```

   分析一下为什么会这样。
4. STL 提供了一个元函数 is_base_of，用来判断某个类是否是另一个类的基类，使用这个元函数，修改第 2 章的__distance 声明，使其更加简洁。基于修改后的元函数声明，再次考虑第 3 题：此时，我们是否需要迭代器标签的类型定义呢？为什么？
5. 在讨论 DataCategory_的实现时，我们为其引入了一个名为 helper 的辅助元函数。它是声明在 DataCategory_内部的。尝试将其提取到 DataCategory_的外部。思考一下这种改进是否会像第 1 章所讨论的那样，减少编译过程中所构造的实例数。尝试验证你的想法。
6. 本章介绍了 MetaNN 所使用的矩阵类 Matrix，考虑如下声明：

   ```
   vector<Matrix<int, DeviceTags::CPU>> a(3, { 2, 5 });
   ```

   我们的本意是声明一个向量，包含 3 个矩阵。之后，我们希望对向量中的 3 个矩阵分别赋值。考虑一下这种做法是否行得通？如果不行，会有什么问题（提示：MetaNN 中的矩阵是浅拷贝的）？
7. 在子矩阵的讨论中，我们通过引入 m_rowLen 来确定两行的间距。除了这种方式，还可以标记连续两行中上一行结尾与下一行的开始之间的元素个数。考虑这种方式与本书所采用的方式之间的优劣。
8. 阅读并分析 Batch、Array 与 Duplicate 中针对标量的实现代码。

9. 阅读并分析 OneHotVector 与 ZeroMatrix 的实现代码。
10. ArrayImp 的一个构造函数引入了元函数 IsIterator 来确保输入的参数是迭代器。能否去掉这个元函数，采用下面的函数声明：

```
1 | template <typename TIterator>
2 | ArrayImp(TIterator b, TIterator e)
```

为什么？
11. 我们在讨论 ArrayImp 时，提到了在求值之后就不能进行修改。那么 Matrix 或者 Batch 类模板是否存在同样的问题呢？事实上，这两个模板有些特殊，即使是求值了之后再进行修改，其语义也是正确的。考虑一下原因。
12. 本章所讨论的数据结构中，有一些包含了 EvalBuffer 这样的数据成员，用于存储求值之后的结果。但像 Matrix 这样的类模板就没有包含类似的数据成员。思考一下原因。

第 5 章

运算与表达式模板

第 4 章讨论了 MetaNN 所引入的基本数据类型。在此基础上，本章讨论 MetaNN 如何使用这些数据类型实现运算逻辑。

在 MetaNN 中，运算是以函数形式给出的，运算函数接收一到多个参数，进行特定的计算并返回相应的结果。相信本书的读者都对函数实现并不陌生。理论上来说，依据算法的原理或公式，实现相应的函数并不算是一件困难的事。那么为什么要单独开辟一章来讨论函数实现呢？

事实上，这是与 MetaNN 的设计原则相关：我们希望 MetaNN 是可扩展的；同时，框架本身需要提供足够的优化空间。对于数据来说，为了支持可扩展，我们引入了标签体系；为了提供足够的优化空间，我们引入了不同的数据类型。MetaNN 中运算的设计也体现了这两个原则：为了提供更好，更方便地扩展方式，我们将不同运算中相似的逻辑提取出来，形成运算逻辑实现上的层次结构；而为了提供足够的优化空间，我们引入了表达式模板作为运算与其结果之间的桥梁——这些都将在本章中深入讨论。

虽然我们的讨论是基于“运算”进行的，但读者将会发现，本章中大部分的内容还是围绕“数据类型”展开的。数据类型是运算的核心，本章所讨论的不再是基本的数据类型，而是由基本的数据类型所构成的一类特殊的结构——表达式模板。让我们从这一点出发，开始运算模块的设计吧。

5.1 表达式模板简介

表达式模板是连接运算与数据的桥梁，一方面，它对运算进行了封装；另一方面，它提供接口来表示运算的结果。让我们通过一个简单的例子来引入表达式模板的概念。

给定两个矩阵 A 与 B。为了计算 “$A+B$”，我们可以将其保存在一个表达式模板中，用该模板表示计算结果：

```
1  template <typename T1, typename T2>
2  class Add
```

```
3  {
4  public:
5      Add(T1 A, T2 B)
6          : m_a(std::move(A))
7          , m_b(std::move(B)) {}
8
9      size_t RowNum() const
10     {
11         assert(m_a.RowNum() == m_b.RowNum());
12         return m_a.RowNum();
13     }
14
15     // ...
16
17 private:
18     T1 m_a;
19     T2 m_b;
20 };
```

Add 是一个类模板，接收两个模板参数 *T*1 与 *T*2。这个类的构造函数要求传入模板参数所对应的数据对象（也即运算的输入参数）。通过将输入参数的类型设置为模板的方式，我们就无需限定运算操作数的具体数据类型：只要操作数能提供特定的接口，或者说满足特定的概念，那么就可以依此构造出相应的模板实例来。

这里假定 *T*1 与 *T*2 是矩阵，相应地，Add 就是一个封装了矩阵加法运算的表达式模板。虽然这只是一个简单的示例类，但我们已经可以从中窥探到表达式模板的一些特性了。

- 表达式模板封装了运算，同时又是一种可以表示运算结果的抽象数据类型。比如，两个矩阵相加的结果依然是矩阵，因此，Add 就应当满足框架对矩阵的要求。典型的是它需要提供 RowNum 接口以返回矩阵的行数，以及矩阵类型必须要支持的其他接口。同时，从概念上来说，Add 类型的对象表示了矩阵，因此它也应当被划分到矩阵类别之中，打上 CategoryTags::Matrix 的标签。
- 虽然在概念上等价于运算结果，但表达式模板与运算结果存在很多不同之处。比如，表达式模板并不支持写操作。如果使用 Matrix<float, DeviceTags::CPU>存储矩阵相加的结果，那么我们可以随后修改结果对象中特定元素的值；但表达式模板更多的作用在于“表达”，而非“存储”。对于表达式模板来说，我们很难定义其写操作的行为。不仅是元素级的写操作，对于矩阵级的写操作，表达式模板也不支持。在极端情况下，我们可以通过修改表达式模板对象中保存的操作数（m_a 或 m_b）中的内容，从而对相应的运算结果产生影响。但这种影响是间接的，并不像直接修改计算结果那么直观。

在第 4 章中，我们提到了矩阵可以不支持写操作，Add 正是这样的矩阵类型：它是由基本的矩阵数据类型所组合而成的复合数据类型。

表达式模板只是对数据运算的封装，它能做的事似乎并不多，那么，为什么要引入表达式模板呢？事实上，表达式模板为后续的系统优化提供了前提。

一种常见的系统优化方法被称为“缓式求值（Lazy Evaluation）”。它的思想是将实际的计算过程后移，只有在完全必要时才进行计算。在某些情况下，这会减少整个系统的计算量。表达式模板正是体现了这种缓式求值的思想。

以矩阵求和为例，如果程序最终需要的并非整个结果矩阵，而只是其中某些元素的值，那么可以要求表达式模板提供获取相应元素的接口，只对特定位置的矩阵元素计算即可[①]：

```
class Add
{
public:
    float operator() (size_t r, size_t c) const
    {
        return m_a(r, c) + m_b(r, c);
    }
    // ...
};
```

如果最终需要的仅是结果矩阵中某些元素的值，那么我们将节省因计算整个矩阵所带来的大部分开销。

但事实上，对于深度学习框架来说，很多时候我们所需要的恰恰是结果中的全部元素。比如对于矩阵求和来说，系统需要获取到结果矩阵中的每个元素值。即使如此，缓式求值的思想也是有用的：因为如果将求值计算的时机后移，那么当最终进行计算时，我们可能会将多个计算累积起来一起完成。同样以矩阵求和为例：假定网络中存在多处矩阵求和的运算，采用表达式模板，就有可能将这些运算积攒到一起，一次性计算完毕。在第 4 章中，我们提到过将相同类型的计算一起执行有可能提升系统的整体性能，而缓式求值在这里正是利用了这一特性，使得系统有了更大的优化空间。正是基于上述考虑，MetaNN 中所有的运算操作本质上都是在构造表达式模板的实例，并使用其将实际的计算过程推后。

使用表达式模板还有一个好处，表达式模板的对象可以视为一种复合数据。相应地，一个表达式模板对象也可以被用于另一个表达式模板的参数。比如，可以构造 Add<Add<X, Y>, Z>这样的表达式模板对象，它接收 Add<X, Y>类型的数据对象，将其与 Z 类型的数据对象相加，表示相加的结果。

可以将表达式模板表示成树型结构：树中除了叶子结点，每个子结点对应一个运算。叶子结点表示运算的输入，树的根则是整个运算的输出。以 Add<Add<X, Y>, Z>为例，它可以被表示为图 5.1 所示的树形结构。

① 以下的代码片断假定 m_a 与 m_b 均提供了接口来访问其内部的元素。

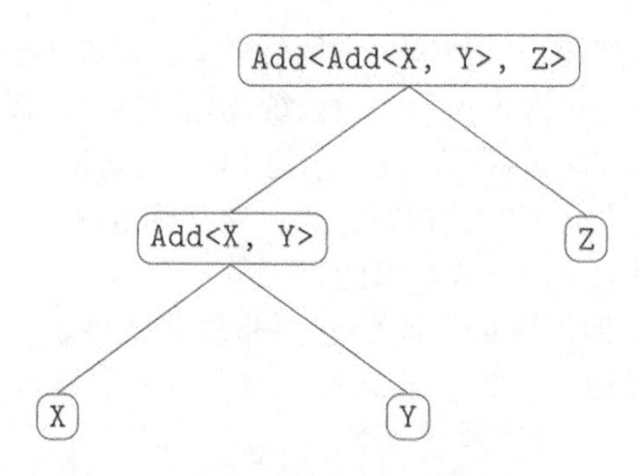

图 5.1　Add<Add<X, Y>, Z>的树形结构

5.2　MetaNN 运算模板的设计思想

5.2.1　Add 模板的问题

在前文中，我们使用了 Add 模板展示了表达式模板的基本思想。作为一个示例性代码，Add 模板足够说明核心的问题了。但如果直接将其作为一个组件应用到 MetaNN 框架之中，Add 模板还无法胜任。

首先，Add 模板缺少了一种机制来表示其加法的操作数与返回结果的类别标签。在前文中，我们假定 Add 的输入参数与输出结果均是矩阵，但这一点并没有通过代码进行严格地限制——这就可能造成模板的误用。同时，因为缺少表达式模板所对应的运算结果的类别信息，相应的表达式模板将无法作为其他运算的输入。

其次，Add 模板的可扩展性不强——这是一个主要问题。考虑在实现了矩阵加法后，我们还希望实现一个矩阵减法。可以通过引入另一个模板 Sub 来实现矩阵相减的功能。Sub 的很多函数与 Add 在实现上是完全一致的（比如 RowNum 接口）。我们不希望每实现一个运算对应的表达式模板，就重写所有与该模板相关的逻辑。

要解决这两个问题，就需要对 MetaNN 中表示运算的表达式模板进行系统地设计。我们将专门用在 MetaNN 中表示运算的表达式模板简称为运算模板。本节将讨论运算模板的设计思想。首先，让我们具体地分析一下运算模板应该具有什么样的行为。

5.2.2　运算模板的行为分析

运算模板是连接运算与数据的桥梁。一方面，它会在其对象内部保存运算的输入——这本质上是对运算行为的抽象；另一方面，运算模板对象本身则提供接口来表示运算的结果——这是数据的抽象。本节通过对 MetaNN 中运算模板的构造与使用过程进行详细地划分，来分析运算模板在其生命周期中需要完成的使命以及可能出现的逻辑复用的情形。

在 MetaNN 中，运算模板的构造与使用涉及如下几个方面。

类型验证与推导

在上一章，我们建立了 MetaNN 中的数据类型体系。这一体系也会用在运算操作中。运算操作需要使用该体系判断其输入参数的合法性，以及确定相应的输出结果所属的类别。

- 验证表达式的输入操作数的类别，确保输入的合法性。一个运算并非对所有类型的数据都是有效的。比如，矩阵乘法需要接收两个矩阵为操作数，如果传入的是两个标量，则该运算是无效的，系统应该能检测出这种错误并给出相应的提示信息。通常来说，这部分的逻辑被复用的可能性不大，因为每个运算对其参数合法性的检查都是不同的。
- 确定运算输出的类别。运算的输出类别与其输入参数的类别密切相关。比如，同样是加法操作，两个矩阵相加，结果应当是一个矩阵；而两个矩阵列表相加的结果应当是矩阵列表。另一方面，运算模板作为一种复合数据类型，可能作为其他运算模板的输入，因此它就需要推导出运算结果所对应的类别标签信息。这个类别标签也是与运算相关的，但通常情况下，运算的输出类别很可能与输入类别一致。比如，如果运算的输入参数类别是矩阵，那么其输出类别是矩阵的可能性也比较大。可以利用这一特性构造最基本的输出类型推断系统——首先判断运算的输入参数是否属于相同的类别，如果是，则可以返回运算输入参数的类别来代表输出结果的类别。这个逻辑对大部分的运算都是有效的，对于不符合该逻辑的特殊运算，我们需要引入特化来推导出实际的输出类别。

对象接口的划分

在确定了运算所代表的复合数据类型的类别后，相应的该运算对象所需要提供的大部分对外接口也就确定了。比如，如果运算的结果是矩阵，那么它就需要提供接口返回矩阵的行数与列数，同时提供相应的求值接口以构造 Matrix<...>类型的矩阵。这些接口可以被划分成如下几类。

- 表示计算单元与计算设备的接口。在第 4 章我们提到过，MetaNN 可以被扩展以支持不同的计算单元与计算设备。为了实现这一点，我们要在 MetaNN 所包含的数据结构中引入 ElementType 与 DeviceType 两个声明，它们将作为表示计算单元与计算设备的接口。运算模板作为一种中间结果，同样需要提供这两个接口。通常来说，运算的输入都具有相同的计算单元与计算设备，此时，我们可以使用运算输入的计算单元与计算设备设置运算结果的相应信息。但在某些特殊情况下，运算的输入可能具有不同的计算单元与计算设备。在这种情况下，我们就需要元函数来根据输入参数的信息推导出输出结果的计算单元与计算设备了。
- 尺寸相关接口。尺寸相关接口提供了运算结果的维度、尺寸相关的信息。同样是以加法运算为例，如果是两个矩阵相加，那么其结果的行数与列数需要与输入矩阵的行数与列数相同。而如果是矩阵列表相加，那么输出结果中所包含的矩阵个数、每个矩阵的行列数需要与输入参数保持一致。与确定运算的输出类别类似，我们也可以为尺寸相关的接口引入一个默认的实现：判断运算所有输入参数的尺寸是否相同，若为真，则直接返回输入参数的尺寸信息。这个逻辑可以用于处理大部分运算的情形。如果遇到不符合该逻辑的情形，那么就为相应的运算引入专门的特化，实现特有的尺寸逻辑。

- 求值相关接口。运算模板是一种模板表达式，它表示了运算的一种中间状态。表达式模板虽然推迟了计算，但我们最终还是需要将这种中间状态转换成运算结果的。MetaNN 的运算模板都提供了求值相关的接口，用于进行运算求值。而这些接口函数的内部则需要调用具体的求值逻辑完成计算。计算方式会依据具体运算逻辑的不同而不同。不同的运算之间很难复用这部分逻辑。

辅助类模板

根据前文的分析，不难看出，运算所涉及的不同部分在逻辑上可以被复用的程度是不同的。依据被复用的程度，MetaNN 为每个运算模板引入了若干辅助类模板，分别用于判断输入参数的合法性、推导输出结果的类别标签、提供尺寸与求值相关的接口。

注意这些辅助类模板从概念上来说是正交的——如果将某几个辅助类模板进行合并，则可能会影响代码的复用性。比如，如果将尺寸相关与求值相关的辅助模板合并成一个，那么我们在为不同的运算引入不同的计算逻辑时，就需要重复编写相同的尺寸计算逻辑。

在引入了这些辅助类模板之后，MetaNN 中的运算就不再是一个个孤立的表达式模板了，它形成了一个子系统。接下来，我们将首先讨论一下这个子系统的框架部分，之后以具体的运算逻辑为例来讨论基于该子系统的实现。

5.3 运算分类

MetaNN 是可扩展的，这一点也体现在运算逻辑的设计之中：当前 MetaNN 中已经包含了一些运算，也可以很方便地为其添加新的运算。MetaNN 提供了运算子系统来维护运算方面的可扩展性。与第 4 章讨论的基本数据体系类似，为了更好地支持扩展，MetaNN 对其包含的运算也进行了分类。当前，MetaNN 会按照运算所需要的参数个数对其进行划分：

```
1 struct UnaryOpTags {
2     struct Sigmoid;
3     struct Tanh;
4     struct Transpose;
5     // ...
6 };
```

```
7
8  struct BinaryOpTags {
9      struct Add;
10     struct Substract;
11     struct ElementMul;
12     // ...
13 };
14
15 struct TernaryOpTags {
16     struct Interpolate;
17     // ...
18 };
```

这里定义了 3 个结构体，分别用于表示一元、二元与三元运算操作。每个结构体中包含了若干类型声明，每个声明对应一种运算。比如，Sigmoid 是个一元运算，可以对矩阵或者矩阵列表中的每个元素进行 Sigmoid 变换。它接收矩阵或矩阵列表，返回与输入相同类别的数据，结果中每个元素的值是输入参数里每个元素的值变换后的结果。

MetaNN 通过引入上述结构从而支持两方面的扩展：我们可以添加新的一元、二元或三元运算，也可以添加新的运算种类。比如，如果某个运算需要输入 4 个参数，那么我们可以引入新的结构体以包含新引入的四元运算符。

需要说明的是，目前的分类方式可能并非唯一的，也可以按照其他的方式对运算操作进行分类。随着在框架中引入越来越多的运算，我们可能需要对运算的分组进行调整。比如，完全可以将 CNN 中常用到的运算划分成一组。同时，完全可以在大组内再分小组：

```
1 struct MajorOperGroup {
2     struct MinorOperGroup
3     {
4         struct Oper1;
5         // ...
6     };
7     // ...
8 };
```

可以说，对运算的组织是非常灵活的。

5.4 辅助模板

在前文中，我们提到了运算需要若干辅助模板的支持，本节将简要介绍一下这些辅助模板。

5.4.1 辅助类模板 OperElementType_/OperDeviceType_

OperElementType_与 OperDeviceType_的定义如下：

```
template <typename TOpTag, typename TOp1, typename...TOperands>
struct OperElementType_ {
    using type = typename TOp1::ElementType;
};

template <typename TOpTag, typename TOp1, typename...TOperands>
struct OperDeviceType_ {
    using type = typename TOp1::DeviceType;
};
```

它们用于指定运算模板的计算单元与计算设备类型。如前文所述，通常情况下，运算模板的参数具有相同的计算单元与计算设备，此时，我们就可以从运算的第一个参数中获取到相应的信息——这也是 OperElementType_与 OperDeviceType_默认的实现。

现在假定对于某个特殊的运算 MyOper，它包含了两个输入参数，其结果的计算单元与计算设备类型要根据第二个输入参数来确定，那么我们就可以引入如下的特化：

```
template <typename TOp1, typename TOp2>
struct OperElementType_<MyOper, TOp1, TOp2> {
    using type = typename TOp2::ElementType;
};

template <typename TOp1, typename TOp2>
struct OperDeviceType_<MyOper, TOp1, TOp2> {
    using type = typename TOp2::DeviceType;
};
```

5.4.2 辅助类模板 OperXXX_

对于每个具体的运算 XXX，我们引入了一个类模板 OperXXX_用于判断输入参数的合法性，并在输入参数合法时构造表示该运算的模板表达式。这个模板并非通过特化而引入的。我们将在后续讨论具体的运算时，看到该模板的示例。

5.4.3 辅助类模板 OperCateCal

OperCateCal 是一个元函数，基于运算标签与输入参数的类别，推断出运算结果的类别。其定义如下[①]：

```
template <typename TOpTag, typename THead,
          typename...TRemain>
using OperCateCal
    = typename CateInduce_<TOpTag,
                          Data2Cate<THead, TRemain...>>::type;
```

它的输入为运算的标签以及每个参数的类型，输出为该操作结果所对应的类别标签。

① 为了保持排版的简洁，文中的定义省略了名字空间相关的信息。其完整定义可以在源代码中找到。

比如：

```
1  OperCateCal<BinaryOpTags::Add,
2              Matrix<float, DeviceTags::CPU>,
3              TrivalMatrix<float, DeviceTags::CPU>>
```

将返回 CategoryTags::Matrix。这表示两个矩阵（一个一般意义上的矩阵与一个平凡矩阵）相加，最终的结果还是矩阵。从这个例子中可以看出，OperCateCal 并不关心运算参数的具体类型，而是关注参数所属的类别。这是合理的。对于加法运算来说，只要参与相加的是两个矩阵，无论这二者的具体类型是什么，这个运算都是合法的，同时结果也必然是个矩阵。

另外，为了便于使用，OperCateCal 输入的模板参数是具体的数据类型而非类别。为了从类型提取到相应的类别信息，我们需要借助于第 4 章所引入的元函数 DataCategory。同时，OperCateCal 要对运算所需要的每个输入参数类型进行这样的转换，因此我们引入了一个额外的元函数 Data2Cate 来依次转换每个输入参数类型——这本质上是一个循环：

```
1  template <typename TCateCont, typename...TData>
2  struct Data2Cate_
3  {
4      using type = TCateCont;
5  };
6
7  template <typename...TProcessed, typename TCur, typename...TRemain>
8  struct Data2Cate_<std::tuple<TProcessed...>, TCur, TRemain...>
9  {
10      using tmp1 = DataCategory<TCur>;
11      using tmp2 = std::tuple<TProcessed..., tmp1>;
12      using type = typename Data2Cate_<tmp2, TRemain...>::type;
13  };
14
15  template <typename THead, typename...TRemain>
16  using Data2Cate = typename Data2Cate_<std::tuple<>,
17                                        THead, TRemain...>::type;
```

循环的核心是 7～13 行。在这个部分特化中，std::tuple<TProcessed...>表示已经完成了类型到类别转换的序列，TCur 是当前要处理的类型，TRemain...是其余要处理的类型。10～12 行是一个典型的编译期顺序执行逻辑：首先调用 DataCategory 获取当前类型的类别并保存在 tmp1 中，之后将 tmp1“附加”到类别数组后面，最后递归调用 Data2Cate_处理后续的类型。

当每个输入参数的类型都转换为相应的类别之后，编译器将选择 Data2Cate_的原始模板，这个版本将直接返回转换结果：std::tuple<...>，而 tuple 中的每个元素都是一个类别标签。

在获取了输入类型所对应的类别标签后，OperCateCal 调用 CateInduce_来推断输出结果的类别。CateInduce_的实现如下：

```
1  template <typename TOpTag, typename TCateContainer>
2  struct CateInduce_;
3
4  template <typename TOpTag, typename...TCates>
5  struct CateInduce_<TOpTag, std::tuple<TCates...>>
6  {
7      using type = typename OperCategory_<TOpTag, TCates...>::type;
8  };
```

这里引入特化表明其第二个模板参数必须是 std::tuple<...>的形式。在此基础上，CateInduce_将 tuple 中的内容提取出来，并以之调用 OperCategory_。

OperCategory_的默认版本在此基础上实现了运算结果类别的推导：

```
1  template <typename TOpTag, typename THeadCate, typename...TRemainCate>
2  struct OperCategory_
3  {
4      static_assert(SameCate_<THeadCate, TRemainCate...>::value,
5                    "Data category mismatch.");
6      using type = THeadCate;
7  };
```

其中，SameCate_是一个辅助元函数，用于断言传入的类别信息 THeadCate, TRemainCate...中元素的一致性。在此基础上返回 THeadCate，即输入参数的类别。

这种设计对于大部分运算来说都是合理的。考虑矩阵相加的情形：此时 OperCategory_模板将会被实例化成如下的样子。

```
1  struct OperCategory_<BinaryOpTags::Add,
2                       CategoryTags::Matrix, CategoryTags::Matrix>
3  {
4      static_assert(SameCate_<CategoryTags::Matrix,
5                              CategoryTags::Matrix>::value,
6                              "Data category mismatch.");
7      using type = CategoryTags::Matrix;
8  };
```

这个元函数将返回 CategoryTags::Matrix 作为运算的输出类型。

当然，也存在特殊的运算，导致 OperCategory_的默认版本行为是错误的。此时就需要特化这个元函数，提供修正后的行为了——我们会在后文中看到这样的例子。

5.4.4 辅助类模板 OperOrganizer

OperOrganizer 类模板用于提供尺寸相关的接口。其声明如下：

```
1  template <typename TOpTag, typename TCate>
2  class OperOrganizer;
```

它接收两个参数：TOpTag 表示操作标签，而 TCate 表示操作结果的类别标签。比如，对于矩阵加法来说，相应的 OperOrganizer 实例为 OperOrganizer<BinaryOpTags::Add,

CategoryTags::Matrix>。

不同的数据类别表示尺寸信息的接口也不同。比如，矩阵应当提供 RowNum 与 ColNum 表示其行数与列数；矩阵列表则在此基础上提供额外的 BatchNum 接口表示其中矩阵的个数。因此，OperOrganizer 需要针对不同的数据类别进行特化，在每个特化版本中引入相应的接口实现。

针对标量的特化

OperOrganizer 针对标量的特化版本如下所示：

```
1  template <typename TOpTag>
2  class OperOrganizer<TOpTag, CategoryTags::Scalar>
3  {
4  public:
5      template <typename THead, typename...TRemain>
6      OperOrganizer(const THead&, const TRemain&...) {}
7  };
```

它实际上是一个平凡的实现。MetaNN 并不对标量在尺寸接口上提出任何要求，相应地，这个针对标量的特化版本不需要引入任何尺寸相关的接口。但我们还是为标量引入了 OperOrganizer 模板的特化：OperOrganizer 将作为运算模板的基类使用，引入这个特化就可以保证所有运算模板都可以派生自相应的 OperOrganizer 基类，而无需关注运算的结果是否为标量。

需要说明的是，所有的 OperOrganizer 特化版本中都包含了一个模板构造函数、接收运算的输入参数并由此计算出运算结果的尺寸信息（5～6 行）。虽然标量并不包含任何尺寸接口，但我们还是引入了这个构造函数——这会简化 OperOrganizer 的调用。我们将在后续看到，因为统一了构造函数的形式，所以在运算模板中可以用统一的方式调用 OperOrganizer 基类的构造函数。

针对标量列表的特化

相比标量的版本来说，OperOrganizer 标量列表的版本则提供标量列表所需要支持的尺寸逻辑：

```
1  template <typename TOpTag>
2  class OperOrganizer<TOpTag, CategoryTags::BatchScalar>
3  {
4  private:
5      template <typename THead, typename...TRemain>
6      bool SameDim(const THead&, const TRemain&...)
7      {
8          return true;
9      }
10
11      template <typename THead, typename TCur, typename...TRemain>
```

```
12        bool SameDim(const THead& head, const TCur& cur,
13                     const TRemain&...rem)
14        {
15            const bool tmp = (head.BatchNum() == cur.BatchNum());
16            return tmp && SameDim(cur, rem...);
17        }
18
19    public:
20        template <typename THead, typename...TRemain>
21        OperOrganizer(const THead& head, const TRemain&... rem)
22            : m_batchNum(head.BatchNum())
23        {
24            assert(SameDim(head, rem...));
25        }
26
27        size_t BatchNum() const { return m_batchNum; }
28
29    private:
30        size_t m_batchNum;
31    };
```

标量列表需要提供 BatchNum()接口，返回列表中元素的个数。根据 MetaNN 中运算模板的设计思想，我们在这里提供了一个尺寸接口的默认实现。它会假定运算所接收到的所有输入参数都是标量列表，同时每个列表的 BatchNum()应具有相同的值（即具有相同的尺寸），在此基础上，将第一个参数的 BatchNum()值作为操作结果中的元素个数。

为了实现这种默认行为，OperOrganizer 的这个特化版本在其内部实现了 SameDim 函数，用于判断输入参数的尺寸是否符合要求。在其构造函数中，OperOrganizer 调用了这个函数进行断言，并将第一个参数 head 中的元素个数保存起来，供上层调用 BatchNum()接口时返回（第 27 行）。

其他的特化版本

OperOrganizer 针对 CategoryTags::Matrix 与 CategoryTags::BatchMatrix 引入了类似的特化。这些特化版本的逻辑与针对 CategoryTags::BatchScalar 的特化很相似，这里就不一一赘述了，只说明两点。

- OperOrganizer<TOpTag, CategoryTags::Matrix>提供了 RowNum()与 ColNum()接口用于返回结果矩阵的行数、列数。
- OperOrganizer<TOpTag, CategoryTags::BatchMatrix>进一步提供了 BatchNum()接口用于返回矩阵列表中包含的矩阵个数。

5.4.5 辅助类模板 OperSeq

OperSeq 是最后一个辅助模板，用来封装求值相关的逻辑。这个元函数会调用一系列的辅助（元）函数，它们一起实现了对某个运算模板的求值。

在第 4 章中，我们提到了数据类型应当提供求值接口以转换为相应的主体数据类型。作为一种复合类型，运算模板也不例外。运算模板的求值逻辑正是调用了 OperSeq 中相应的计算逻辑来完成到主体数据类型的转换。

每个运算都需要引入相应的 OperSeq 特化，而一个 OperSeq 特化的版本可能会封装若干求值方法。每种求值方法都对应一种具体的计算情形，程序会在编译期与运行期根据实际的上下文来选择适当的方法完成求值——这都是为了确保求值的高效性与稳定性。我们会在第 8 章详细讨论这一部分的逻辑。

5.5 运算模板的框架

在有了上述辅助模板的支持后，我们就可以构造运算模板的框架了。MetaNN 引入了 3 个类模板：

```
1  template <typename TOpTag,
2            typename TData>
3  class UnaryOp;
4
5  template <typename TOpTag,
6            typename TData1, typename TData2>
7  class BinaryOp;
8
9  template <typename TOpTag,
10            typename TData1, typename TData2, typename TData3>
11  class TernaryOp;
```

它们接收运算标签以及相应的输入参数类型作为模板参数，分别用于表示一元操作、二元操作与三元操作。

接下来，我们将以一元运算模板 UnaryOp 为例讲解它们的实现。其余的两个模板只是接收的输入参数个数不同，与 UnaryOp 相比没有本质的区别，因此就不在这里赘述了。有了前文所引入的辅助模板，因此运算模板本身的实现逻辑就会简化很多。我们将首先为运算模板引入类别标签，之后再回过头来看一下运算模板的定义。

5.5.1 运算模板的类别标签

运算模板可以被视为一种复合的数据类型，MetaNN 中所有的数据类型都要关联相应的类别标签，运算模板也不例外。对于 UnaryOp 来说，我们采用了如下方式指定其标签：

```
1  template <typename TOpTag, typename TData>
2  constexpr bool IsScalar<UnaryOp<TOpTag, TData>>
3      = std::is_same<OperCateCal<TOpTag, TData>,
4                     CategoryTags::Scalar>::value;
5
```

```
6   template <typename TOpTag, typename TData>
7   constexpr bool IsMatrix<UnaryOp<TOpTag, TData>>
8       = std::is_same<OperCateCal<TOpTag, TData>,
9                      CategoryTags::Matrix>::value;
10
11  template <typename TOpTag, typename TData>
12  constexpr bool IsBatchScalar<UnaryOp<TOpTag, TData>>
13      = std::is_same<OperCateCal<TOpTag, TData>,
14                     CategoryTags::BatchScalar>::value;
15
16  template <typename TOpTag, typename TData>
17  constexpr bool IsBatchMatrix<UnaryOp<TOpTag, TData>>
18      = std::is_same<OperCateCal<TOpTag, TData>,
19                     CategoryTags::BatchMatrix>::value;
```

运算模板是运算结果的抽象，运算模板的类别标签也就是运算结果的类别标签。上述代码通过运算结果的类别标签对运算模板进行分类。

这些元函数调用 OperCateCal<TOpTag, TData>获取运算结果的类别，并与 CategoryTags::BatchScalar 等标签进行比较来实现类型计算。OperCateCal 接收输入的参数类型，返回输出的类别标签，在此基础上我们使用了 std::is_same 对返回的标签进行判断，并基于该结果设置 IsXXX 元函数的特化。这样，我们就给出了当前运算的类别标签。

5.5.2 UnaryOp 的定义

UnaryOp 的定义如下[①]：

```
1   template <typename TOpTag, typename TData>
2   class UnaryOp
3       : public OperOrganizer<TOpTag, OperCateCal<TOpTag, TData>>
4   {
5       static_assert(std::is_same<RemConstRef<TData>, TData>::value,
6                     "TData is not an available type");
7   public:
8       using ElementType = typename OperElementType_<TOpTag, TData>::type;
9       using DeviceType = typename OperDeviceType_<TOpTag, TData>::type;
10
11  public:
12      UnaryOp(TData data)
13          : OperOrganizer<TOpTag, Cate>(data)
14          , m_data(std::move(data)) {}
15
16      // 求值相关接口
17      // ...
18
19      const TData& Operand() const
20      {
21          return m_data;
22      }
```

① 与第 4 章讨论类似，我们在这里忽略了求值相关的接口，求值相关的内容会放到第 8 章统一讨论。

```
23
24   private:
25       TData m_data;
26
27       // 求值相关的数据成员
28       // ...
29   };
```

这个类接收两个模板参数，TOpTag 表示运算标签，而 TData 则表示了输入参数的类型。由于一元运算符只包含一个参数，因此除了 TopTag，UnaryOp 也只需要一个模板参数来表示输入数据。

在确定了运算标签与输入参数类型后，就可以实现 UnaryOp 类模板了。这个类模板派生自 OperOrganizer<TOpTag, OperCateCal<TOpTag, TData>>——这个类提供了 UnaryOp 所需要提供的尺寸接口。在 UnaryOp 内部，它使用 OperElementType_与 OperDeviceType_获取相应的计算单元与计算设备。而在求值相关的接口中，UnaryOp 则会调用 OperSeq 来实现实际的计算。

除了上述内容，为了能完成后期的求值，UnaryOp 还需要在其内部保存相应的输入参数。UnaryOp 声明 m_data 来保存输入参数，输入参数的具体对象是在构造函数中传入的。UnaryOp 没有提供方法来改变输入参数，即不提供写接口——正如前文所讨论的那样，在表达式模板中提供写操作的意义不大。但 UnaryOp 提供了读接口 Operand 用于返回输入参数。在求值过程中，可以使用该接口获取表达式模板的内部信息，从而能够更好地进行求值优化。

5.6 运算实现示例

5.6.1 Sigmoid 运算

这里以 Sigmoid 操作作为第一个示例来讨论具体运算的实现。这个运算的逻辑非常简单，不会涉及对 OperOrganizer 与 OperCategory_的默认逻辑的调整——这两个元函数所提供的默认行为就已经满足了 Sigmoid 的要求了。

Sigmoid 是神经网络中的一种运算，用于将一个实数映射到（0,1）的区间中。它的计算公式是：

$$S(x)=\frac{1}{1+e^{-x}}$$

当 x 趋于正或负无穷大时，这个函数的值趋于 1 或 0。这个函数通常在神经网络作为非线性变换层使用。

神经网络的主要处理单元是矩阵，相应地，我们需要实现接收矩阵为参数的 Sigmoid

运算——其行为就是对矩阵中的每个元素计算 Sigmoid 值。另外，我们希望该运算可以支持矩阵列表——以支持同时处理多个矩阵。因此，Sigmoid 运算应当对矩阵与矩阵列表都是有效的。

函数接口

Sigmoid 操作的函数接口定义如下：

```
1  template <typename TP,
2            std::enable_if_t<OperSigmoid_<TP>::valid>* = nullptr>
3  auto Sigmoid(TP&& p_m)
4  {
5      return OperSigmoid_<TP>::Eval(std::forward<TP>(p_m));
6  }
```

它是一个函数模板，接收 TP 类型的对象并返回 Sigmoid 所对应的运算模板对象。让我们仔细分析一下这段代码，看看它都做了什么。

首先，作为一个函数模板，Sigmoid 包含了两个模板参数。但它的第二个模板参数实际上是一个 enable_if_t 的元函数。回忆一下我们在第 1 章所讨论的关于这个元函数的知识就不难理解：这个参数实际上构成了一个选择逻辑，只有在 OperSigmoid_<TP>::valid 为真时，它所对应的代码才会编译，否则将触发系统的 SFINAE 机制，被编译器拒绝。

换句话说，OperSigmoid_<TP>::valid 本质上是一个选择器，用于确保函数输入参数的合法性。如果 TP 是合法的参数类型，那么这个元函数将返回 true，触发编译；否则元函数将返回 false，拒绝编译。因为这里是 Sigmoid 的函数唯一的版本了，如果编译器拒绝了将某个 Sigmoid 调用关联到这个函数上来时，那么就会产生编译错误，提示用户 Sigmoid 函数被误用。

我们将在下一节分析 OperSigmoid_<TP>::valid 的实现。但在此之前，让我们先把 Sigmoid 函数分析完。函数的第 3 行给出了其签名。注意到函数的返回类型在这里被设置成 auto——这是 C++ 14 的特性，表明其实际的返回类型由函数体的 return 语句决定。

这个函数的函数体只包含一条语句（第 5 行）。它调用了 OperSigmoid_<TP>::Eval 这个函数，并将输入参数通过 std::forward 转发给它。Sigmoid 函数返回 OperSigmoid_<TP>::Eval 的结果，相应的 Sigmoid 函数的返回类型也就是 OperSigmoid_<TP>::Eval 的返回类型了。

通过对上述代码的分析不难看出，整个代码的核心逻辑都被封装在了 OperSigmoid_模板中。正如本章开头所讨论的那样，OperSigmoid_是运算模板的一个辅助模板。而在这里，OperSigmoid_的作用是判断 Sigmoid 参数的合法性，以及生成操作所对应的 UnaryOp 对象。

OperSigmoid_模板

OperSigmoid_模板的定义如下：

```
template <typename TP>
struct OperSigmoid_
{
private:
    using rawM = RemConstRef<TP>;

public:
    static constexpr bool valid = IsMatrix<rawM> ||
                                  IsBatchMatrix<rawM>;

 public:
     static auto Eval(TP&& p_m)
     {
         using ResType = UnaryOp<UnaryOpTags::Sigmoid, rawM>;
         return ResType(std::forward<TP>(p_m));
     }
 };
```

这个模板接收模板参数 TP，表示输入参数的类型。在其内部，它首先使用 RemConstRef 去掉了该类型中的常量与引用信息（如果有的话），并将去掉了这些信息的类型保存在 rawM 中。

代码的 8～9 行定义了 valid 常量。Sigmoid 函数只支持矩阵或者矩阵列表，因此我们在这里通过 IsMatrix 与 IsBatchMatrix 对输入的参数类别标签进行检测并将结果放入 valid 中。这个编译期常量将被用于 Sigmoid 函数接口中，作为 std::enable_if_t 的输入。

OperSigmoid_::Eval 接收输入参数 p_m，在其内部推断出应返回的运算模板类型 UnaryOp<UnaryOpTags::Sigmoid, rawM>，之后使用 p_m 作为该类型的参数，构造出 UnaryOp 对象并返回。

用户调用

至此，我们已经完成了 Sigmoid 运算一半的工作[①]：它成功地构造出了 UnaryOp 对象，并将该对象返回给了用户。基于这套逻辑，用户可以使用如下的代码来实现 Sigmoid 运算：

```
Matrix<...> mat;
Batch<Matrix<...>> bmat;

// 为矩阵与矩阵列表添加数据 ...

auto s1 = Sigmoid(mat);
auto s2 = Sigmoid(bmat);
auto s3 = Sigmoid(1.0);     // 错误
```

6～7 行分别针对矩阵与矩阵列表调用了 Sigmoid 函数，形成了运算模板对象。这里有两点需要说明。首先，无论是矩阵还是矩阵列表，都可以作为 Sigmoid 函数的参数，系统将根据输入参数的类别标签自动地构造相应的操作对象。反之，第 8 行的调用则会触发编

① 另一半工作是编写求值相关的逻辑，这部分留到第 8 章讨论。

译错误，因为我们定义的 Sigmoid 函数不支持 double 类型。

其次，使用矩阵与矩阵列表构造出的运算对象类型不同。但框架的用户是不需要关心具体的数据类型的。这里使用了 C++ 11 中的特性 auto 来声明 s1 与 s2 的类型。s1 与 s2 的具体类型将由编译器推导得到。

至此，我们已经了解了 Sigmoid 接口在构造运算模板时的逻辑细节。Sigmoid 模板是一个相对简单的运算实现，但它的一些设计思想也会被用于设计更复杂的运算逻辑。

5.6.2 Add 运算

Add 运算比 Sigmoid 复杂一些。这是因为它是一个二元运算符，要同时处理标量、矩阵与矩阵列表 3 种类型的参数。

当前，MetaNN 不支持标量加法的运算——通常来说，我们也无需这么做。因为像两个浮点标量的相加，可以直接通过 C++提供的内建操作来实现——但除此之外，我们则需要支持很多种类的加法，比如以下内容。

- **标量与矩阵相加**：其行为是将标量加到矩阵的每个元素中。
- **标量与矩阵列表相加**：其行为是将标量加到矩阵列表的每个元素中。
- **矩阵与矩阵相加**：将矩阵对应的元素相加。
- **矩阵与矩阵列表相加**：将矩阵列表中的每个元素（矩阵）与另一个操作数相加。
- **矩阵列表相加**：要求两个矩阵列表中包含相同的矩阵数目，在此基础上将列表中的对应矩阵相加。

考虑到加法还支持交换率，因此我们需要处理更多种参数输入的组合。

函数接口

虽然要支持的加法种类有很多，但我们并不希望为每种加法提供一整套实现逻辑。与此相反，我们还是希望最大程度地进行代码复用。在 MetaNN 中，表示操作数相加的接口只有一个[①]：

```
1  template <typename TP1, typename TP2,
2            std::enable_if_t<OperAdd_<TP1, TP2>::valid>* = nullptr>
3  auto operator+ (TP1&& p_m1, TP2&& p_m2)
4  {
5      using Cate1 = DataCategory<TP1>;
6      using Cate2 = DataCategory<TP2>;
7      return OperAdd_<TP1, TP2>:: template Eval<Cate1, Cate2>
8                 (std::forward<TP1>(p_m1), std::forward<TP2>(p_m2));
9  }
```

首先，作为一个函数模板，operator +引入了 3 个模板参数：前两个模板参数表示操作

① 当然，作为一个函数模板，这个接口可能会被编译器实例化出多个版本。

数的类型，最后一个模板参数用于引入限制——确保只有 OperAdd_<TP1, TP2>::valid 为真的类型组合才会触发这个模板的编译。

在函数模板的内部引入了两个类型 Cate1 与 Cate2，分别表示两个输入参数的类别标签。在此基础上，这个函数调用了 OperAdd_::Eval 函数模板构造对应加法的模板表达式并返回。

注意到这里与 Sigmoid 的不同：OperSigmoid_::Eval 并非函数模板，这是因为它不需要根据其输入参数类别的不同而引入不同的操作。但对于 Add 来说，它要通过一个接口支持不同的加法行为，这在本质上就是一种分支逻辑。我们通过为 OperAdd_::Eval 引入模板参数来实现这种编译期的分支。

OperAdd_<TP1,TP2>::Eval 接收 TP1 与 TP2 对应的类别标签为模板参数。为了在 C++ 中明确指出它是一个函数模板，从而让编译器将 Eval 后面的尖括号解释为模板参数的开头而非小于号，我们需要在 Eval 前面明确给出 template 关键字——这也是 C++标准所规定的。

这个函数其余部分的逻辑与 Sigmoid 函数很类似，只不过 Sigmoid 是一元操作符，而加法则是二元操作符，因此会涉及更多参数的传递而已。

接下来，让我们看一下 OperAdd_的实现，了解一下它是如何处理不同类型的加法的。

OperAdd_的实现框架

OperAdd_的实现框架如下所示[1]：

```
1   template <typename TP1, typename TP2>
2   struct OperAdd_
3   {
4       // valid check
5   private:
6       using rawM1 = RemConstRef<TP1>;
7       using rawM2 = RemConstRef<TP2>;
8
9   public:
10      static constexpr bool valid
11          = (IsMatrix<rawM1> && IsMatrix<rawM2>) ||
12            (IsMatrix<rawM1> && IsScalar<rawM2>) ||
13            (IsScalar<rawM1> && IsMatrix<rawM2>) ||
14            (IsBatchMatrix<rawM1> && IsMatrix<rawM2>) ||
15            (IsBatchMatrix<rawM1> && IsBatchMatrix<rawM2>);
16
17      template <typename X1, typename X2>
18      constexpr static bool Imp = std::is_same<X1, X2>::value;
19
20      using CT = CategoryTags;
21
22      template <typename T1, typename T2,
23                std::enable_if_t<Imp<T1, T2>>* = nullptr>
```

① 为了便于排版，这里引入了两个辅助的元函数：Imp 用于调用 std::is_same 来判断两个类型是否相同，而 CT 则是 CategoryTags 的简写。在随书源代码中是没有这两行的。

```
24      static auto Eval(TP1&& p_m1, TP2&& p_m2);
25
26      template <typename T1, typename T2,
27                std::enable_if_t<Imp<CT::BatchMatrix, T1>>* = nullptr,
28                std::enable_if_t<Imp<CT::Matrix, T2>>* = nullptr>
29      static auto Eval(TP1&& p_m1, TP2&& p_m2)
30
31      // 其他 Eval 函数...
32  };
```

我们在这里只实现了前文所描述的加法组合中的一部分。但即使如此，OperAdd_也比OperSigmoid_复杂很多了——主要的原因是它要支持不同的参数类别。

首先，OperAdd_枚举了它所支持的加法类型组合，并将其赋予 valid 成员。比如，它支持矩阵相加（定义于第 11 行）；支持矩阵与标量相加（定义于 12～13 行）……

之后，OperAdd_为每一种可能的加法操作引入了相应的 Eval 函数模板。注意此时，Eval 模板中的前两个模板参数是操作数对应的类别标签，而非操作数的类型。Eval 模板会利用这个信息构造相应的分支逻辑，确保编译器可以选择到正确的 Eval 版本。

OperAdd_::Eval 的实现

OperAdd_::Eval 会为每种加法引入相应的实现。本节只会选择其中的几种进行讨论，相信在此基础上，读者能自己阅读并理解其余的实现逻辑。

如果参与相加的两个参数属于相同的类别（比如进行相加的两个参数都是矩阵或者都是矩阵列表），那么 OperAdd_::Eval 的实现是平凡的：

```
1   template <typename T1, typename T2,
2             std::enable_if_t<Imp<T1, T2>>* = nullptr>
3   static auto Eval(TP1&& p_m1, TP2&& p_m2)
4   {
5       static_assert(std::is_same<typename rawM1::DeviceType,
6                                  typename rawM2::DeviceType>::value,
7                     "Matrices with different device types cannot add directly");
8       static_assert(std::is_same<typename rawM1::ElementType,
9                                  typename rawM2::ElementType>::value,
10                    "Matrices with different element types cannot add directly");
11
12      using ResType = BinaryOp<BinaryOpTags::Add, rawM1, rawM2>;
13      return ResType(std::forward<TP1>(p_m1), std::forward<TP2>(p_m2));
14  }
```

它首先判断两个操作数的设备类型与元素类型是否相同（5～10 行），如果不一致则不允许相加。在此基础上，构造出相应的 BinaryOp 对象并返回（12～13 行）。

矩阵与标量相加则复杂一些：我们不能在构造 BinaryOp 时直接传入矩阵与标量，因为这会造成运算输入参数的标签不同。根据之前的讨论，运算模板在确定计算结果的类别标签时，采用的默认方式是首先确保其操作数的类别标签相同，并在此基础上返回第一个操作数的类别标签。如果运算输入的类别标签不同，那么我们将无法利用这个默认的行为，不得不引入相应的特化来进行特殊处理。

MetaNN 利用了第 4 章讨论的平凡矩阵巧妙地回避了这个问题：

```
1  template<typename T1, typename T2,
2            std::enable_if_t<Imp<CT::Scalar, T1>::value>* = nullptr,
3            std::enable_if_t<Imp<CT::Matrix, T2>::value>* = nullptr>
4  static auto Eval(TP1&& p_m1, TP2&& p_m2)
5  {
6      using ElementType = typename rawM2::ElementType;
7      using DeviceType = typename rawM2::DeviceType;
8      auto tmpMatrix
9          = MakeTrivalMatrix<ElementType, DeviceType>(p_m2.RowNum(),
10                                                     p_m2.ColNum(),
11                                                     p_m1);
12
13      using ResType = BinaryOp<BinaryOpTags::Add,
14                               RemConstRef<decltype(tmpMatrix)>,
15                               rawM2>;
16      return ResType(std::move(tmpMatrix), std::forward<TP2>(p_m2));
17  }
```

对于第一个操作数是标量，第二个操作数是矩阵的情况，我们可以根据第二个操作数的信息构造出第一个操作数所对应的平凡矩阵（6～11 行）。之后以这个平凡矩阵作为加法的操作数即可。

而加法支持交换率，因此在有了矩阵与标量相加的版本后，可以很容易地实现标量与矩阵相加的版本：

```
1  template <typename T1, typename T2,
2            std::enable_if_t<Imp<CT::Matrix, T1>>* = nullptr,
3            std::enable_if_t<Imp<CT::Scalar, T2>>* = nullptr>
4  static auto Eval(TP1&& p_m1, TP2&& p_m2)
5  {
6      return OperAdd_<TP2, TP1>::
7          template Eval<T2, T1>(std::forward<TP2>(p_m2),
8              std::forward<TP1>(p_m1));
9  }
```

OperAdd_ 其他的 Eval 函数也采用了类似的机制进行实现，比如在实现矩阵与矩阵列表进行相加时，是将矩阵转换成了 Duplicate 类型的矩阵列表，然后构造矩阵列表相加的模板：相关代码留给读者自行分析。

求和与 Sigmoid 操作有一个共同的特点：它们不会修改 OperOrganizer 与 OperCategory_ 的默认行为。MetaNN 中大部分的运算都具有这种特性。但也会存在一些特殊的运算，它们需要修改这两个类模板的默认行为。转置运算就是一个典型的例子。

5.6.3 转置运算

转置是一元矩阵运算，它接收 $N \times M$ 的矩阵 x，返回 $M \times N$ 的矩阵 y，满足 $x(i, j)=y(j, i)$。

MetaNN 对其进行了扩展，使得它支持矩阵列表：其行为是对列表中的每个矩阵进行转置，并将结果组成新的矩阵列表并返回。

与求和、Sigmoid 等运算相比，转置运算最大的区别就是要修改 OperOrganizer 的默认行为：其输入、输出矩阵的行列数不再相同。我们需要引入 OperOrganizer 的特化来描述这种变化：

```
1   template <>
2   class OperOrganizer<UnaryOpTags::Transpose, CategoryTags::Matrix>
3   {
4   public:
5       template <typename TData>
6       OperOrganizer(const TData& data)
7           : m_rowNum(data.ColNum())
8           , m_colNum(data.RowNum())
9       { }
10
11      size_t RowNum() const { return m_rowNum; }
12      size_t ColNum() const { return m_colNum; }
13
14  private:
15      size_t m_rowNum;
16      size_t m_colNum;
17  };
18
19  template <>
20  class OperOrganizer<UnaryOpTags::Transpose, CategoryTags::BatchMatrix>
21      : public OperOrganizer<UnaryOpTags::Transpose, CategoryTags::Matrix>
22  {
23      using BaseType = OperOrganizer<UnaryOpTags::Transpose,
24                                     CategoryTags::Matrix>;
25  public:
26      template <typename TData>
27      OperOrganizer(const TData& data)
28          : BaseType(data)
29          , m_batchNum(data.BatchNum())
30      { }
31
32      size_t BatchNum() const { return m_batchNum; }
33
34  private:
35      size_t m_batchNum;
36  };
```

OperOrganizer 接收两个模板参数：运算标签以及操作数的类型。对于转置运算来说，其标签是 UnaryOpTags::Transpose。转置操作要同时支持矩阵与矩阵列表，因此我们需要为这两种操作数类型分别引入相应的特化。

对于矩阵的特化来说，在构造 OperOrganizer 的对象时，可以将传入参数的列数与行数分别赋予 OperOrganizer 对象的行数与列数，用于表示转置操作导致的矩阵尺寸变化（7～8 行）。而矩阵列表的特化版本则派生自矩阵的特化版本，使用矩阵的特化版本记录行数、列数，只在派生类中维护矩阵个数即可。虽然在 MetaNN 中，我们并不将矩阵列表视为一种特殊的矩阵，但矩阵与矩阵列表均提供了行数、列数的接口，因此使用这种派生可以在一定程度上简化代码的编写。

除了上述差异，转置与 Sigmoid 的其他部分就非常类似了。

转置修改了 OperOrganizer 的默认逻辑，用于改变操作结果的维度信息。除此之外，我们还可以修改 OperCategory_从而支持输入与输出类别不同的操作。

5.6.4 折叠运算

折叠（Collapse）操作就是一种典型的输入与输出类别不同的运算。它的输入是矩阵列表，将列表中的矩阵求和，生成结果矩阵并输出。它不满足 OperCategory_的默认行为——输入输出的类别标签相同。在实现该操作时，我们需要特化 OperCategory_：

```
1  template <>
2  struct OperCategory_<UnaryOpTags::Collapse,
3                       CategoryTags::BatchMatrix>
4  {
5      using type = CategoryTags::Matrix;
6  };
```

除了上述特化外，折叠运算其他部分的逻辑与其他的运算很像，这里就不再赘述了。

5.7 MetaNN 已支持的运算列表

至此，我们完成了 MetaNN 中运算设计方法的针对性讨论。在讨论的过程中，我们并没有罗列出 MetaNN 运算的全部细节，而是通过示例的方式重点介绍了其中的设计思想。当前，MetaNN 中并未引入很多的运算，我们可以按照本章所讨论的方式为 MetaNN 引入更多更丰富的运算。本节将简单列出 MetaNN 目前所支持的运算。

为了便于说明，这里用 x 或者 x_1, x_2, x_3 这样的标记表示输入参数，用 y 表示输出结果。对于矩阵 x，用 $x(i, j)$表示其第 i 行第 j 列的元素；对于矩阵列表 x，用 $x^k(i, j)$表示其第 k 个矩阵中第 i 行第 j 列的元素；对于标量列表 x，用 x^i 表示其第 i 个元素。

5.7.1 一元运算

表 5.1 列出了 MetaNN 目前支持的一元运算。表的第一列运算名称对应调用该运算所需的函数名。比如，如果要对矩阵 x 计算 Sigmoid，则可以调用 Sigmoid(x)来实现。

表 5.1 MetaNN 目前支持的一元运算

运算名称	输入类别	输出类别	实现逻辑
Abs	矩阵	矩阵	$y(i,j)=\|x(i,j)\|$
	矩阵列表	矩阵列表	$y^k(i,j)=\|x^k(i,j)\|$
Sign	矩阵	矩阵	$y(i,j)=\mathrm{sign}(x(i,j))$
	矩阵列表	矩阵列表	$y^k(i,j)=\mathrm{sign}(x^k(i,j))$
Collapse	矩阵列表	矩阵	$y(i,j)=\sum_k x^k(i,j)$
Sigmoid	矩阵	矩阵	$y(i,j)=1/(1+e^{-x(i,j)})$
	矩阵列表	矩阵列表	$y^k(i,j)=1/(1+e^{-x^k(i,j)})$
Tanh	矩阵	矩阵	$y(i,j)=\tanh(x(i,j))$
	矩阵列表	矩阵列表	$y^k(i,j)=\tanh(x^k(i,j))$
VecSoftmax	矩阵	矩阵	$y(0,i)=e^{x(0,i)}/\Sigma_j e^{x(0,j)}$
	矩阵列表	矩阵列表	$y^k(0,i)=e^{x^k(0,i)}/\Sigma_j e^{x^k(0,j)}$

VecSoftmax 用于将输入矩阵归一化。在当前的版本中，VecSoftmax 要求输入矩阵只能包含一行——即实际上是一个行向量。而如果以矩阵列表作为 VecSoftmax 的输入时，则要求矩阵列表中的每个矩阵都是一个行向量。当然，我们可以通过扩展来打破这种限制：比如允许输入的矩阵包含多行，此时 VecSoftmax 可以按照行来进行归一化。

5.7.2 二元运算

表 5.2 列出了 MetaNN 目前支持的二元运算。

表 5.2 MetaNN 目前支持的二元运算

运算名称	输入类别		输出类别	实现逻辑
	x_1	x_2		
+ - * /	矩阵	矩阵	矩阵	$y(i,j)=x_1(i,j)\circ x_2(i,j)$
	矩阵	标量	矩阵	$y(i,j)=x_1(i,j)\circ x_2$
	标量	矩阵	矩阵	$y(i,j)=x_1\circ x_2(i,j)$
	矩阵列表	矩阵列表	矩阵列表	$y^k(i,j)=x_1^k(i,j)\circ x_2^k(i,j)$
	矩阵	矩阵列表	矩阵列表	$y^k(i,j)=x_1(i,j)\circ x_2^k(i,j)$
	矩阵列表	矩阵	矩阵列表	$y^k(i,j)=x_1^k(i,j)\circ x_2(i,j)$
	标量	矩阵列表	矩阵列表	$y^k(i,j)=x_1\circ x_2^k(i,j)$
	矩阵列表	标量	矩阵列表	$y^k(i,j)=x_1^k(i,j)\circ x_2$

续表

运算名称	输入类别		输出类别	实 现 逻 辑
	x_1	x_2		
Dot	矩阵	矩阵	矩阵	$y(i,j)=\sum_k x_1(i,k)x_2(k,j)$
	矩阵列表	矩阵	矩阵列表	$y^k(i,j)=\sum_m x_1^k(i,m)x_2(m,j)$
	矩阵	矩阵列表	矩阵列表	$y^k(i,j)=\sum_m x_1(i,m)x_2^k(m,j)$
	矩阵列表	矩阵列表	矩阵列表	$y^k(i,j)=\sum_m x_1^k(i,m)x_2^k(m,j)$
NegativeLog Likelihood	矩阵	矩阵	标量	$y=-\sum_{i,j} x_1(i,j)\log(x_2(i,j))$
	矩阵列表	矩阵列表	标量列表	$y^k=-\sum_{i,j} x_1^k(i,j)\log(x_2^k(i,j))$
VecSoftmax Derivative	矩阵	矩阵	矩阵	$y=Dot(x_1,D(x_2))$
	矩阵列表	矩阵列表	矩阵列表	$y^k=Dot(x_1^k,D(x_2^k))$
Sigmoid Derivative	矩阵	矩阵	矩阵	$y(i,j)=x_1(i,j)x_2(i,j)(1-x_2(i,j))$
	矩阵列表	矩阵列表	矩阵列表	$y^k(i,j)=x_1^k(i,j)x_2^k(i,j)(1-x_2^k(i,j))$
Tanh Derivative	矩阵	矩阵	矩阵	$y(i,j)=x_1(i,j)(1-x_2(i,j)^2)$
	矩阵列表	矩阵列表	矩阵列表	$y^k(i,j)=x_1^k(i,j)(1-x_2^k(i,j)^2)$

相比一元运算来说，二元运算种类更多，计算也更复杂一些。这里对表 5.2 中的条目进行简单的解释。

首先，加减乘除可以在矩阵之间、矩阵与标量之间等进行。对于两个矩阵 A 与 B，我们可以通过 $A+B$, $A*B$ 等形式来实现矩阵中对应元素的四则运算——表 5.2 中用$\circ$表示实际进行的运算。

除了可以将对应元素相乘，矩阵还需要支持点乘运算。点乘运算使用 Dot 函数作为接口：Dot(A,B)将返回运算模板，表示 A 与 B 点乘的结果。Dot 还可以在矩阵与矩阵列表、矩阵列表间进行——此时的行为是列表中的对应矩阵点乘。

VecSoftmaxDerivative 对应了 VecSoftmax 的求导运算。其输入是上层传播过来的输入梯度（x_2）与之前做 Softmax 的计算结果（x_2）。在运算内部会首先对 x_2 进行变换，构造 Jacobian 矩阵：

$$D(x_2)_{i,j}=\begin{cases}-x_2(0,i)x_2(0,j), & i\neq j\\ x_2(0,i)(1-x_2(0,i)), & i=j\end{cases}$$

这个结果将与 x_2 点乘后返回。

SigmoidDerivative 与 TanhDerivative 分别对应了 Sigmoid 与 Tanh 的求导运算。以前者为例，因为对于 Sigmoid 来说，有

$$S(x) = \frac{1}{1+e^{-x}}$$

所以，

$$S'(x) = \frac{e^{-x}}{(1+e^{-x})^2} = S(x)(1-S(x))$$

当操作以 $S(x)$为输入时，$S(x)(1-S(x))$就是 $S'(x)$的值。这个值会与输入梯度相乘并作为新的梯度继续传播。因此，这个操作要接收两个参数：输入梯度 x_2 与 Sigmoid 之前的计算结果 x_2，在此基础上输出新的梯度值。

5.7.3　三元运算

MetaNN 目前支持两个三元运算：NegativeLogLikelihoodDerivative 与 Interpolate。

NegativeLogLikelihoodDerivative 对应了 NegativeLogLikelihood 的导数。它接收 3 个输入参数，分别是上层传输过来的输入梯度（x_2），标注信息（x_2）以及神经网络的计算结果（x_3）。其中，

- 标注与神经网络计算结果可以是矩阵，相应的梯度为标量，计算方式为：

$$y(i,j) = -x_1 x_2(i,j) / x_3(i,j)$$

- 标注与神经网络计算结果可以是矩阵列表，相应的梯度为标量列表，计算方式为：

$$y^k(i,j) = -x_1^k x_2^k(i,j) / x_3^k(i,j)$$

插值函数 Interpolate 接收 3 个参数：x_2 与 x_2 为两个矩阵或矩阵列表，x_3 为插值系数矩阵或矩阵列表，对于输入为矩阵的版本来说：

$$y(i,j) = x_1(i,j)x_3(i,j) + x_2(i,j)(1-x_3(i,j))$$

对于输入为矩阵列表的版本来说：

$$y^k(i,j) = x_1^k(i,j)x_3^k(i,j) + x_2^k(i,j)(1-x_3^k(i,j))$$

以上就是 MetaNN 目前所实现的全部运算了。深度学习是一个发展非常快的领域，新的处理方法层出不穷。当前来说，MetaNN 的目的并非引入大量的运算，而是通过引入若干典型的运算来讨论在这个框架中运算的编写方式。MetaNN 本身是可扩展的，可以采用本章讨论的方法为其引入更多的运算。

5.8　运算的折衷与局限性

5.8.1　运算的折衷

很多时候，引入运算所涉及的主要问题并非代码的编写，而是在“使用现有运算组合”

与“引入新的运算函数”之间进行折衷——这更多的是一个设计方面的问题。很多运算都可以由其他的运算组合得到，典型的例子是：可以通过矩阵的元素乘法与元素加法组合出元素减法：

$$A - B = A + (-1) \times B$$

那么，是否有必要引入减法呢？本质上，表达式模板本身可以被视为一种树形结构。如果我们选择使用现有运算的组合来形成新的运算，这就会使得整个表达式树加深——比如，在引入减法运算的前提下，为了构造一棵表示减法的运算树结构，我们只需要一个根节点表示运算结果，两个叶子节点表示操作数；但如果采用加法与乘法对减法进行“模拟”，那么构造出的减法树就需要 5 个节点表示：需要用 3 个节点表示乘法的操作数与乘法结果，另外两个节点分别表示另一个操作数与减法结果。树的深度增加会增大后期优化的难度。

另一方面，我们也不能为每一种可能的运算组合都引入新的运算表达式：这将大大增加运算表达式的数目，不利于系统维护。比较好的折衷方案是：引入专门的运算函数表示深度框架中可能会被经常用到的运算，如果某项运算的使用并不是那么频繁，那么可以用多个子运算组合出来。

5.8.2 运算的局限性

运算是建立在数据上的一种构造，通过对原始数据进行组合与变换形成新的数据。它在深度学习框架中会被经常用到，但它还是一种相对底层的构造，在使用上有一定的局限性。

首先，对于并不深入了解深度学习系统的用户来说，确定在什么时候使用什么运算是件比较困难的事。作者在本章的讨论中并没有涉及很多的计算推导，大部分都是直接给出结论。比如该如何计算 Softmax 所对应的导数等。这是因为这些数学推导超出了本书所讨论的范围。但反过来，对于不熟悉这些数学原理的读者来说，看到这个部分就可能会存在一些疑问：该选择何种运算来表示另一种运算所对应的导数计算。事实上，如果将运算直接提供给最终用户使用的话，最终用户也可能存在同样的疑问。这是我们不希望看到的。

其次，运算还可能存在被误用的危险：比如对于 SigmoidDerivative 来说，它要求以 Sigmoid 的输出结果作为其输入。换句话说，假定 Sigmoid 的输入为 x，输出为 y，那么我们要以 y 作为 SigmoidDerivative 的输入，才能求得其关于 x 的导数。但这一点并未在 SigmoidDerivative 的函数声明与定义中体现出来：一种典型的误用是使用 Sigmoid 的输入作为 SigmoidDerivative 的输入：如果以 x 作为 SigmoidDerivative 的输入，那么求得的结果将是错误的。

这样的局限性要求我们引入更高级的构造，从而提供方便、不易误用的接口。我们将在下一章讨论“层”的概念，作为运算的上级组件，层会对运算进行更好的组合与封装。

5.9 小结

本章讨论了 MetaNN 中运算的设计与实现。

MetaNN 使用模板表达式来表示运算。模板表达式是运算与数据之间的桥梁，它对运算进行了封装，同时提供了数据所需要支持的接口。通过模板表达式，我们将运算的求值过程后移，以提供更大的优化空间。

作为一个深度学习框架，MetaNN 需要支持不同类型的运算，并提供足够方便的扩展接口。为了达到这个目的，我们引入了若干辅助类模板，分别封装了运算所涉及的不同部分，通过对这些辅助类模板进行特化，可以引入不同的运算行为。

本章给出了若干运算实现的具体示例，并罗列出了 MetaNN 目前所支持的运算。这些都可以作为运算实现的有益参考。

表示运算的模板表达式封装了运算中大量的实现细节，使得其接口尽量简单。但即使如此，运算所提供的接口还是不够友好，具有一些局限性——过多的运算会让用户出现选择困难以及误用。为了解决这个问题，我们将在下一章引入“层”的概念，进行进一步的封装，提供更好的接口。

5.10 练习

1. 在本章中，我们引入了元函数 OperCategory_：

```
template <typename TOpTag, typename THeadCate,
          typename...TRemainCate>
using OperCategory_ = ...
```

如果将这个元函数的声明改成如下的形式：

```
template <typename TOpTag, typename TCates...>
using OperCategory_ = ...
```

修改前与修改后的元函数行为会有什么区别？分析一下，哪种比较好？

2. OperCateCal 会调用 CateInduce_元函数，将输入的 tuple 数组解包，提取其中的元素并调用 OperCategory_。能否让 OperCateCal 直接调用 OperCategory_？这样设计有什么优劣？
3. 阅读并分析 BinaryOp 与 TernaryOp 的实现代码。
4. 阅读并分析 MetaNN 目前所实现的运算，理解具体运算是如何通过辅助函数与运算框架相关联的。

5. 并非所有的运算都需要引入相应的求导运算，比如矩阵的四则运算、Dot 乘法运算，MetaNN 都没有引入相应的求导运算。分析这种设计的原因（可以结合下一章中对相关层的讨论进行分析）。
6. 实现 ReLU 运算。ReLU 是一个一元运算符，可以接收矩阵或矩阵列表，对矩阵或矩阵列表中的每一个数据元素 x，计算 y=max(0,x)。编写程序验证实现的正确性。
7. 实现 ReLUDerivative 运算，对应于 ReLU 的求导运算。在实现前思考一下，它应当是一个几元运算符？编写程序验证实现的正确性。

第 6 章

基本层

第 5 章讨论了 MetaNN 中的运算。MetaNN 使用模板表达式来表示运算，从而将整个计算的过程后移，为系统的整体优化提供了前提。但在第 5 章的结尾，我们也谈到了运算并不是对用户友好的接口。因此，我们需要在运算的基础上再进行封装：引入“层”的概念。我们将用两章来讨论层在 MetaNN 中的实现：本章讨论 MetaNN 中的基本层，而第 7 章讨论 MetaNN 中的复合层与循环层。

层对运算进行了封装，提供对用户易用的接口。MetaNN 的用户可以通过“层”来组织深度学习网络，进行模型的训练与预测。可以说，“层”是一个非常贴进最终用户的概念。深度学习是一个发展非常快的领域，新的技术层出不穷。为了能够支持更多的技术，一方面，我们需要让整个框架可以比较容易地引入新的层；另一方面，已有的层需要足够灵活——能够支持不同的配制，在行为细节上进行调整。这些都是 MetaNN 在设计层这个概念时需要考虑的。也正是因为这种灵活性的存在，导致了我们需要通过两章来讨论其实现细节。

本章讨论基本层，其主要作用是封装运算，形成最基本的执行逻辑。第 7 章讨论的复合层则是对基本层进行的组合——这是典型的组合模式。复合层与基本层共享一些设计上的理念，因此，理解基本层的设计思路也是理解复合层的前提。

与前几章类似，在实际进行代码开发之前，我们有必要分析一下“层”这个概念应该包含哪些功能，以及要用什么样的方式引入这些功能——这些组成了层的设计理念。让我们从这一点出发，开始层的讨论。

6.1 层的设计理念

6.1.1 层的介绍

从用户的角度来看，层是组成深度学习网络的基本单元。一个深度学习网络通常需要提供两种类型的操作：训练和预测。层也需要对这二者提供相应的支持。

深度神经网络中包含了大量的参数，通常来说，这些参数以矩阵的形式保存在组成深度神经网络的层中。模型训练是指通过训练数据优化网络中的参数矩阵的过程。典型的训练方式是监督式训练：给定训练数据集(x_1, y_1)，(x_2, y_2), …, (x_n, y_n)，其中的每个(x_1, y_1)为一个样本，x_i为样本的输入信息，而y_i则是对应该样本的标注结果。训练模型的目的是调整参数矩阵，使得模型在输入x_i时，其输出与y_i尽量接近。深度神经网络的典型训练方式是：将x_i输入网络，计算出在当前参数矩阵的情况下网络的输出值，将该值与标注y_i进行比较，获取二者之间的差异[①]，并在之后根据其调整网络中的参数。

模型训练可以分成两步：根据输入信息计算网络预测结果，以及根据网络的表现调整参数矩阵。网络预测与梯度计算的顺序刚好相反。假定一个前馈网络包含了A、B两个层，在预测时，输入信息会首先输入给A，A的输出传递给B，B的输出作为整个网络的输出。那么在进行梯度计算时，表示差异的梯度数据会首先传递给B，由B进行处理后将结果再传递给A，A则会使用B传递给它的输入梯度计算其内部参数矩阵所对应的梯度。

我们使用正向传播来描述网络的预测过程，使用反向传播来描述网络参数的梯度计算过程。对于任何一个层来说，正向传播时接收的输入信息称为输入特征（或简称为输入），输出信息称为输出特征（或简称为输出）；反向传播时接收的输入信息称为输入梯度，输出信息称为输出梯度。如果该层需要对它所包含的参数矩阵进行更新，那么就需要使用输入梯度计算参数梯度，参数梯度将在反向传播后被用于更新参数矩阵。

对应上面的例子，在预测时，A接收输入产生输出，A的输出也是B的输入，而B的输出则是最终网络的输出。在反向传播时，B接收其输入梯度，计算对应于其内部参数矩阵的梯度以及输出梯度，B的输出梯度会被传递到A中，作为A的输入梯度，而A使用该梯度计算内部参数梯度与输出梯度，输出梯度会被进一步向外传递。

当整个反向传播结束后，我们就获得了每个要更新的矩阵所对应的参数梯度。之后，可以利用这些信息完成网络参数的更新。

为了支持训练过程，层需要提供两个接口，分别用于正向与反向传播。而对于纯粹的预测任务则不需要反向传播的过程。作为一个支持训练与预测的深度学习框架来说，它需要同时提供正向传播与反向传播的接口。MetaNN 在每个层中引入了 FeedForward 与 FeedBackward 作为正向与反向传播的抽象接口。可以说，它们是 MetaNN 的每个层中最关键的接口。

需要说明的是，并非所有的层都会在其内部包含参数矩阵。事实上，我们在后面看到的大部分基本层内部都不会包含参数矩阵——它们只是用于对输入信息进行变换。但这些层同样需要反向传播函数，用于产生网络中其他层所需要的输入梯度。

支持正向与反向传播是非常重要的，但这并非层所提供的全部功能。事实上，为了兼顾灵活性与高效性，MetaNN 的层在很多的实现细节上都下了一番功夫。接下来，让我们以层对象的生命周期为线索，了解一下 MetaNN 中层的设计细节。

① 通常用损失函数来表示这个差异，损失函数接收网络的预测结果与标注结果，返回一个数值，用于衡量预测结果的好坏。

6.1.2 层对象的构造

一般情况下，我们都希望层具有较好的通用性——作为构成复合层的基础，基本层就更是如此了。这种通用性往往体现在：我们希望某个层具有某种基本的行为，但可以通过参数对其行为进行一定的微调。比如：对于某个保存了参数矩阵的层来说，在通常情况下，在训练期间该层会在反向传播时计算参数梯度，供后续调整使用；但对于一些特殊的情形，我们希望固定该层所包含的参数矩阵不变，只是调整网络中其他层所包含的参数矩阵，此时该层就不需要计算参数梯度了。与之类似，我们还可能在其他方面调整一个层的行为细节。我们希望层支持一定程度的通用性：提供接口让用户来决定其行为细节。而这种行为细节的确定是在层对象构造开始就可以确定，在层的使用过程中不会发生改变。因此层在构造时应当提供接口来接收控制其行为的参数。

如果基于面向对象的编程方式来实现，我们可以使用类来表示各种层，并在类的构造函数中引入相应的参数来控制对象的后续行为。但 MetaNN 是一个泛型编程的框架，除了可以在构造函数中引入参数，我们还可以将层设置为类模板，通过为其引入模板参数来指定行为细节。这是使用模板所带来的天然的优势：比如，STL 中定义的 stack 是一个模板，其底层可以采用 vector 来实现，也可以采用 deque 或其他线性结构来实现，我们可以通过指定 stack 的模板参数来设置其底层数据结构的细节。与之类似，我们也可以通过为 MetaNN 的层引入模板参数来指定其行为细节。

使用模板参数指定行为细节有一个好处：构造函数只会在运行期被调用，而模板参数则会在编译期被处理。在编译期指定参数就可以利用编译期的一些特点引入更好的优化——这是运行期参数所不具备的。同样考虑 stack 的例子，如果 STL 要通过 stack 的构造函数来指定其底层的数据结构，那么它的实现就会复杂很多。但正是使用了模板参数，stack 可以在编译期进行数据结构上的优化，从而提升其性能。对于 MetaNN 的层来说，我们在构造函数中传入少部分参数，使用模板参数指定大部分参数。

通过构造函数传递的信息

在 MetaNN 中，如果需要的话，我们会在层的构造函数中以字符串的形式指定其名称，以及输入参数与输出结果的尺寸等信息。一个深度学习网络可能包含若干层，每个层都可能包含相应的参数矩阵。为了区分不同层之间的参数矩阵，我们需要为每个矩阵赋予一个名称。MetaNN 可以为包含了参数矩阵的层命名，而层会使用其名称作为前缀，为其所包含的参数矩阵命名。比如，如果一个层中包含了两个参数矩阵，层的名称为“MyLayer”，那么层可以将其所包含的参数矩阵命名为“MyLayer-1”与“MyLayer-2”。

如果层中包含参数矩阵，那么就需要为该矩阵指定相应的名字——这个名字会以构造函数参数的形式传入层中。另一方面，如果层并不包含参数矩阵，那么它就不需要引入相应的名字。通过这种方式，我们相当于为整个神经网络中的每个矩阵都赋予了名字。如果能确保传递给层的构造函数中的名称是整个网络中独有的，那么也就能确保该层所包含的参数矩阵不会与其他层共享；另外，如果我们希望不同的层共享一套参数矩阵，那么只需要为这些层赋予相同的名称即可。

矩阵的名字是字符串类型的，相比其他的命名形式来说，使用字符串命名对框架的用户更加友好。在前文中我们讨论过，字符串类型的数据很难作为模板参数，因此这个信息会利用构造函数进行传递。另一种会在构造函数中传递的信息是该层输入参数与输出结果的尺寸信息（比如输出矩阵的行列数）。层在构造时需要指定这些信息以构造其内部包含的参数矩阵。典型的情况是，用于将输入向量与某个矩阵点乘的层就需要知道这两个信息来推断出它所维护的参数矩阵的行列数。

长度信息理论上也是可以放到模板参数中的，但 MetaNN 选择在构造函数中传递它们，是因为这些信息对编译期能够引入的性能优化帮助不大。如果作为模板参数传递，会增加编译器的负担，但相应的好处并不多，因此 MetaNN 会在构造函数中传递这些信息。

通过模板参数指定的信息

层的大部分构造所需的信息都是通过模板参数的方式传入的。这些信息多种多样，不同的层所需要的信息也不相同。比如，对于包含了参数矩阵的层来说，它需要知道是否要在训练过程中计算相应的参数梯度；而对于未包含参数矩阵的层来说，这个信息则是多余的。某些参数只对特定的某个层有意义，另一些参数可能会对大部分层都有意义。

层的参数千差万别，这与我们之前讨论到的数据、运算不同。虽然在 MetaNN 中，数据、运算也被实现为模板，但这些模板的参数数目与每个参数的含义基本上是固定的（比如表示基本数据类型的类模板参数通常为两个，分别表示计算单元与设备的类型），而层在这方面存在很大的不同。为了能够有效地处理这种差异性，我们需要用到在第 2 章实现的 Policy 模板。希望读者阅读到这里，还能够记得这个模块的使用细节。如果印象不深了，则需要回过头来，重新阅读一下这部分的内容。

具体来说，层被实现为一个类模板，声明形式如下：

```
1 | template <typename T>
2 | class XXXLayer;
```

其中的 T 是一个 PolicyContainer 容器，里面包含了该层所需要的模板参数。

6.1.3 参数矩阵的初始化与加载

通过为层指定相应的模板参数，以及在构造函数中传入恰当的值，就可以完成层对象的构造。如果层中包含参数矩阵，那么在构造了层对象之后，下一步就是要为其中所包含的参数矩阵赋值。赋值的数据来源可以大致分为两种：如果该层之前没有参与过训练，那么就需要通过某个初始化器对参数矩阵初始化，使得参数矩阵具有特定的值（比如 0）或分布（比如正态分布）；另一种可能性是使用某个已有的矩阵对参数矩阵赋值——比如从文件中获取之前的模型训练结果并加载到当前的参数矩阵中。

为了实现参数的初始化与加载：一方面，MetaNN 在层中引入了 Init 这个函数模板作为初始化与模型加载的接口[①]。而另一方面，MetaNN 引入了网络级的初始化模块初始化整个网络中所包含的所有的层。我们会在本章后面详细讨论这两方面的内容。

6.1.4 正向传播

每个层都需要提供 FeedForward 函数模板来作为正向传播时调用的接口。这个接口应当接收网络中的前驱层传递给它的输入信息，计算结果并返回——返回的计算结果供网络中的后继层使用。

但这里有一个问题：每个层根据其功能的不同，输入、输出的参数的个数与含义也有所不同。显然，表示矩阵相加与矩阵转置的层所对应的输入参数个数就是不同的；而如果用一个层表示矩阵相减，那么减数与被减数的地位也不相同，作为参数传递给层时，不能互换。

要明确指定每个参数的含义，一种直接的方式是为 FeedForward 引入多个参数，比如可以这样写：

```
1 | template <typename TMinuend, typename TSubtrahend>
2 | auto FeedForward(TMinuend&& minuend, TSubtrahend&& subtrahend);
```

通过参数的名称，就可以区分两个参数的含义（被减数与减数）。这种方式比较直观，但会引入若干问题。首先，我们还是无法防止函数被误用，比如对于两个矩阵 A 与 B，我们希望从 A 中减去 B。但如果用户不小心在调用时将二者写反：

```
1 | FeedForward(B, A);
```

系统还是会继续工作下去，但计算结果将会出现错误，而这种错误并不会直接导致编译错误与运行失败，属于较难调试的错误。

另一个主要的问题是：这导致了不同层所定义的 FeedForward 接口出现了区别：随着层的功能不同，它所接收的参数个数也会相应地发生改变。如果我们要处理的只是单一的层，这并不是什么大问题。但如果我们希望引入一套统一的逻辑来处理层的组合[②]，那么每个层 FeedForward 接口形式的不同就会增加程序设计上的复杂性。我们希望将不同层的这一接口统一起来以方便后续的调用与管理。那么该怎么做呢？

一种方式是使用列表结构作为函数的输入与输出容器：通过人为规定列表中每个元素

---

① 并非所有的层都需要这两个接口，如果层不包含参数矩阵，那么它就不需要提供这两个接口。

② 在第 7 章将讨论复合层，就涉及这个问题。

的含义来实现参数的区分。比如：对于表示矩阵相减的层来说，我们可以要求该层的输入为一个 vector 列表，列表中只能包含两个元素，第一个为减数，第二个为被减数。而该层的输出也为一个列表，列表中包含一个元素，表示两个矩阵相减的结果[①]。

但这种方式有两个问题。首先，它并没有从根本上减少误用的可能性。因为我们需要人为地规定列表中每个元素的含义，而这种含义并没有在程序中通过代码的方式显示给出。这样还是可能出现误用，同时这种误用同样是比较难以排查的。另外，列表类通常要求其中的每个元素具有相同的类形，但 MetaNN 的一个主要的设计思想就是引入富类型从而提升系统性能。典型的情况是，一个加法层的两个输入可能分别来自基本的 Matrix 类模板以及某个运算所形成的运算模板——此时输入到该层之中的参数类型是不同的。当然，我们可以对输入数据进行求值，即将其强制转换成相同的类型后再调用 FeedForward。但这与我们的设计初衷不符：我们的目标就是将求值过程后移，从而为优化提供可能。而仅仅因为要匹配层的接口就进行求值，那么引入富类型、运算模板等机制所带来的好处将消失殆尽。

如何解决这个问题呢？一些读者可能已经想到了答案，就是利用我们在第 2 章所讨论的异类词典。首先，这个模块本质上是一个词典，词典的每个条目是一个键值对——不同条目的值类型可以是不同的。可以使用它来解决类型差异化的问题；其次，对于这个模块的读写都需要显式地给出键名，这将降低参数误用的可能性[②]。异类词典是一种容器，里面存放异类的数据结构。层在正向、反向传播的过程中，所接收的输入与产生的输出均会保存在相应的容器之中。同一个层的输入与输出容器可能是不同的（比如：对于表示两个矩阵相加的层来说，它的输入容器中需要提供两个参数，而输出容器中只需要包含一个计算结果）。但同一个层在反向传播时的输入容器一定与正向传播时的输出容器相同；反向传播时的输出容器一定与正向传播时的输入容器相同。因此，一个层需要关联两个容器：一个用于存储正向输入与反向输出的结果；另一个用于存储正向输出与反向输入的结果。我们将前者简称为输入容器，将后者简称为输出容器。

关于 FeedForward 还有一点需要说明：它是一个函数模板而非平凡的函数，这样设计使得它可以接收不同类型的输入，产生不同类型的输出。考虑一个求 Sigmoid 的层，它计算输入的 Sigmoid 结果并返回。根据不同的输入类型，它会构造相应的运算模板作为结果返回。这样，虽然 MetaNN 中引入了层，在正向传播时，层并不会对计算性能产生过多的副作用：我们还是在构造运算模板，整个的计算过程还是可以被推迟到最后进行，我们还是可以利用缓式求值所带来的好处提升系统性能。

如果 FeedForward 被设置成函数，或者我们要求它的返回结果必须是某种类型的，那么我们将在一定程度上丧失这种优势。典型的情况是，我们可能需要在层中对运算结果求值后返回，这样就失去了引入富类型与运算模板的意义。

---

① 事实上，很多深度学习框架就是采用了这种方式，比如著名的深度学习框架 Caffe。

② 事实上，第 2 章所讨论的两个模块就是在层这里使用的。如果大家对这部分内容不熟悉了，建议再阅读一下相关的内容。

6.1.5 存储中间结果

以 Sigmoid 操作为例，这个操作是被封装在 SigmoidLayer 层中，且是对外提供的。如果要支持反向传播，那么就需要一个位置保存 SigmoidLayer 在调用 FeedForward 时产生的中间结果——这个结果将在反向传播时计算输出梯度。我们可以选择两个位置来保存这些中间结果：将中间结果与输入、输出数据放置在一起，或者将中间结果保存在层中。MetaNN 选择了第二种方式，这是因为我们认为层表示与该层相关的操作集合，它能更好地与这些中间结果相关联。反过来，如果将中间结果与输入输出数据放在一起进行传递，数据与中间结果之间将丧失对应关系（即如何由数据得到的中间结果）。

但在 MetaNN 中，保存中间结果还存在一个问题：FeedForward 是函数模板，它在计算过程中产生的中间结果类型取决于输入的参数类型。如果在层中引入一个数域来保存中间结果，那么这个数据域的类型该是什么呢？

一种简单的方案是将中间结果类型设置为主体类型[①]。然后在正向传播的过程中将中间结果转换成主体类型并保存。但这种转换本质上就是求值。这种方式会导致求值过程前移，并不是我们所希望看到的。

为了解决这个问题，我们引入了一个“动态数据（DynamicData）类型”，它是对中间结果类型的封装，屏蔽了具体类型间的差异。构造动态类型并不涉及实际的矩阵计算，构造成本相对较低。动态类型也提供求值接口，它本质上是将其转发给它所封装的类型来进行计算。

引入动态类型使得保存中间结果成为了可能，但引入这个构造也要付出额外的成本：为了统一类型，它相当于丢弃了一些信息——这将使得后续的求值优化过程变得复杂起来。

关于中间结果，还有一点需要说明：层所用于保存中间结果的域并非简单的 DynamicData，而是 DynamicData 的栈。因为某个层对象可能在正向传播时被多次使用[②]。每次使用都要记录相应的中间结果。在反向传播时，最后一次计算的中间结果会被最先使用，这是典型的后进先出逻辑，用栈表达最为合理。

6.1.6 反向传播

在反向传播时，层的 FeedBackward 接口将被调用。与正向传播类似，这个接口也是个类模板。反向传播的计算过程中可能需要使用正向传播时所产出的中间结果。

关于反向传播有两点需要说明。首先，每个层都需要提供接口来进行反向传播。但并非所有的反向传播接口都会被调用。如果某个层只被用于预测而非训练，那么反向传播就是没有必要的，我们需要针对这一点进行优化。

---

① 主体类型在第 4 章中有所讨论。

② 我们将在第 7 章讨论循环层时看到这种情况。

其次，也是很重要的一点，就是在有些情况下，即使层的反向传播接口被调用了，它也可以不计算输出梯度。关于这一点，值得重点分析一下：在深度神经网络中，每个层都涉及正向传播以产生结果并对外输出，但反向传播时则并不一定需要计算输出梯度。反向传播之所以要产生输出梯度，是因为这个输出梯度会传递到其他层并供这些层计算参数梯度使用。如果我们不需要更新网络中的某些层的参数矩阵，那么该层就不需要接收来自其他层的输出梯度。这会导致一些层不需要进行实质的反向传播计算（因为它不需要为其他层提供梯度信息），从而减少计算量。

为了实现这个层面上的优化，我们为每个层引入了一个参数 IsFeedbackOut，表示在反向传播时是否需要计算输出梯度的信息。如果该值为假，那么我们将省略这个层反向传播时输出梯度的计算。

通常来说，IsFeedbackOut 并不需要用户手动设置。因为它的值是与其他层是否需要参数更新相关，在下一章讨论复合层时，我们将看到可以通过元编程的方法自动推导出这个信息。

如果一个层的 IsFeedbackOut 被设置为假，那么我们还能获得额外的好处：在很多情况下，我们就不再需要为该层引入 DynamicData 以支持反向传播计算了。这样，正向传播的逻辑会得到简化，而我们也将有更大的空间来优化系统性能。

6.1.7 参数矩阵的更新

在反向传播的过程中，如果层所包含的参数矩阵需要更新，那么层就会保存相应的参数梯度数据，这些数据将在反向传播之后统一作用于相应的参数之上，完成更新。

注意梯度的反向传播与参数的更新是两个过程。调用 FeedBackward 时只能记录参数梯度，不能同时使用该梯度更新参数。首先，如果参数矩阵由网络中的多个层共享，那么如果某个层在调用 FeedBackward 时更新了参数矩阵，就可能会影响另一个层的梯度计算。其次，一些更新算法会对反向传播过程中产生的参数梯度进行调整，而这种调整可能要在所获取的全部参数梯度的基础上进行，这就要求我们要在整个网络的反向传播完成之后对参数进行统一地更新。

统一进行参数更新的最后一个好处还是关于计算速度上的。本质上，我们所保存的参数梯度也是 DynamicData 类型的对象，我们只需要在更新参数梯度之前统一地对这种类型的对象进行求值——这有利于计算的合并，提升效率。

MetaNN 引入了 GradCollect 来汇总参数梯度，每个包含了参数矩阵的层都需要提供这个接口，我们会在后面看到该接口的具体形式。

6.1.8 参数矩阵的获取

如果层中包含了参数矩阵，那么在完成训练后需要将参数矩阵保存下来供预测时使用。

MetaNN 要求每个包含参数矩阵的层提供 SaveWeights 接口，以获取矩阵的参数。当然，如果层中并不包含参数矩阵，那么它就不需要提供这个接口了。

6.1.9 层的中性检测

层对象可能需要保存正向传播时的中间结果，供反向传播计算使用。从中间结果的角度上来说，正向传播与反向传播刚好构成了“生产者—消费者”的关系。在一轮训练过程中，正向传播时所产出的中间结果应当刚好在反向传播中被完全消耗。我们称“没有存储任何中间结果”的层为“中性层”。层在初始状态时应当是中性的；同时每次调用完正向与反向传播，获取相应的参数梯度后，层应当回归到中性状态。

MetaNN 中的层如果需要保存中间信息，就会同时提供一个接口 NeutralInvariant 来断言层处于中性状态。通常来说，可以进行完一轮训练后调用这个函数。如果层不处于中性状态，那么该函数会抛出异常——表示系统的某些地方存在错误。

与大部分接口类似，并非所有的层都提供了 NeutralInvariant 接口。如果某个层并不需要保存中间状态的变量，那么它就无需提供这个函数了。

至此，我们已经了解了层的基本设计思想。从上面的分析中不难看出，层并不仅仅是对操作的封装，除此之外还包含了很多的特性，正是这些特性才使得它的引入并不会过多地影响系统性能，同时更方便用户使用。在本章的后半部分，我们将深入到层的实现细节中，通过示例来说明如何在具体的代码中体现上述思想。

但在讨论层的具体实现之前，我们还需要实现一些辅助逻辑：比如供整个网络使用的初始化模块、动态类型 DynamicData 等。同时，我们需要为层引入一系列模板参数，用于控制其行为。这些内容将在下一节讨论。

6.2 层的辅助逻辑

6.2.1 初始化模块

前文提到，为了实现初始化，我们为包含了参数矩阵的层引入了 Init 接口。但仅仅引入这个接口是不够的。一个实际的深度学习模型可能会包含若干层，它们一起组成了一个网络。网络中的层会相互影响，而这就导致了实际的初始化与参数的加载过程可能会非常复杂。典型的情况有以下几种。

- 我们可能希望为不同的参数矩阵引入不同的初始化方法，比如对某些层中包含的参数用正态分布初始化，而对另一些层中包含的参数用 0 初始化。
- 对于一些应用（如迁移学习）来说，网络中的某些层可能之前已经被训练过，需要加载之前训练好的矩阵，而另一些层则之前没有参与过训练，需要进行初始化。

- MetaNN 为每个包含了参数的层提供了字符串名称。具有相同名称的层会共享参数矩阵，这意味着对某一层的参数矩阵的更新，会影响到其同名的层。初始化与参数加载必须确保这些层能够共享一套参数矩阵。
- 在很多情况下，我们可能会在一个进程中构造多个网络的实例，而这些网络实例间是否共享参数矩阵则要依据实际的情况而定。比如：如果构造多个网络实例是用于并行训练，那么这些网络实例间通常不能共享参数，以防止某个网络的更新影响到其他网络[①]。但对于另一种情况，假定我们构造多个网络是为了进行并行预测，那么相应的网络中的参数矩阵不会被更新，因此多个网络通常可以共享一套参数矩阵，这样可以节约存储空间。初始化逻辑应当支持让用户自行选择是否在网络间共享参数。

从上面的分析不难看出，层与层之间、网络与网络之间会相互影响，因此初始化与模型加载并不能仅仅通过在层的内部引入 Init 函数来解决。我们需要引入一个网络级别的模块来维护初始化的逻辑。本节将讨论 MetaNN 中这个模块的实现方式。

使用初始化模块

在构造初始化模块之前，我们需要首先考虑一下该如何定义模块的接口以支持前文所提到的几种场景。以下给出了 MetaNN 中初始化模块的使用方式：

```
1  auto initializer
2      = MakeInitializer<float,
3                        PInitializerIs<struct Gauss1>,
4                        PWeightInitializerIs<struct Gauss2>>()
5          .SetFiller<Gauss1>(GaussianFiller{ 0, 1.5 })
6          .SetFiller<Gauss2>(GaussianFiller{ 0, 3.3 });
7  Matrix<float, CPU> mat;
8  initializer.SetMatrix("name1", mat);
9  map<string, Matrix<float, DeviceTags::CPU>> loader;
10  layer.Init(initializer, loader);
```

代码段的 1～8 行构造了一个初始化模块的实例；第 9 行构造了一个保存中间结果的容器，用于支持参数共享；第 10 行将这二者传递给层 layer 以实现初始化。

初始化模块的主要功能之一就是指定初始化器。初始化器表示了某种具体的初始化方式。比如 GaussianFiller{0, 1.5}就是一个初始化器，它表示使用均值为 0，标准差为 1.5 的正态分布进行初始化。每个初始化器都会对应一个初始化标签（如上述代码中的 Gauss1），而初始化模块则通过初始化标签将初始化器与具体的层关联起来。

以上述代码为例，我们指定了通用的初始化器标签为 Gauss1，而对于权重矩阵则采用 Gauss2 标签所对应的初始化器来初始化。在此之后，代码段的 5～6 行则通过 SetFiller 给出了 Gauss1 与 Gauss2 对应的初始化器。

① 假定我们在进程中构造了多个线程，每个线程包含一个网络，网络间共享参数矩阵，那么线程 A 在更新网络参数的过程中，如果线程 B 在进行正反向传播，那么 B 的结果显然是有问题的。

除了设置初始化器，initializer 还可以设置参数矩阵，比如代码段的第 9 行就设置了名字为 name1 的参数矩阵。

layer.Init 需要遵循如下的方式实现[①]。

- 查看第二个参数中是否包含了需要加载的参数矩阵，如果存在，那么直接从中获取即可——这表明它将与某个其他的层共享参数矩阵。
- 否则查看初始化模块中是否包含了需要加载的参数矩阵，如果存在，那么从初始化模块中获取相应的参数矩阵。同时将加载的矩阵保存在第二个参数中——这表明当前的参数是显式加载的，其参数可以为其他同名矩阵所共享。
- 否则根据当前层的性质选择一个初始化器（比如本例中的 Gauss1）来初始化——这对应了显式的初始化过程。

前两种初始化方式的核心的差异在于：如果从 loader 中获取参数矩阵，那么所获取的一定是与其他层所共享的参数矩阵；如果从初始化模块中获取参数矩阵，那么获取到的一定是独立的，不与其他层共享的参数矩阵。

基于这样的结构，我们看一下如何支持前文所讨论的几种初始化场景。

- 为了支持用不同的方法初始化不同的参数矩阵，初始化模块可以引入多个的初始化器的实例，由具体的层选择合适的实例使用。
- 初始化模块可以在设置初始化器的同时读入参数矩阵，以支持初始化与参数加载同时出现的情况。
- 因为引入了 loader，位于网络中后面加载参数的层可以与之前加载参数的层共享参数矩阵。
- 如果希望网络间共享参数，那么就在对某个网络调用完 Init 后，使用 initializer 与 loader 继续初始化其他网络即可。接下来初始化的网络会直接获取 loader 中的参数，以实现参数共享。
- 如果不希望网络间共享参数，那么在对某个网络调用完 Init 后，可以将 loader 清空再初始化其他的网络。

在设计好初始化模块的使用接口后，接下来就让我们看一下如何实现这个初始化模块。

MakeInitializer

MakeInitializer 是整个初始化模块的调用入口。从之前的使用方式中不难看出，它实际上使用了第 2 章提供的两种技术：它使用 policy 模板来设置初始化器的标签；使用异类词典来设置标签所对应的初始化器。比如如下代码：

```
1  MakeInitializer<float,
2                  PInitializerIs<struct Gauss1>>()
3      .SetFiller<Gauss1>(GaussianFiller{ 0, 1.5 });
```

① 我们会在后面讨论具体层时给出相应的实现代码。

其中的第 2 行设置了 policy，而第 3 行本质上则是调用了异类词典来设置初始化器。MetaNN 为初始化模块引入了 3 个 policy 对象模板：

```
1  struct InitPolicy {
2      using MajorClass = InitPolicy;
3
4      struct OverallTypeCate;
5      struct WeightTypeCate;
6      struct BiasTypeCate;
7
8      using Overall = void;
9      using Weight = void;
10      using Bias = void;
11
12      // ...
13  };
14
15  TypePolicyTemplate(PInitializerIs, InitPolicy, Overall);
16  TypePolicyTemplate(PWeightInitializerIs, InitPolicy, Weight);
17  TypePolicyTemplate(PBiasInitializerIs, InitPolicy, Bias);
```

这里定义了 3 个 policy：Overall、Weight 与 Bias，分别表示默认初始化器、权重初始化器与偏置初始化器的标签[①]。3 个 policy 的默认值均为 void，表示一个无效的初始化器标签。可以通过引入 policy 对象来设置有效的标签：

PInitializerIs 用于设置默认初始化器；PWeightInitializerIs 与 PbiasInitializerIs 分别用于设置权重与偏置初始化器。对于初始化来说，权重层会搜索 PWeightInitializerIs 所设置的标签，如果为 void 就获取 PInitializerIs 所设置的标签；偏置层具有类似的行为。

在引入了上述 policy 对象模板的基础上，MakeInitializer 的实现代码如下：

```
1  template <typename TElem, typename...TPolicies>
2  auto MakeInitializer()
3  {
4      using npType = FillerTags2NamedParams<TPolicies...>;
5      using FilDictType = RemConstRef<decltype(npType::Create())>;
6      return ParamInitializer<TElem,
7                              PolicyContainer<TPolicies...>,
8                              FilDictType>
9                                  (npType::Create());
10  }
```

它调用了 FillerTags2NamedParams 获取传入 policy 对象的标签名称并去重[②]，并使用去重后的标签构造出 VarTypeDict 类型的对象（即异类词典对象）。之后构造出 ParamInitializer 类型的对象。

① 权重与偏置初始化器会分别用于权重层（WeightLayer）与偏置层（BiasLayer）中参数的初始化，下文会看到这两个层的实现。
② FillerTags2NamedParams 元函数的逻辑留给读者自己分析。

ParamInitializer 类模板

ParamInitializer 类模板包含了初始化模块的主体逻辑。其主要定义如下：

```
1   template <typename TElem, typename TPolicyCont, typename TFillers>
2   class ParamInitializer
3   {
4   public:
5       using PolicyCont = TPolicyCont;
6   
7       ParamInitializer(TFillers&& filler)
8           : m_filler(std::move(filler)) {}
9   
10      // 初始化器的设置与获取接口
11      template <typename TTag, typename TVal>
12      auto SetFiller(TVal&& val) && ;
13  
14      template <typename TTag>
15      auto& GetFiller();
16  
17      // 参数矩阵的设置与获取接口
18      template <typename TElem2, typename TDevice2>
19      void SetMatrix(const std::string& name,
20                     const Matrix<TElem2, TDevice2>& param);
21  
22      template <typename TElem2, typename TDevice2>
23      void GetMatrix(const std::string& name,
24                     Matrix<TElem2, TDevice2>& res) const;
25  
26      bool IsMatrixExist(const std::string& name) const;
27  
28  private:
29      TFillers m_filler;
30      std::map<std::string, Matrix<TElem, DeviceTags::CPU>> m_params;
31  };
```

它包含了两个数据成员，分别是 m_filler 和 m_params。m_filler 实际上是一个异类词典的实例，用于保存初始化器的对象。ParamInitializer 提供了 SetFiller 与 GetFiller 两个接口来设置与获取其中的初始化器。

m_params 包含了初始化器中保存的矩阵参数。ParamInitializer 提供了 SetMatrix、GetMatrix 来设置与获取相应的参数矩阵。同时提供了 MatrixExist 函数，给定参数矩阵的名称，判断其是否存在。

注意使用 SetMatrix 与 GetMatrix 设置与获取矩阵参数时，矩阵的计算单元与计算设备可以与 m_params 中的不同。ParamInitializer 会在其成员函数内部调用一个 DataCopy 函数以进行不同矩阵类型之间的转换。除了支持不同计算单元与计算设备的类型转换，DataCopy 函数本身还具有深度复制的语义：在 MetaNN 中如果直接使用矩阵的拷贝与赋值操作，所构造出的新矩阵与源矩阵共享存储空间；但如果使用 DataCopy 函数，构造出的新矩阵与源矩阵则对应不同的存储空间。正是因为引入了这个函数，从 ParamInitializer 中获取的参数之间才不会出现数据共享（而这也是我们希望 ParamInitializer 所支持的一项功能）。

初始化器类模板

初始化器在 MetaNN 中表示为类模板。目前，MetaNN 实现了如下几个初始化器的类模板：

- ConstantFiller 将矩阵的内容初始化为某个常量；
- GaussianFiller 使用正态分布初始化矩阵参数；
- UniformFiller 使用均匀分布初始化矩阵参数；
- VarScaleFiller 实现了 Tensorflow 中的 variance_scaling_filler，并由此构造出了 XavierFiller 与 MSRAFiller。

初始化器的具体实现并非本章讨论的重点，限于篇幅，就不在这里详细展开了。代码留待有兴趣的读者自行阅读。

6.2.2 DynamicData 类模板

DynamicData 类模板是对数据的一种封装，它会屏蔽具体数据类型所包含的大部分信息，只暴露出该数据类型的最基本的属性，包括计算单元、所支持的设备以及类别标签等。其声明如下：

```
1 template <typename TElem, typename TDevice, typename TDataCate>
2 class DynamicData;
```

它是一种类似于指针的构造，在其内部也是使用 C++的智能指针 shared_ptr 来实现的。本节的目标是实现 DynamicData。接下来，让我们看一下 MetaNN 是如何一步步隐藏具体的数据类型，构造出 DynamicData 类模板的。

DynamicCategory 基类模板

要隐藏具体的数据类型，比较直观的方式就是引入继承层次：如果我们能引入一个基类，同时在此基类上进行派生，那么就可以使用基类的指针来访问派生类的方法。在前几章的讨论中，我们可以看出：MetaNN 中涉及的数据结构并非派生自某个基类，这样设计的目的是减少不必要的限制。但这并不妨碍我们在必要时引入这个基类，构造派生结构。

我们要引入的基类本质上还是一个类模板：DynamicCategory，它的声明如下：

```
1 template <typename TElem, typename TDevice, typename TDataCate>
2 class DynamicCategory;
```

这个声明与 DynamicData 很像，也包含了计算单元、所支持的设备以及类别标签作为模板参数。不同的数据类别要支持的不同的操作接口集合，因此我们需要针对不同的类别标签进行特化：

```
template <typename TElem, typename TDevice>
class DynamicCategory<TElem, TDevice, CategoryTags::Matrix>
{
public:
    using ElementType = TElem;
    using DeviceType = TDevice;
    using EvalType = PrincipalDataType<CategoryTags::Matrix,
                                       ElementType,
                                       DeviceType>;

public:
    template <typename TBase>
    DynamicCategory(const TBase& base)
        : m_rowNum(base.RowNum())
        , m_colNum(base.ColNum()) {}

    virtual ~DynamicCategory() = default;

    size_t RowNum() const { return m_rowNum; }
    size_t ColNum() const { return m_colNum; }

    // 求值相关接口
    // ...

private:
    size_t m_rowNum;
    size_t m_colNum;
};

template <typename TElem, typename TDevice>
class DynamicCategory<TElem, TDevice, CategoryTags::BatchMatrix>
{
    ...
};
```

目前，DynamicCategory 只针对矩阵与矩阵列表引入了特化，但这并不妨碍我们为标量与标量列表引入相应的特化——DynamicCategory 支持扩展，如果需要的话，我们可以为类型体系中其他的类别标签引入相应的特化。这里只列出了针对 CategoryTags::Matrix 特化的定义。让我们看一下其中包含哪些内容。

对矩阵的特化中引入了 RowNum、ColNum 等函数，也包含了求值相关的接口——它们都是矩阵类别所需要支持的函数。但求值相关的接口被声明为虚函数，这里采用了标准的面向对象设计方式：在基类中引入虚函数作为接口，在派生类中提供该函数的实现。

同时，DynamicCategory 类也将其析构函数声明成了虚函数：这是因为在后期我们将使用这个基类的引用或指针访问派生类的对象。此时就需要将基类的析构函数声明成虚函数，以确保析构逻辑的正确性。

DynamicWrapper 派生类模板

有了基类，下一步就是构造派生类。MetaNN 中的数据类与运算模板并不存在共同的基类，为了能够将它们与基类联系起来，我们就需要引入一个额外的类模板，作为中间层使用。而这个类模板就是 DynamicWrapper。

DynamicWrapper 的定义如下：

```
1   template <typename TBaseData>
2   class DynamicWrapper
3       : public DynamicCategory<typename TBaseData::ElementType,
4                                typename TBaseData::DeviceType,
5                                DataCategory<TBaseData>>
6   {
7       using TBase = DynamicCategory<typename TBaseData::ElementType,
8                                     typename TBaseData::DeviceType,
9                                     DataCategory<TBaseData>>;
10
11  public:
12      DynamicWrapper(TBaseData data)
13          : TBase(data)
14          , m_baseData(std::move(data)) {}
15
16      // ...
17  private:
18      TBaseData m_baseData;
19  };
```

它接收具体的数据类型或运算模板类型作为模板参数，根据这些信息，就可以推导出该类型所支持的计算单元、设备与类别标签，并基于这些信息选择适当的 DynamicCategory 基类进行派生（3～5 行）。

DynamicWrapper 在构造时必须要传入 TBaseData 类型的对象——也即其模板参数所指定的数据类型的对象。DynamicWrapper 本身则完成了对该对象的“封装”，即将其转换成动态数据类型的过程。同时，为了支持后续的求值，DynamicWrapper 中包含了数据成员 m_baseData，用于保存传入的对象实例。

DynamicCategory 已经提供了类别标签相关的接口（如矩阵类要提供 RowNum 等函数），因此 DynamicWrapper 就无需再实现这些接口了——它只需要实现求值相关的接口即可。我们会在第 8 章讨论求值，相关的接口实现留到第 8 章再讨论。

实现了这个类模板之后，我们就能用 DynamicCategory 类型的指针访问 DynamicWrapper 类型的对象——这就是面向对象所要达到的目的。数据的主要作用就是作为运算的输入，但直接使用基类的指针进行运算并非一种友好的方式：因为 MetaNN 的运算并不接收指针为参数。比如，我们并不能将 shared_ptr<DynamicCategory>类型的数据与 Matrix 对象相加。同时，我们也并不想因为引入了指针就调整已经实现的运算，引入新的接口，能够接收指针作为操作数。我们需要再引入一层封装，来屏蔽这种因指针而带来的运算参数的不一致性。而这层封装就是 DynamicData。

使用 DynamicData 封装指针行为

与 DynamicCategory 类似，DynamicData 会针对不同的数据类别进行特化。以下是它针对矩阵特化的版本：

```
1   template <typename TElem, typename TDevice>
2   class DynamicData<TElem, TDevice, CategoryTags::Matrix>
3   {
4       using BaseData = DynamicCategory<TElem, TDevice,
5                                        CategoryTags::Matrix>;
6   public:
7       using ElementType = TElem;
8       using DeviceType = TDevice;
9
10      DynamicData() = default;
11
12      template <typename TOriData>
13      DynamicData(std::shared_ptr<DynamicWrapper<TOriData>> data)
14      {
15          m_baseData = std::move(data);
16      }
17
18      size_t RowNum() const { return m_baseData->RowNum(); }
19      size_t ColNum() const { return m_baseData->ColNum(); }
20
21      // 求值相关接口
22      // ...
23  private:
24      std::shared_ptr<BaseData> m_baseData;
25  };
```

这个类的实现很直观：它提供了矩阵类别所需要提供的全部接口，同时在其内部保存了 std::shared_ptr<BaseData>这个指针对象，将获取矩阵的行列数以及求值相关的操作转发给这个对象来完成。

类别标签

DynamicData 也是 MetaNN 中的一种数据，因此我们需要为其引入相应的类别标签：

```
1   template <typename TElem, typename TDevice>
2   constexpr bool IsMatrix<DynamicData<TElem, TDevice,
3                                       CategoryTags::Matrix>> = true;
```

它们是平凡的，根据 DynamicData 的第 3 个模板参数就可以判断其所属类别。

辅助函数与辅助元函数

除了前文所讨论的基本构造，MetaNN 还引入了一些外围函数与元函数来辅助构造动态类型对象。

DynamicData 是一种地位相对特殊的数据结构：用于对不同的数据类型进行封装。因此，我们在这里为其引入了一个额外的标签，来检测一个数据类型是否是 DynamicData 类模板的实例：

```
1   template <typename TData>
2   constexpr bool IsDynamic = false;
3
4   template <typename E, typename D, typename C>
5   constexpr bool IsDynamic<DynamicData<E, D, C>> = true;
6
7   template <typename E, typename D, typename C>
8   constexpr bool IsDynamic<DynamicData<E, D, C>&> = true;
9
10  template <typename E, typename D, typename C>
11  constexpr bool IsDynamic<DynamicData<E, D, C>&&> = true;
12
13  template <typename E, typename D, typename C>
14  constexpr bool IsDynamic<const DynamicData<E, D, C>&> = true;
15
16  template <typename E, typename D, typename C>
17  constexpr bool IsDynamic<const DynamicData<E, D, C>&&> = true;
```

在此基础上，MetaNN 提供了函数 MakeDynamic 用于方便地将某个数据类型转换为相应的动态类型：

```
1   template <typename TData>
2   auto MakeDynamic(TData&& data)
3   {
4       if constexpr (IsDynamic<TData>)
5       {
6           return std::forward<TData>(data);
7       }
8       else
9       {
10           using rawData = RemConstRef<TData>;
11           using TDeriveData = DynamicWrapper<rawData>;
12           auto baseData = std::make_shared<TDeriveData>
13                               (std::forward<TData>(data));
14           return DynamicData<typename rawData::ElementType,
15                              typename rawData::DeviceType,
16                              DataCategory<rawData>>(std::move(baseData));
17       }
18   }
```

如果输入参数的类型已经是 DynamicData 的实例的话，那么 MakeDynamic 将返回输入对象本身，否则它将根据其计算单元、支持设备与类别标签推导出相应的 DynamicData 类型并返回。

DynamicData 与动态类型体系

在第 4 章讨论类型体系时，我们提到过 MetaNN 中主要采用的是基于类别标签的类型体系——这是一种可以用于编译期计算的静态类型体系。本节所讨论的 DynamicData 则可以视为通过面向对象中的继承方式对标签体系中的类型进行重组，从而构造出了动态类型体系。

之所以说基于 DynamicData 所构造的类型体系是动态的，是因为 DynamicData 本身隐藏了具体数据类型的大部分信息——编译期将无法基于这些隐藏的信息进行相应的操作。而这些隐藏的信息，或者说 DynamicData 所封装的类型的具体行为，则要在运行期调用时才能动态地体现出来。

动态类型体系与静态类型体系各有优劣。动态类型体系能够屏蔽具体类型的差异，通过一种抽象数据类型来表示各种具体数据类型，进而简化代码的编写；而静态类型体系则不会隐藏具体的类型信息，使得编译期可以根据这些信息进行优化。在编写代码时，需要选择适当的类型体系来使用，才能最大限度地发挥二者的优势。

动态类型体系与静态类型体系也是可以相互转化的。在本节中，我们首先引入了 DynamicData 来封装具体的数据类型，这本质上是将静态类型体系转化为动态类型体系的过程。之后我们又为 DynamicData 引入了相应的类别标签，而这本质上是将动态类型体系的抽象数据类型纳入到静态类型体系之中的过程。两种类型体系相互配合，就能产生更加微妙的变化，以应付复杂的场景。

6.2.3 层的常用 policy 对象

如前文所述，MetaNN 会使用 policy 对象来控制层的具体行为。这些控制行为的 policy 对象有些是特定层所独有的，有些则会被很多层用到。本节将讨论 MetaNN 所引入的主要的模板参数，它们通常来说都会被很多层用到。本节所讨论的参数定义方式植根于第 2 章所讨论的 policy 模板。

更新与反向传播相关参数

更新与反向传播相关的参数定义于结构体 FeedbackPolicy 中：

```
1   struct FeedbackPolicy
2   {
3       using MajorClass = FeedbackPolicy;
4
5       struct IsUpdateValueCate;
6       struct IsFeedbackOutputValueCate;
7
8       static constexpr bool IsUpdate = false;
9       static constexpr bool IsFeedbackOutput = false;
10  };
```

```
11  ValuePolicyObj(PUpdate, FeedbackPolicy, IsUpdate, true);
12  ValuePolicyObj(PNoUpdate, FeedbackPolicy, IsUpdate, false);
13  ValuePolicyObj(PFeedbackOutput, FeedbackPolicy,
14                 IsFeedbackOutput, true);
15  ValuePolicyObj(PFeedbackNoOutput, FeedbackPolicy,
16                 IsFeedbackOutput, false);
```

它包含了两个成员：IsUpdate 表示是否要对某个层的参数进行更新；IsFeedbackOutput 表示该层是否需要计算输出梯度。PUpdate 等定义则表示了具体的 Policy 对象。

需要说明的是，虽然我们在这里引入了 IsFeedbackOutput 来设置层是否需要产生输出梯度，但根据前文的讨论，这个信息通常无需显式设置：它与其前驱层的 IsUpdate 取值相关。我们会在下一章讨论如何使用前驱层的信息推断并修改当前层的 IsFeedbackOutput 参数。

输入相关参数

层所接收的输入相关参数定义于 InputPolicy 中：

```
1  struct InputPolicy
2  {
3      using MajorClass = InputPolicy;
4
5      struct BatchModeValueCate;
6      static constexpr bool BatchMode = false;
7  };
8  ValuePolicyObj(PBatchMode, InputPolicy, BatchMode, true);
9  ValuePolicyObj(PNoBatchMode, InputPolicy, BatchMode, false);
```

其中的 BatchMode 表明层是否接收列表形式的输入。MetaNN 的层支持以列表的形式作为输入从而进行批量计算。

运算相关参数

层是对运算的封装，与运算相关的参数位于 OperandPolicy 中：

```
1   struct OperandPolicy
2   {
3       using MajorClass = OperandPolicy;
4
5       struct DeviceTypeCate : public MetaNN::DeviceTags {};
6       using Device = DeviceTypeCate::CPU;
7
8       struct ElementTypeCate;
9       using Element = float;
10  };
11  TypePolicyObj(PCPUDevice, OperandPolicy, Device, CPU);
12  TypePolicyTemplate(PElementTypeIs, OperandPolicy, Element);
```

目前，MetaNN 只支持以 CPU 作为计算设备，同时本书的讨论仅限于以 float 型的浮点数作为计算单元，因此 OperandPolicy 的定义是平凡的。但我们可以很容易地对其进行扩展，使得它支持其他类型的计算单元（如 double）或者其他的计算设备（如 GPU）。

6.2.4　InjectPolicy 元函数

根据第 2 章的讨论，为了使用 policy 模板，我们需要将 policy 对象放到 PolicyContainer 中，之后就可以使用 PolicySelect 元函数来获取特定的 policy 取值。为了在层中使用上述机制，我们要求层具有如下的声明形式：

```
1 | template <typename TPolicyContainer>
2 | class XXLayer;
```

其中的 TPolicyContainer 是形如 PolicyContainer<X1,X2...>的类型。基于这样的约定，我们可以用如下的方式为层传入模板参数：

```
1 | using SpecLayer = XXLayer<PolicyContainer<PUpdate, ...>>;
```

为了简化代码的编写，MetaNN 引入了元函数 InjectPolicy：

```
1 | template<template <typename TPolicyCont> class T, typename...TPolicies>
2 | using InjectPolicy = T<PolicyContainer<TPolicies...>>;
```

这样，我们就可以使用如下的语句简化 XXLayer 的声明：

```
1 | using SpecLayer = InjectPolicy<XXLayer, PUpdate, ...>;
```

6.2.5　通用 I/O 结构

层将使用第 2 章所讨论的异类词典作为正向、反向传播时的输入/输出容器。为了使用异类词典，我们同样需要引入一些定义：表示具体的容器与其中每个元素的名称。很多层都具有类似的 I/O 结构，我们将可能会频繁使用的 I/O 结构提取出来，形成一些通用的结构定义：

```
1 | struct LayerIO : public NamedParams<LayerIO> {};
2 |
3 | struct CostLayerIn : public NamedParams<CostLayerIn,
4 |                                         struct CostLayerLabel> {};
```

很多层都是单输入或单输出的，对于这种层，可以使用 LayerIO 作为其输入或输出容器。这个容器中只包含了一个元素，LayerIO 也将作为该元素的索引。

注意第 1 行的定义中包含了两个 LayerIO，其中的第一个为容器名，而第二个则相当于索引关键字。它们的含义与用途不同，但完全可以使用同一个名称来表示。

训练网络的最后一层往往用于计算损失函数值，而损失函数则通常需要以其前驱层的输出以及标注的数据作为输入：判断二者的相似度。因此，这里定义了通用的 I/O 结构 CostLayerIn 作为损失函数层的输入容器。这个容器包含两个元素，CostLayerIn 对应前驱层的输出，而 CostLayerLabel 则对应标注信息。

6.2.6 通用操作函数

在前文中我们提到过，所有的层都需要提供 FeedForward 与 FeedBackward 的接口，用于正向与反向传播。但并不是所有的层都需要支持参数加载等功能——只有包含了参数矩阵的层才需要提供相应的接口——这样设计可以避免在层中引入很多不必要的接口函数。但这样也就增加了用户的使用难度：用户可能会对某个不支持参数初始化的层调用 Init 接口进行初始化，从而导致程序编译错误。

为了解决这个问题，MetaNN 引入了一系列的通用操作函数：

```
1  // 参数初始化与加载
2  template <typename TLayer, typename TInitializer, typename TBuffer,
3            typename TInitPolicies = typename TInitializer::PolicyCont>
4  void LayerInit(TLayer& layer, TInitializer& initializer,
5                 TBuffer& loadBuffer, std::ostream* log = nullptr);
6
7  // 收集参数梯度
8  template <typename TLayer, typename TGradCollector>
9  void LayerGradCollect(TLayer& layer, TGradCollector& gc);
10
11 // 保存参数矩阵
12 template <typename TLayer, typename TSave>
13 void LayerSaveWeights(const TLayer& layer, TSave& saver);
14
15 // 中性检测
16 template <typename TLayer>
17 void LayerNeutralInvariant(TLayer& layer);
18
19 // 正向传播
20 template <typename TLayer, typename TIn>
21 auto LayerFeedForward(TLayer& layer, TIn&& p_in);
22
23 // 反向传播
24 template <typename TLayer, typename TGrad>
25 auto LayerFeedBackward(TLayer& layer, TGrad&& p_grad);
```

这些函数的第一个参数都是层对象，用户可以使用它们调用层的具体接口。比如，假定 A 是一个层对象，那么可以通过 LayerInit(A, ...)来调用初始化操作。

正向与反向传播是每个层都必须支持的，因此 LayerFeedForward 与 LayerFeedBackward 会直接调用层对象的相应函数来实现。但其他的接口则不是每个层都必须支持的，如果输入的层对象不支持某项操作，那么相应的接口就不会产生任何实际的影响；否则就调用该层所对应的函数来实现相应的逻辑。

我们以 LayerNeutralInvariant 为例，来看一下通用接口的实现方式：

```
1  template <typename L>
2  std::true_type NeutralInvariantTest(decltype(&L::NeutralInvariant));
```

```
3
4    template <typename L>
5    std::false_type NeutralInvariantTest(...);
6
7    template <typename TLayer>
8    void LayerNeutralInvariant(TLayer& layer)
9    {
10       if constexpr (decltype(NeutralInvariantTest<TLayer>(nullptr))::value)
11           layer.NeutralInvariant();
12   }
```

第 4 章讨论过 IsIterator 元函数的实现。这里采用了类似的实现方法：NeutralInvariantTest 有两个重载版本，其中的一个接收 decltype(&L::NeutralInvariant)为参数，返回 std::true_type。如果层的实现类模板中包含了 NeutralInvariant 成员函数，那么编译器会匹配这个版本；否则编译器将匹配以...为参数的版本并推断出其返回值类型为 std::false_type。

在 LayerNeutralInvariant 中的 decltype...调用将触发编译器选择两个重载版本之一，并获取返回类型中的常量 value。只有在匹配了第一个重载版本时，ifconstexpr 中的求值结果才为 true，这会导致系统执行 layer.NeutralInvariant()，否则 LayerNeutralInvariant 将不进行任何操作，直接返回。

以上，我们讨论了构造层所需要的大部分辅助逻辑。还有一些辅助逻辑，是与层的实现密切相关的。我们将在后续讨论层的具体实现时进行说明。

6.3 层的具体实现

本节将通过一些层的代码示例，来说明如何基于前文所讨论的辅助逻辑构造表示基本层的类模板。层根据其特性不同，对这些逻辑的使用情况也不相同。我们将从相对简单的层开始讨论。

6.3.1 AddLayer

AddLayer 是 MetaNN 所实现的一个相对简单的层，它接收两个矩阵或批量矩阵，对二者相加并返回相加的结果。

AddLayer 是一个两输入、一输出的层，因此我们首先需要定义其输入容器，其输出容器则可以直接使用 LayerIO：

```
1    using AddLayerInput = NamedParams<struct AddLayerIn1,
2                                      struct AddLayerIn2>;
```

在此基础上，AddLayer 的类模板定义如下：

```
template <typename TPolicies>
class AddLayer
{
    static_assert(IsPolicyContainer<TPolicies>,
                  "TPolicies is not a policy container.");
    using CurLayerPolicy = PlainPolicy<TPolicies>;

public:
    static constexpr bool IsFeedbackOutput
        = PolicySelect<FeedbackPolicy,
                       CurLayerPolicy>::IsFeedbackOutput;
    static constexpr bool IsUpdate = false;
    using InputType = AddLayerInput;
    using OutputType = LayerIO;

public:
    template <typename TIn>
    auto FeedForward(const TIn& p_in)
    {
        const auto& val1 = p_in.template Get<AddLayerIn1>();
        const auto& val2 = p_in.template Get<AddLayerIn2>();

        using rawType1 = std::decay_t<decltype(val1)>;
        using rawType2 = std::decay_t<decltype(val2)>;

        static_assert(!std::is_same<rawType1, NullParameter>::value,
                      "parameter1 is invalid");
        static_assert(!std::is_same<rawType2, NullParameter>::value,
                      "parameter2 is invalid");

        return OutputType::Create()
            .template Set<LayerIO>(val1 + val2);
    }

    template <typename TGrad>
    auto FeedBackward(TGrad&& p_grad)
    {
        if constexpr (IsFeedbackOutput)
        {
            auto res = p_grad.template Get<LayerIO>();
            return AddLayerInput::Create()
                .template Set<AddLayerIn1>(res)
                .template Set<AddLayerIn2>(res);
        }
        else
        {
            return AddLayerInput::Create();
        }
    }
};
```

它接收 TPolicies 作为其模板参数，在其内部要求 TPolicies 必须是一个 PolicyContainer

的容器列表[①]（4～5 行）。在此基础上，使用 PlainPolicy 对参数进行过滤。获得当前层所对应的平凡参数列表 CurLayerPolicy。

我们之前并没有对 PlainPolicy 进行讨论。它是一个元函数，引入的主要目的与复合层相关。我们会在第 7 章介绍这个元函数。目前，读者只需要理解 PlainPolicy 的输出也是一个 PolicyContainer 的容器列表，同时对于基础层来说，PlainPolicy 的输入与输出基本相同。

在获得了 CurLayerPolicy 后，下一步就可以从中获取一些 Policy 信息了：比如 9～11 行就获取了 IsFeedbackOutput 的值，表示该层是否需要输出梯度。AddLayer 只需要这个信息：它内部并不包含参数矩阵，因此这里引入了 IsUpdate 值并将其设置为 false，表示该层不需要进行参数更新。

需要说明的是，虽然 AddLayer 不需要更新，但我们还是要求其提供 IsUpdate 的值。事实上，这个值连同 IsFeedbackOutput 是每个层都需要提供的信息——在第 7 章中，我们需要调整层的 IsFeedbackOutput 值，而要调整它，我们就必须知道网络中其他层的 IsUpdate 与 IsFeedbackOutput。

除了这两个信息，层还需要提供 InputType 与 OutputType 表示其输入/输出的容器类型——它们也将在复合层中用到。通过上述定义，不难看出，AddLayer 的输入容器为 AddLayerInput，输出容器为 LayerIO。

AddLayer::FeedForward 用于正向传播，其实现逻辑很简单：根据键获取两个输入参数，判断输入参数不为空（23～29 行），之后将两个输入相加，并将相加的结果保存到输出容器中并返回。

AddLayer::FeedBackward 接收输入梯度，计算 AddLayerIn1 与 AddLayerIn2 所对应的输出梯度。这个函数内部使用了 constexpr if 来完成相应的逻辑。之所以这样设计，是因为我们需要根据 IsFeedbackOutput 的值引入不同的逻辑。IsFeedbackOutput 为真表示需要计算输出梯度，此时第一个分支会被编译。对于 AddLayer 来说，这意味着将输入梯度分别复制给 AddLayerIn1 与 AddLayerIn2。反过来，IsFeedbackOutput 为假表示不需要计算输出梯度，此时我们只需要简单地构造 AddLayerInput 类型的空容器并返回即可。

以上就是 AddLayer 的主体实现代码。因为它不会在其内部维护参数矩阵，同时也无需维护中间信息来辅助其进行反向传播。所以，它不需要引入 Init 等接口。从这个角度上来说，它是一个相对简单的层。

6.3.2 ElementMulLayer

ElementMulLayer 接收两个矩阵（或矩阵列表），将其中的对应元素相乘后生成新的矩阵（或矩阵列表）并输出。

ElementMulLayer 与 AddLayer 很相似，只不过一个是进行元素相乘，一个是进行元素

① 使用 IsPolicyContainer 元函数判断，对该元函数的定义见第 2 章。

相加。因为 ElementMulLayer 进行元素相乘，所以在计算输出梯度时需要正向传播时的输入。具体来说，如果正向传播输入的参数一与参数二分别为 A 与 B，反向传播的输入梯度为 G，那么对应参数一的输出梯度为 G∘B，对应参数二的输出梯度为 G∘A（∘表示元素对应相乘）。从这个分析中不难看出：我们需要在正向传播时记录输入信息，以供反向传播计算梯度使用。

记录中间结果

为了计算输出梯度，我们需要在层中保存正向传播的输入作为中间结果。但需要注意的是：这些中间信息只是在“需要计算输出梯度”时才有保存的意义。ElementMulLayer 的主体代码如下所示（这里省略了一些在 AddLayer 中已经讨论过的相似逻辑）：

```
1   using ElementMulLayerInput =
2   NamedParams<struct ElementMulLayerIn1,
3               struct ElementMulLayerIn2>;
4
5   template <typename TPolicies>
6   class ElementMulLayer
7   {
8       using CurLayerPolicy = PlainPolicy<TPolicies>;
9   public:
10      static constexpr bool IsFeedbackOutput = ...
11      static constexpr bool IsUpdate = false;
12      using InputType = ElementMulLayerInput;
13      using OutputType = LayerIO;
14
15  public:
16      template <typename TIn>
17      auto FeedForward(const TIn& p_in);
18
19      template <typename TGrad>
20      auto FeedBackward(const TGrad& p_grad);
21
22      void NeutralInvariant();
23
24  private:
25      using BatchMode
26          = PolicySelect<InputPolicy, CurLayerPolicy>::BatchMode;
27
28      using ElemType
29          = typename PolicySelect<OperandPolicy,
30                                  CurLayerPolicy>::Element;
31
32      using DeviceType
33          = typename PolicySelect<OperandPolicy,
34                                  CurLayerPolicy>::Device;
35
36      using DataType
37          = LayerInternalBuf<IsFeedbackOutput,
38                             BatchMode, ElemType, DeviceType,
39                             CategoryTags::Matrix,
```

```
40                              CategoryTags::BatchMatrix>;
41      DataType m_data1;
42      DataType m_data2;
43  };
```

与AddLayer类似,我们首先定义了ElementMulLayerInput,这个容器会作为ElementMulLayer的输入容器。

在ElementMulLayer内部，我们获取了ElementType、DeviceType与BatchMode，分别表示层所处理的计算单元、设备单元以及输入是矩阵还是矩阵列表。利用这些信息，我们调用了LayerInternalBuf来构造用于存储中间结果的类型DataType：

如果不需要向外输出梯度信息（即IsFeedbackOutput为false），那么LayerInternalBuf将返回NullParameter类型——它只是起到了占位的作用，并不会实际参与计算。

反之，如果需要向外输出梯度，那么LayerInternalBuf会构造出std::stack<DynamicData<...>>的数据类型。std::stack中保存的是矩阵还是矩阵列表则由BatchMode的值确定。

ElementMulLayer使用DataType声明了两个变量：m_data1与m_data2——它们将用于存储中间结果。

正向反向传播

在引入了上述数据成员之后，接下来就是在正向与反向传播中使用它们了。首先来看一下正向传播的主体代码：

```
1   template <typename TIn>
2   auto FeedForward(const TIn& p_in)
3   {
4       const auto& val1 = p_in.template Get<ElementMulLayerIn1>();
5       const auto& val2 = p_in.template Get<ElementMulLayerIn2>();
6   
7       // ... 一些输入检查，省略
8   
9       if constexpr (IsFeedbackOutput)
10      {
11          m_data1.push(MakeDynamic(val1));
12          m_data2.push(MakeDynamic(val2));
13      }
14      return LayerIO::Create().template Set<LayerIO>(val1 * val2);
15  }
```

与AddLayer类似，这里首先获取了容器中的两个输入参数。之后，如果需要在反向传播时输出梯度，那么输入的参数会被保存在m_data1与m_data2中。最终，FeedForward构造了LayerIO类型的容器并将两个输入参数相乘的结果保存在该容器中并返回。

反向传播的实现也并不困难：

```
1   template <typename TGrad>
2   auto FeedBackward(const TGrad& p_grad)
3   {
```

```
4       if constexpr (IsFeedbackOutput)
5       {
6           if ((m_data1.empty()) || (m_data2.empty()))
7           {
8               throw std::runtime_error("...");
9           }
10
11           auto top1 = m_data1.top();
12           auto top2 = m_data2.top();
13           m_data1.pop();
14           m_data2.pop();
15
16           auto grad_eval = p_grad.template Get<LayerIO>();
17
18           return ElementMulLayerInput::Create()
19               .template Set<ElementMulLayerIn1>(grad_eval * top2)
20               .template Set<ElementMulLayerIn2>(grad_eval * top1);
21       }
22       else
23       {
24           return ElementMulLayerInput::Create();
25       }
26   }
```

如果不需要向外传输梯度，那么直接返回 ElementMulLayerInput 的空容器即可，否则就使用之前保存的中间结果计算输出梯度，并放到 ElementMulLayerInput 容器中返回。

中性检测

因为引入变量来记录中间结果，所以我们需要在层的实现中引入中性检测的逻辑。确保在一轮训练结束后，层还是处于中性状态——这样可以在一定程度上确保训练过程的正确性：

```
1   void NeutralInvariant()
2   {
3       if constexpr(IsFeedbackOutput)
4       {
5           if ((!m_data1.empty()) || (!m_data2.empty()))
6           {
7               throw std::runtime_error("NeutralInvariant Fail!");
8           }
9       }
10  }
```

如果在调用 NeutralInvariant 时，层中的 m_data1 与 m_data2 还包含元素，那么系统将抛出异常，表示中性检测失败。

以上就是 ElementMulLayer 的主体逻辑。可以看出，为了支持在反向传播时输出梯度，我们需要在层中引入额外的数据域以记录中间结果。事实上，除了支持输出梯度的计算，记录中间结果还有另外一种用途：计算参数梯度。我们之前所看到的两个层都不包含参数矩阵，因此也就不涉及参数更新的问题。接下来，我们将看到包含了参数矩阵的层是如何通过中间变量来计算参数梯度的。

6.3.3 BiasLayer

BiasLayer 与 AddLayer 具有相似的功能：都是实现了矩阵或矩阵列表相加。但与 AddLayer 不同的是，BiasLayer 会在其内部维护一个矩阵参数，在正向传播时，这个层只接收一个矩阵，将接收到的矩阵与其内部维护的矩阵相加并输出。

基本框架

BiasLayer 类模板的基本框架如下所示：

```
1   template <typename TPolicies>
2   class BiasLayer
3   {
4       using CurLayerPolicy = PlainPolicy<TPolicies>;
5   public:
6       static constexpr bool IsFeedbackOutput = ...
7       static constexpr bool IsUpdate
8           = PolicySelect<FeedbackPolicy, CurLayerPolicy>::IsUpdate;
9       using InputType = LayerIO;
10      using OutputType = LayerIO;
11
12  private:
13      using ElementType = ...
14      using DeviceType = ...
15
16  public:
17      BiasLayer(std::string p_name, size_t p_vecLen);
18      BiasLayer(std::string p_name, size_t p_rowNum, size_t p_colNum);
19
20  public:
21      template <typename TInitializer, typename TBuffer,
22      typename TInitPolicies = typename TInitializer::PolicyCont>
23      void Init(TInitializer& initializer, TBuffer& loadBuffer,
24                std::ostream* log = nullptr);
25
26      template <typename TSave>
27      void SaveWeights(TSave& saver);
28
29      template <typename TIn>
30      auto FeedForward(const TIn& p_in);
31
32      template <typename TGrad>
33      auto FeedBackward(const TGrad& p_grad);
34
35      template <typename TGradCollector>
36      void GradCollect(TGradCollector& col);
37
38      void NeutralInvariant() const;
```

```
39
40  private:
41      const std::string m_name;
42      size_t m_rowNum;
43      size_t m_colNum;
44
45      Matrix<ElementType, DeviceType> m_bias;
46
47      using DataType
48          = LayerInternalBuf<IsUpdate,
49                             BatchMode, ElemType, DeviceType,
50                             CategoryTags::Matrix,
51                             CategoryTags::BatchMatrix>;
52
53      DataType m_grad;
54  };
```

BiasLayer 在其内部维护的参数矩阵会被视为整个网络的参数的一部分。因此，这个层需要提供模型的加载、存储与更新等功能。BiasLayer 包含了 Init、SaveWeights 等接口，用于提供参数相关的操作。

除了这些接口，BiasLayer 还使用模板参数来推断 IsUpdate 的值（7～8 行）。这与之前所讨论的两个层不同：因为该层中包含了参数矩阵，所以它需要这个信息来判断是否对其维护的参数进行更新。

BiasLayer 提供两个构造函数，它们所接收的第一个参数都是字符串类型，表示其内部的参数矩阵名称。除了参数矩阵的名称，BiasLayer 还需要接收尺寸信息从而为参数矩阵开辟空间。

BiasLayer 可以接收两种形式的尺寸信息（对应两个构造函数）：如果输入的只是一个值，那么 BiasLayer 将构造一个（行）向量；如果输入两个值，那么 BiasLayer 将根据其构造一个参数矩阵。所构造的向量或矩阵将保存在 m_bias 数据域之中。

与 ElementMulLayer 类似，BiasLayer 也使用了 LayerInternalBuf 来确定中间变量的数据类型。但与 ElementMulLayer 不同的是，BiasLayer 使用 IsUpdate 而非 IsFeedbackOutput 来作为这个元函数的第一个参数。这是因为只有在需要进行参数更新时，才需要保存计算的中间结果。

参数初始化与加载

BiasLayer 通过 Init 实现了其内部参数矩阵的初始化与加载：

```
1  template <typename TInitializer, typename TBuffer,
2            typename TInitPolicies = typename TInitializer::PolicyCont>
3  void Init(TInitializer& initializer, TBuffer& loadBuffer,
4            std::ostream* log = nullptr)
5  {
6      if (auto cit = loadBuffer.find(m_name); cit != loadBuffer.end())
7      {
8          const Matrix<ElementType, DeviceType>& m = cit->second;
```

```
 9             if ((m.RowNum() != m_rowNum) || (m.ColNum() != m_colNum))
10             {
11                 throw std::runtime_error("...");
12             }
13             m_bias = m;
14             ... // 输出 Log 信息
15             return;
16         }
17         else if (initializer.IsMatrixExist(m_name))
18         {
19             m_bias = Matrix<ElementType, DeviceType>(m_rowNum, m_colNum);
20             initializer.GetMatrix(m_name, m_bias);
21             loadBuffer[m_name] = m_bias;
22             ... // 输出 Log 信息
23             return;
24         }
25         else
26         {
27             m_bias = Matrix<ElementType, DeviceType>(m_rowNum, m_colNum);
28             using CurInitializer
29                 = PickInitializer<TInitPolicies, InitPolicy::BiasTypeCate>;
30             if constexpr (!std::is_same<CurInitializer, void>::value)
31             {
32                 size_t fan_io = m_rowNum * m_colNum;
33                 auto& cur_init
34                     = initializer.template GetFiller<CurInitializer>();
35                 cur_init.Fill(m_bias, fan_io, fan_io);
36                 loadBuffer[m_name] = m_bias;
37                 ... // 输出 Log 信息
38             }
39             else
40             {
41                 throw std::runtime_error("...");
42             }
43         }
44 }
```

因为要同时处理初始化与加载，所以 Init 接口的声明相对会复杂一些。它接收以下参数。

- TInitializer& initializer：初始化模块的实例。
- TBuffer& loadBuffer：存储其他层已经初始化过的矩阵。
- std::ostream* log：输出流的指针，如果非空，那么将使用其输出日志信息，表明初始化数据的来源。
- TInitPolicies：初始化所使用的 Policy，记录了要使用初始化模块中的哪个初始化器来进行初始化。这个参数为复合层的初始化提供了支持。我们将在第 7 章讨论复合层时再讨论这个参数的用途。

在函数的内部，它会依次尝试使用 3 个途径来初始化/加载参数。

- 如果 loadBuffer 中存在某个矩阵，其名称与当前要初始化的矩阵的名称相同，那么就将 loadBuffer 中的同名矩阵复制给 m_bias（6～16 行），这使得当前层与网络中的其他层共享矩阵参数。

- 否则，如果 initializer 存在某个矩阵对应的名称为当前层的名称，那么就将该矩阵的值加载到 m_bias 中（17～24 行）。
- 否则，选择一个初始化器来初始化（26～43 行）。

前两部分的逻辑都比较直观，这里重点说明一下第 3 部分的逻辑。

在选择初始化器初始化时，系统首先调用了 PickInitializer 来获取初始化器所对应的标签。这个元函数的第二个参数是 InitPolicy::BiasTypeCate，表明要获取的初始化器用于初始化偏置层相关的矩阵。PickInitializer 在其内部会首先尝试使用 InitPolicy::BiasTypeCate 来获取初始化标签，如果这个标签没有被设置（即获取到的是 void 类型），那么将再次尝试使用 InitPolicy::OverallTypeCate 来获取初始化标签——即获取默认的初始化器。

获取到相应的初始化器标签后，如果该标签是一个有效的初始化器标签（即不为 void），那么系统就会调用 GetFiller 依据这个标签获取相应的初始化器，并使用获取到的初始化器调用 Fill 来初始化参数矩阵。Fill 函数接收要初始化的参数矩阵，以及矩阵的输入、输出元素个数作为参数[①]。BiasLayer 的输入元素与输出元素个数相同，都等于参数矩阵中元素的个数，因此这里直接将 m_rowNum*m_colNum 传递到该函数中。

如果初始化器所对应的标签是无效的（即为 void），系统将抛出异常，表示无法初始化。

参数的获取

BiasLayer 提供了 SaveWeights 接口供调用者获取其中存储的参数矩阵：

```
1   template <typename TSave>
2   void SaveWeights(TSave& saver) const
3   {
4       auto cit = saver.find(m_name);
5       if ((cit != saver.end()) && (cit->second != m_bias))
6       {
7           throw std::runtime_error(...);
8       }
9       saver[m_name] = m_bias;
10  }
```

它接收一个 saver 作为参数，saver 也是一个词典，保存了名称与矩阵的对应关系。它会首先在词典中搜索是否出现同名矩阵，如果出现，那么有可能是因为多个层共用矩阵参数所产生的，否则就是网络出现了错误。我们使用 cit->second!=m_bias 来判断两个矩阵是否指向了不同的内存，如果它返回真，那么系统将抛出相应的异常信息。

正向与反向传播

BiasLayer 用于正向传播的代码非常简单：

① 某些初始化算法需要使用这两个数值作为参数。

```
template <typename TIn>
auto FeedForward(const TIn& p_in)
{
    const auto& val = p_in.template Get<LayerIO>();
    return LayerIO::Create().template Set<LayerIO>(val + m_bias);
}
```

它直接从输入容器中获取键为 LayerIO 的参数，将其与 m_bias 相加后写到输出容器中并返回。

而对于反向传播来说，则需要引入相应的逻辑以记录更新参数所需的梯度：

```
template <typename TGrad>
auto FeedBackward(const TGrad& p_grad)
{
    if constexpr (IsUpdate)
    {
        const auto& tmp = p_grad.template Get<LayerIO>();
        assert((tmp.RowNum() == m_bias.RowNum()) &&
               (tmp.ColNum() == m_bias.ColNum()));

        m_grad.push(MakeDynamic(tmp));
    }
    if constexpr (IsFeedbackOutput)
        return p_grad;
    else
        return LayerIO::Create();
}
```

如果当前类的 IsUpdate 为真，那么这个函数会将 p_grad 中的信息保存在 m_grad 的栈中。

如果 IsFeedbackOutput 为真，那么 BiasLayer 要构造输出梯度的信息。而 BiasLayer 的输出梯度与输入梯度相同，因此直接返回 FeedBackward 的输入参数即可。如果 IsFeedbackOutput 为假，那么就构造空的 LayerIO 容器并返回。

收集参数梯度

BiasLayer 在其内部维护了参数矩阵，因此需要提供接口在反向传播完成后收集参数梯度，用于后续的参数更新。BiasLayer 提供了 GradCollect 来收集参数梯度：

```
template <typename TGradCollector>
void GradCollect(TGradCollector& col)
{
    if constexpr (IsUpdate)
    {
        MatrixGradCollect(m_bias, m_grad, col);
    }
}
```

GradCollect 接收 TGradCollector 类型的参数，这个参数需要提供一个 Collect 接口来收集参数梯度。在 GradCollect 内部，这个函数会判断当前层是否涉及参数更新，如果是的话，就调用 MatrixGradCollect 完成梯度收集：

```
template <typename TWeight, typename TGrad, typename TGradCollector>
void MatrixGradCollect(const TWeight& weight,
                       TGrad& grad,
                       TGradCollector& col)
{
    while (!grad.empty())
    {
        auto g = grad.top();
        grad.pop();
         col.Collect(weight, g);
     }
 }
```

中性检测

BiasLayer 中引入了中间变量，因此也需要提供中性检测的接口：

```
void NeutralInvariant() const {
    if constexpr(IsUpdate)
    {
        if (!m_grad.empty())
        {
            throw std::runtime_error("NeutralInvariant Fail!");
        }
    }
}
```

该接口的实现与 ElementMulLayer 中的同名函数基本一致。主要的差异是这里只有在 IsUpdate 为真时才会执行中性检测。

6.4 MetaNN 已实现的基本层

通过上述几个例子，我们已经了解了 MetaNN 中基本层的设计原理与构造技巧。理论上来说，使用上述方式可以构造各种各样的层了。MetaNN 使用这些技巧实现了若干基本层。本章并不会对它们的代码一一分析，只会在本节中概述它们的接口与功能——具体的代码就留给读者自行阅读了。

AbsLayer

- 功能概述：接收矩阵或矩阵列表，对其中的每个元素求绝对值并返回。
- 输入/输出容器：LayerIO。

AddLayer

- 功能概述：接收两个矩阵或矩阵列表，返回它们相加的结果。
- 输入容器：AddLayerInput。
- 输出容器：LayerIO。

BiasLayer

- 功能概述：接收一个矩阵或向量，计算它与层内部的矩阵或向量的和并输出。层的内部包含参数矩阵，如果需要的话，会使用 InitPolicy::BiasTypeCate 所指定的初始化器来初始化该矩阵。
- 输入/输出容器：LayerIO。

ElementMulLayer

- 功能概述：接收两个矩阵或矩阵列表，返回它们相乘的结果。
- 输入容器：ElementMulLaterInput。
- 输出容器：LayerIO。

InterpolateLayer

- 功能概述：接收 3 个矩阵或矩阵列表，对它们进行 Interpolate 运算。
- 输入容器：InterpolateLayerInput。
- 输出容器：LayerIO。

SigmoidLayer

- 功能概述：接收一个矩阵或矩阵列表，对其进行 Sigmoid 运算。
- 输入/输出容器：LayerIO。

SoftmaxLayer

- 功能概述：接收一个矩阵或矩阵列表，对其进行 VecSoftmax 运算。
- 输入/输出容器：LayerIO。

TanhLayer

- 功能概述：接收一个矩阵或矩阵列表，对其进行 Tanh 运算。
- 输入/输出容器：LayerIO。

WeightLayer

- 功能概述：接收一个矩阵或矩阵列表，将其与层内部的矩阵做点乘并输出。层的内部包含参数矩阵，如果需要的话，会使用 InitPolicy::WeightTypeCate 所指定的初始化器来初始化该矩阵。
- 输入/输出容器：LayerIO。

NegativeLogLikelihoodLayer

- 功能概述：接收前驱层的输出与标注信息，计算负对数似然的损失函数。
- 输入容器：CostLayerIn。
- 输出容器：LayerIO。

6.5 小结

本章讨论了 MetaNN 中的基本层。

一方面，层首先是运算的封装，它将正反向传播所需要的运算关联起来，放到一个类模板中；另一方面，层并不局限于运算的封装，它可以通过 Policy 对象修改其行为，从而提供更灵活的使用方式。

这种灵活性是有代价的。在本章中可以看到，为了灵活而高效地支持不同的行为，我们需要引入大量的编译期分支操作（比如：基于是否要更新参数矩阵而引入不同的分支）。通常来说，这种分支都是在函数内部引入的：根据编译期参数的不同，选择不同的行为。对于这种情况，使用 C++ 17 中的 constexpr if 可以很好地组织相应的代码，不需要求诸于模板特化等相对复杂的分支实现方式。

为了让层支持梯度计算，我们引入了动态数据类型 DyanmicData，这个类型会在具体的数据类型之外包裹一层，从而屏蔽了不同数据类型之间的差异。这种类型的引入使得我们可以在层中保存正向与反向传播时的中间结果，从而为后续的参数梯度更新提供前提。但这种方式会对后续的代码优化产生不良影响：从本质上来说，引入 DyanmicData 就是去掉具体数据类型信息的过程。只有去掉了这些具体的数据类型，我们才能将它们无差别地保存在层的数据域中。但这些具体的数据类型信息对求值过程的优化是非常有用的，可以采用一些方式“找回”部分丢失的信息，但要找回全部丢失的信息几乎是不可能的——丢失的这些信息将使得我们失去一些求值优化的可能。

虽然有着这种潜在的问题，但总的来说，层还是一种不错的数据结构：它对用户友好，便于使用。虽然本章是基于很基本的层来讨论开发技术的，但同样的技术也可以用于实现更复杂的层。

是的，从理论上来说，我们可以用本章讨论的技术来开发很复杂的层。但从实践上来说，这通常并不是什么好主意。随着层复杂度的增长，其编写难度以及出错的可能性也会增加。我们将在下一章看到，通过引入专门的组件，我们可以对基本层进行方便地组合，从而构造出复杂的层，降低编写的难度与出错的可能性。

6.6 练习

1. 在 BiasLayer::Init 中有如下的逻辑：

```
1 if constexpr (!std::is_same<CurInitializer, void>::value)
2     // ...
3 else
4     throw std::runtime_error("...");
```

   其中的 throw 语句用于处理初始化标签无效的情况。抛弃异常是运行期的行为，如果将其修改为编译期的行为，比如改成如下的方式：

```
1 if constexpr (!std::is_same<CurInitializer, void>::value)
2     // ...
3 else
4     static_assert(DependencyFalse<CurInitializer>);
```

   是否可以？想想为什么，自己动手改一下代码并验证你的想法。

2. 限于篇幅，本章只讨论了层的概念与设计方法，并没有对 MetaNN 中层的相关代码进行逐行分析。请仔细阅读 MetaNN 中与基本层相关的代码，特别是 WeightLayer 的代码，确保理解其实现细节。
3. 在第 5 章实现的 ReLU 与 ReLUDerivative 操作的基础上，编写一个 ReLU 层。
4. 目前，在层的 FeedForward 与 FeedBackward 处理过程中，使用的 Get 方法都是通过复制来返回要获取的元素——这在一些情况下是不必要的。在第 2 章的练习中，我们实现了以移动的方式获取元素的方法，基于这个方法优化层中的 FeedForward 与 FeedBackward 等函数，减少元素的复制次数。（提示：变量都是左值，因此不能直接以移动的语义从函数的输入中获取参数，而是需要借助 std::forward 进行转发）

第 7 章

复合层与循环层

第 6 章讨论了基本层的编写，同时定义了 MetaNN 中的层所需要实现的接口集合。理论上，我们可以使用上一章所讨论的方式来实现深度学习网络中所有的层结构。但在实际使用中，如果层的逻辑比较复杂，那么直接使用上一章所讨论的方法来构造则比较困难，容易出错。

一个复杂的层通常会包含若干操作，它们可能以某种形式相互影响。在这种情况下，编写出正确的正向传播代码就可能是一件比较困难的事了，而编写出正确的反向传播代码则更加复杂。我们说深度学习系统是复杂的，很大程度上就是因为在网络变得复杂时，能写出正确的正向、反向传播代码是件相对困难的事。进一步，当系统变得复杂时，如果层中的逻辑出现了错误，那么希望通过调试来找出这样的错误就会十分困难。

开发复杂的层还有另一方面的问题：我们需要通过 Policy 对象的形式调整层的行为。但如果层变得复杂了的话，其中可调整的东西就会变多。采用上一章所讨论的 Policy 加分支的方式，引入相对较少的行为分支逻辑是可能的，而处理复杂的行为调整则就会使得代码难以维护——这些都是需要解决的问题。

针对这些问题，MetaNN 引入了复合层的概念。复合层是基本层的组合——是一种典型的组合模式。复合层内部的基本层构成了有向无环图的结构。复合层会根据其内部的图结构自动推导出要如何进行正向与反向传播等操作。使用复合层最大的好处在于：我们可以将原本复杂的计算逻辑拆分成相对简单的计算逻辑的序列，从而简化代码的编写与维护。一方面，复合层是由基本层组合而成的，为了确保复合层的逻辑正确性，我们要确保其中包含的每个基本层的逻辑是正确的，但与前者相比，确保后者会容易很多。另一方面，为了确保复合层工作正确，我们还需要保证复合层内部所推导的正向、反向传播等逻辑是正确的。这会相对困难一些，但这部分逻辑的可复用性很强，只要花费一定的时间，将这部分的逻辑编写正确，那么就可以被复用到所有复合层的实例之中。

复合层是基本层的组合。为了构造复杂的深度学习网络，大部分深度学习框架都提供了某种方式对较基本的组件进行整合。与其他深度学习框架相比，MetaNN 中复合层的一个最大的不同之处在于：其中的很多操作（如基于图结构推导出正向、反向传播的逻辑）是在编译期完成的。这一点与 MetaNN 的整体设计一脉相承。我们希望尽可能地利用元编程与编译期计算，来简化运行期的相关逻辑，为系统优化提供可能。

本章会重点讨论复合层的构造。与 MetaNN 中的其他组件类似，我们首先需要设计复合层的接口，讨论一下用户需要怎么使用相关的组件。基于已经设计好的接口，我们将讨论具体的实现方案——这包括两个部分：Policy 的继承与复合层核心逻辑的构建。

在讨论了复合层的核心逻辑的基础上，我们将基于复合层构造循环层。循环层是循环神经网络的基本组成部分[①]。我们将基于一种经典的循环神经网络组件：GatedUnitedUnit（GRU）来讨论如何构造循环层。而对 GRU 的实现，也可视为复合层的一个典型应用。

7.1 复合层的接口与设计理念

7.1.1 基本结构

复合层是一种典型的组合模式，它对外的接口应该满足 MetaNN 对“层”的基本要求。而对于一个层来说，其最核心的两个操作是正向与反向传播。复合层也需要提供这两个接口。

复合层是基本层的组合，但复合层中并不一定只包含基本层，也可以包含其他的复合层，从而形成更加复杂的结构。为了后续讨论方便，我们将一个复合层所包含的层统一称为其“子层”。子层可以是基本层，也可以是另一个复合层。在第 6 章中，我们提到了 MetaNN 为正向与反向传播引入了输入与输出容器的概念。正向传播接收输入容器对象，返回输出容器对象。反向传播接收输出容器对象，返回输入容器对象。复合层的正向与反向传播接口也需要配置相应的输入与输出容器。这些容器应该能被连接到复合层所包含的子层之中。子层接收复合层所传入的参数后，计算并产生输出。产生的输出可能会连接到其他的子层，也可能会作为复合层的整体输出。

图 7.1 是从正向传播的角度，展示了一个复合层的内部结构。

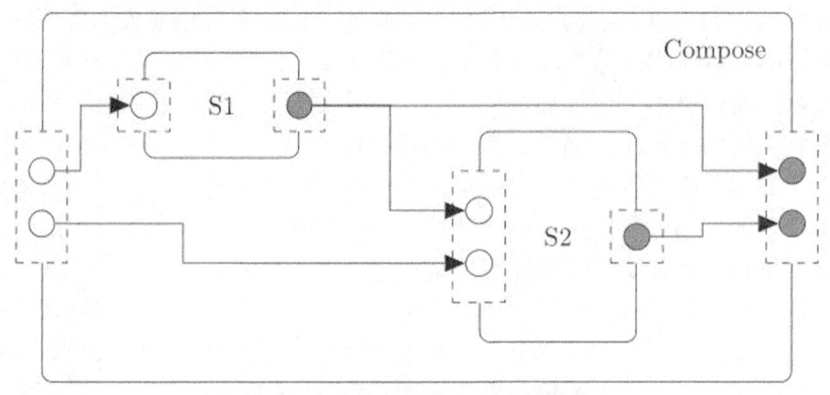

图 7.1 一个典型的复合层内部结构

① 对循环神经网络的简述可以参考第 3 章中的相关内容。

在这个图中，我们用实线框表示层；用虚线框表示层所对应的输入、输出容器；用空心圆点表示输入容器中的元素，用实心圆点表示输出容器中的元素。

这幅图所展示的复合层结构不算复杂，但足够说明问题了。复合层 Compose 包含了两个子层 S1 与 S2。Compose 的输入元素之一会传递到 S1 的输入容器中。S1 的输出结果与 Compose 的另一个输入一起作为 S2 的输入。S2 的输出将作为 Compose 的输出元素之一。而 Compose 的另一个输出则来自于 S1 的输出。

7.1.2 结构描述语法

由图 7.1 不难看出，除了定义输入与输出容器，为了描述一个复合层，我们还需要提供 4 类信息。

- 定义复合层中包含了哪些子层。
- 定义某些子层的输入来自于复合层的输入。
- 定义某些子层的输出组成了复合层的输出。
- 定义某些子层的输出将是另一些子层的输入。

MetaNN 引入了 4 个类模板作为这 4 类信息的载体。

- SubLayer<LayerTag, LayerType>定义了子层。这个类模板描述了子层的标签（LayerTag）与子层的类型（LayerType）。标签表示了子层的“名字”；而类型则指定了子层的功能。比如 AddLayer 就是一个子层类型，表示该层用于将两个矩阵或矩阵列表相加。一个复合层中可能存在多个类型相同的子层，但每个子层都有独立的名称。这个名称将用于引用具体的层对象。
- InConnect<InName, InLayertag, InLayerName>用于将复合层输入容器中的某个元素与其子层输入容器中的某个元素关联起来。其中 InName 表示复合层输入容器中的某个元素，而 InLayerName 则对应子层输入容器中的某个元素。
- OutConnect<OutLayerTag, OutLayerName, OutName>用于将复合层输出容器中的某个元素与其子层输出容器中的某个元素关联起来。其中 OutName 表示复合层输出容器中的某个元素，而 OutLayerName 则对应子层输出容器中的某个元素。
- InternalConnect<OutLayerTag, OutName, InLayerTag, InName>用于将复合层中的两个子层“连接”起来：表明某个子层输出容器中的元素将作为另一个子层输入容器中的元素。

还是以图 7.1 为例，假定复合层的输入容器中包含了两个元素 Input1 与 Input2，输出容器中包含了两个元素 Output1 与 Output2。同时 S1 与 S2 的类型分别为 SigmoidLayer 与 AddLayer。那么就可以通过如下的方式来描述复合层：

```
1  using ComposeIn = NamedParams<struct Input1, struct Input2>;
2  using ComposeOutput = NamedParams<struct Output1, struct Output2>;
3
```

```
4   SubLayer<S1, SigmoidLayer>
5   SubLayer<S2, AddLayer>
6   InConnect<Input1, S1, LayerIO>
7   InConnect<Input2, S2, AddLayerIn2>
8   InternalConnect<S1, LayerIO, S2, AddLayerIn1>
9   OutConnect<S1, LayerIO, Output1>
10   OutConnect<S2, LayerIO, Output2>
```

ComposeIn 与 ComposeOut 分别表示复合层的输入与输出容器。在此基础上，4～5 行定义了两个子层；6～7 行声明了复合层的输入元素与子层的连接方式；第 8 行表示 S1 的输出要连接到 S2 的 AddLayerIn1 上[①]；而最后两行则说明了 S1 与 S2 的输出将作为复合层本身的输出。

复合层的内部结构包含了构造复合层所需要的大部分信息。在此基础上，我们可以进一步调整复合层的行为细节。MetaNN 中，对层的行为的指定主要通过 policy 实现，复合层也不例外。但与基本层不同的是，复合层存在包含与被包含的关系，相应的对行为的指定也就会复杂一些。接下来，让我们看一下如何通过对原有 policy 模板机制进行扩展，从而方便地指定复合层的行为细节。

7.1.3 policy 的继承关系

基础层可以组成复合层，而复合层与基础层可以进一步组合，形成更加复杂的结构。随着层的结构越来越复杂，其行为细节可以调整的方面也就越来越多。对于基础层来说，我们可以通过为其引入相应的 policy 对象来指定其行为细节。而对于复合层来说，很难为其所包含的每个子层依次指定行为细节——一个复合层中可能直接或间接地包含上百个基础层，在这种状态下，为每个基础层一一指定行为细节将是件无聊而且很可能出错的事。

之所以要引入 policy 来调整层的行为，往往出于两种情况。首先，MetaNN 中的每个层都有其默认的行为——这个细节也对应了 policy 的默认值。而通常来说，如果我们希望改变某个行为细节，往往需要改变的是复合层中所有子层的相应细节。比如，在默认情况下，网络中的每一层都会以非 Batch 的方式接收输入（BatchMode 为 false）。我们可能希望其中的某个复合层中所有的子层都采用 Batch 的方式处理输入——即将 BatchMode 变为 true。

另一种情况是：复合层中大部分子层的行为都是满足要求的，但仅有少部分子层所对应的 policy 需要调整。比如，我们希望大部分子层在训练阶段更新其中的参数信息，但某几层不更新其中包含的参数。事实上，为复合层设置 policy 时，只需处理好上述两种情况，就能解决大部分问题。

复合层与其子层是一种包含与被包含的关系。基于这样的结构，对于上述问题一种很自然的解决方案是：我们可以为复合层指定 policy，复合层中的 policy 将应用到其所包含

① 注意 S1 是 SigmoidLayer，其输入/输出容器中均只包含一个元素，用 LayerIO 表示，具体细节见第 6 章。

的所有子层上。另外，子层也可以指定其自身的行为。子层指定的 policy 可以覆盖复合层指定的 policy。假定存在两个 policy 对象 P1 与 P2，我们希望复合层中的大部分子层具有 P1 所指定的行为，而子层 SubX 具有 P2 所指定的行为，那么就可以按照如下的方式声明复合层的 policy：

```
1 | PolicyContainer<P1, SubPolicyContainer<SubX, P2>>
```

SubPolicyContainer 是 MetaNN 中的一个容器，用于为子层赋予相应的 policy 对象。使用上面的代码作为复合层的模板参数时，SubX 之外的子层对应的 policy 将是 PolicyContainer<P1>，而 SubX 子层所对应的 policy 则是 PolicyContainer<P1,P2>或者 PolicyContainer<P2>。具体是哪一种，则取决于 P1 与 P2 是否相冲突（即它们的主要类别与次要类别是否相同）。如果 P1 与 P2 不冲突，那么 SubX 所对应的 policy 是 PolicyContainer <P1,P2>——可以视为 SubX 从其父容器中“继承”了相应的行为；反之，如果二者产生了冲突，那么 SubX 所对应的 policy 是 PolicyContainer<P2>，这表示为 SubX 指定的行为“覆盖”了复合层的 policy 所指定的行为。

我们将这种 policy 的扩展称为 policy 的继承。policy 继承可以被进一步推广。比如 SubX 中还包含了一个子层 SubY，为了对其指定额外的 policy（P3），我们可以这样写：

```
1 | PolicyContainer<P1,
2 |                 SubPolicyContainer<SubX, P2,
3 |                                    SubPolicyContainer<SubY, P3>>>
```

这种结构以一种相对简单的语法指定了复合层中每个子层所对应的 policy。我们将在本章的后面看到如何实现 policy 的继承。

7.1.4 policy 的修正

复合层中还会涉及 policy 的修正逻辑。在第 6 章我们引入了 policy：IsFeedbackOutput，它表示某一层是否需要计算输出梯度。通常来说，这个信息需要由层之间的关系推导得出。具体到复合层中，这就涉及 policy 的修正的问题。

深度学习框架将最终构造出一个由若干层组成的网络。从正向传播的角度上来看，有些层会被先使用，有些层则会利用其他层的结果继续处理。如果一个层 A 直接或间接地利用了某个层 B 的结果作为输入，那么我们就将 B 称为前趋层，A 称为后继层。在反向传播时，后继层的反向传播接口会被首先调用，之后才是前趋层。这就产生了一个问题：如果前趋层需要进行参数更新，那么其用于计算梯度的信息就要由它的后继层所提供。换句话说：如果 B 需要更新参数，那么 A 就必须计算输出梯度。

假定 A 与 B 位于一个复合层之中，同时 A 的 policy 并没有显式声明要计算输出梯度。那么复合层就需要根据 A 与 B 的关系，对 A 的 policy 进行修正，使得它计算输出梯度并向外传递。

7.1.5 复合层的构造函数

复合层的基本结构与 policy 是在编译期指定的。但要构造复合层的实例，还有一些信息要在运行期指定。比如，我们需要调用每个子层的构造函数，传入构造所需的信息（如层的名称、其中包含的参数尺寸等）。为此，我们还需要为每个复合层引入专门的构造函数。

接下来，我们将以一个具体的例子来说明复合层完整的构造方式，并在其中展示复合层的构造函数的编写方法。

7.1.6 一个完整的复合层构造示例

考虑如下的例子：在第 6 章，我们引入了基本层 WeightLayer 与 BiasLayer，现在我们希望基于这二者构造出复合层 LinearLayer，这个复合层会将输入首先通过 WeightLayer，之后通过 BiasLayer。为了构造这个复合层，我们首先需要定义其内部结构：

```
1  struct WeightSublayer;
2  struct BiasSublayer;
3
4  using Topology
5      = ComposeTopology<SubLayer<WeightSublayer, WeightLayer>,
6                        SubLayer<BiasSublayer, BiasLayer>,
7                        InConnect<LayerIO, WeightSublayer, LayerIO>,
8                        InternalConnect<WeightSublayer, LayerIO,
9                        BiasSublayer, LayerIO>,
10                        OutConnect<BiasSublayer, LayerIO, LayerIO>>;
11
12  template <typename TPolicies>
13  using Base = ComposeKernel<LayerIO, LayerIO, TPolicies, Topology>;
```

ComposeTopology 在其内部整合了复合层所需要的大部分结构信息。这也是本章将讨论的重点。在此基础上，我们使用 ComposeKernel 引入了一个类模板，可以通过为该模板传入 policy 来修改这个复合层的行为细节（我们也会在本章讨论 ComposeKernel 的实现细节）。

需要说明的一点是：ComposeTopology 中所有的语句顺序是可以任意调换的。换句话说，如果按照如下的方式书写：

```
1  using Topology
2      = ComposeTopology<InConnect<LayerIO, WeightSublayer, LayerIO>,
3                        SubLayer<WeightSublayer, WeightLayer>,
4                        OutConnect<BiasSublayer, LayerIO, LayerIO>,
5                        SubLayer<BiasSublayer, BiasLayer>,
6                        InternalConnect<WeightSublayer, LayerIO,
7                        BiasSublayer, LayerIO>>;
```

程序的行为不会发生任何改变。

有了这两步之后，如前文所述，我们还需要为复合层引入一个合理的构造函数，传入构造运行期对象所需要的参数信息。为了实现这一点，我们需要引入继承：

```
1  template <typename TPolicies>
2  class LinearLayer : public Base<TPolicies>
3  {
4      using TBase = Base<TPolicies>;
5
6  public:
7      LinearLayer(const std::string& p_name,
8          size_t p_inputLen, size_t p_outputLen)
9          : TBase(TBase::CreateSubLayers()
10                 .template Set<WeightSublayer>(p_name + "-weight",
11                                               p_inputLen, p_outputLen)
12                 .template Set<BiasSublayer>(p_name + "-bias",
13                                             p_outputLen))
14      { }
15  };
```

其中的 CreateSubLayers 也是 ComposeKernel 所提供的辅助函数，我们可以使用其为每个子层指定相应的参数。比如，如果 LinearLayer 中传入的参数是"root",10,3 的话，那么这个复合层就会在其内部构造两个子层，分别命名为 root-weight 与 root-bias。前者使用点乘将输入向量的尺寸由 10 变成 3，后者与另一个长度为 3 的向量相加并返回结果。

以上就是构造复合层所需要的全部工作了——我们无需显式地引入正向、反向传播，参数初始化等操作。这些操作完全是由 ComposeTopology 与 ComposeKernel 在其内部实现的。本章的重点在于讨论如何实现这两个模块。但在此之前，让我们首先讨论一下 policy 继承与修正的实现——ComposeKernel 会调用 policy 的继承与修正接口，推导出子层的 policy。

7.2 policy 继承与修正逻辑的实现

7.2.1 policy 继承逻辑的实现

SubPolicyContainer 容器与相关的元函数

为了实现前文所述的 policy 继承，我们首先需要引入能存储子层 policy 的容器：

```
1  template <typename TLayerName, typename...TPolicies>
2  struct SubPolicyContainer;
3
4  template <typename T>
5  constexpr bool IsSubPolicyContainer = false;
6
7  template <typename TLayer, typename...T>
8  constexpr bool
9  IsSubPolicyContainer<SubPolicyContainer<TLayer, T...>> = true;
```

SubPolicyContainer 的声明并没有什么特别之处，它的模板参数包含两部分：TLayerName 表示层的名称标签，而 TPolicies...则对应要为该层所设置的 policy。

我们同时引入元函数 IsSubPolicyContainer，判断输入类型是否为 SubPolicyContainer 的实例——这个元函数会在后续实现 Policy 相关逻辑时简化代码的编写。

在引入了上述容器后，我们规定 PolicyContainer 中可以包含一般的 policy 对象，也可以包含 SubPolicyContainer 子容器。

PlainPolicy 的实现

引入 SubPolicyContainer 相当于放宽了 PolicyContainer 能包含的内容。这对于复合层，以及 policy 继承是有利的。但新的 PolicyContainer 将无法直接用于 PolicySelect。为了解决这个问题，我们引入了元函数 PlainPolicy，用于去除 PolicyContainer 中所有子层相关的 policy。其基本行为是：遍历 PolicyContainer 中的所有元素，如果它是一个 Policy 对象就保留下来，否则就丢弃。比如，对于以下的 policy 容器：

```
1  using Ori = PolicyContainer<P1,
2                              SubPolicyContainer<...>,
3                              P2,
4                              SubPolicyContainer<...>>;
```

调用 PlainPolicy<Ori>后将构造出 PolicyContainer<P1, P2>。

在第 6 章中，我们看到过对于一个基本层，在获取 policy 之前会首先调用 PlainPolicy：

```
1  template <typename TPolicies>
2  class AddLayer
3  {
4      static_assert(IsPolicyContainer<TPolicies>,
5                    "TPolicies is not a policy container.");
6      using CurLayerPolicy = PlainPolicy<TPolicies>;
7      ...
8  };
```

也正是希望将不必要的子层设置信息滤除，避免它影响后续的 PolicySelect 调用。

PlainPolicy 的实现本质上是一个循环判断，相信到目前为止，读者已经能够很容易地阅读此类代码了。因此相关的代码就留给读者自行分析了。

SubPolicyPicker 元函数

SubPolicyPicker 的定义如下：

```
1  template <typename TPolicyContainer, typename TLayerName>
2  using SubPolicyPicker
3      = typename SubPolicyPicker_<TPolicyContainer, TLayerName>::type;
```

它接收两个模板参数，分别表示复合层的 policy 容器，以及要获取子层的标签。基于这二者构造出子层的 policy 容器。比如假定复合层 policy 容器中的内容是：

```
using PC =
    PolicyContainer<P1,
                    SubPolicyContainer<SubX, P2,
                                       SubPolicyContainer<SubY, P3>>>;
```

那么调用 SubPolicyPicker<PC,SubX>将构造出如下的容器[①]：

```
PolicyContainer<P2,
                SubPolicyContainer<SubY, P3>,
                P1>
```

上述 policy 容器就包含了我们希望赋予 SubX 这个子层的全部 policy。

这里有几点需要说明。

- 根据第 2 章的讨论，我们不难发现，policy 对象在 policy 容器中的位置不会影响其行为。因此我们在这里将 P1 放到整个 Policy 容器的后端。
- SubPolicyPicker 只支持单层解析，对于上面的例子，如果要获取的是 SubY 的 policy，那么就必须调用两次 SubPolicyPicker：

```
using T1 = SubPolicyPicker<PC, SubX>;
using T2 = SubPolicyPicker<T1, SubY>;   //获取 SubY 的 Policy
```

- 上例展示了 P1 与 P2 不存在冲突的情况，如果二者存在冲突，那么生成的 policy 容器就应当是 PolicyContainer<P2, SubPolicyContainer<SubY,P3>>。
- 复合层中可能包含多个子层，一些子层并不会设置单独的 Policy。比如，假定复合层中除了 SubX，还包含 SubZ，那么 SubPolicyPicker<PC, SubZ>会返回 PolicyContainer<P1>，表示该层的 policy 与复合层一致。

在仔细分析上述示例与说明的基础上，不难给出 SubPolicyPicker 实现的基本方案：遍历所有的 SubPolicyContainer，看其是否对应了要提取的子层。如果没有任何一个 SubPolicyContainer 与之对应，那么说明要返回的是复合层所设置的 policy；如果出现了某个 SubPolicyContainer，其第一个模板参数与要提取的层同名，那么就需要基于其构造相应的 policy 容器并返回。在构造新的容器时，需要考虑到原有容器中的 policy 对象，判断它是否与当前容器中的对象存在冲突。如果不冲突，就要将其加入到新的容器中。

SubPolicyPicker 将其实现代理给 SubPolicyPicker_完成。而后者则正是实现了与前文所述的类似的逻辑。为了使代码更加简洁，SubPolicyPicker_对上述逻辑进行了少量的调整，如下：

```
template <typename TPolicyContainer, typename TLayerName>
struct SubPolicyPicker_
{
    using tmp1 = typename SPP_<TPolicyContainer, TLayerName>::type;
```

① 这里假定 P1 与 P2 不存在冲突。

```
5 |     using tmp2 = PlainPolicy<TPolicyContainer>;
6 |     using type = PolicyDerive<tmp1, tmp2>;
7 | };
```

tmp1 查找 SubPolicyContainer 的结果。如果复合层的 policy 容器中没有对要处理的子层进行显式的 policy 指定，那么 SPP_会返回 PolicyContainer<>，即一个空容器。否则它返回的 PolicyContainer 中包含了 SubPolicyContainer 所包含的 policy 对象。

tmp2 则调用了 PlainPolicy 获取复合层 Policy 容器中的 policy 对象，在此基础上，type 调用了 PolicyDerive 将 tmp2 中的内容添加到 tmp1 中——注意只有不冲突的 policy 对象才会被添加。

需要说明的是，SPP_只会搜索到 policy 容器中首个满足要求的 SubPolicyContainer。比如，对于下面的 policy 容器：

```
1 | using Ori = PolicyContainer<P1,
2 |                             SubPolicyContainer<Sub, ...>,
3 |                             SubPolicyContainer<Sub, ...>>;
```

调用 SubPolicyPicker<Ori, Sub>将忽略第二个 SubPolicyContainer 中的内容。读者可以对这一部分的逻辑进行修改，使其能够获取所有满足要求的 SubPolicyContainer 中的 policy。

7.2.2 policy 修正逻辑的实现

MetaNN 中引入元函数 ChangePolicy 来修改 policy 容器中的对象。ChangePolicy 并不局限于修改前文所提到的梯度输出 policy，而是设计得更加通用：

```
1 | template <typename TNewPolicy, typename TOriContainer>
2 | using ChangePolicy
3 |     = typename ChangePolicy_<TNewPolicy, TOriContainer>::type;
```

它接收两个模板参数：第一个模板参数是希望通过修改后引入的 policy 对象，第二个模板参数则是原有的 policy 容器。它会遍历 policy 容器中的每个元素，去除与希望引入的对象相冲突的 policy 对象，并将希望引入的 policy 对象添加到新构造容器的尾部。限于篇幅，这里就不罗列这个元函数的具体实现代码了。有兴趣的读者可以自行阅读。

在实现了 policy 的继承与修正逻辑的基础上，我们就可以使用它们来实现复合层的核心逻辑了。接下来，我们将讨论复合层核心逻辑的实现。如前文所述，复合层的核心逻辑被封装在 ComposeTopology 与 ComposeKernel 两个模板之中。ComposeTopology 会解析前文所讨论的“结构描述语法”，根据层与层之间的关系对复合层中的子层进行排序，排序结果将指导正向与反向传播。而 ComposeKernel 则基于前者的结果实现了层所需要提供的接口：包括正向、反向传播，参数初始化与加载等。我们将首先讨论 ComposeTopology 相关的实现，并在此基础上讨论 ComposeKernel 的实现。

7.3 ComposeTopology 的实现

7.3.1 功能介绍

ComposeTopology 是一个类模板，主要用于解析前文所引入的“结构描述语法”，并由此分析出层的调用先后顺序。在此基础上，这个类还提供一个元函数，用于传入 policy 容器，对复合层所包含的子层进行实例化。

ComposeTopology 的输入是结构描述语法，它由 4 种子句构成，描述了复合层所包含的子层，以及子层之间，子层与复合层之间的输入、输出连接关系。MetaNN 假定这些复杂的连接所描述的本质上是一个有向无环图，图中的结点表示子层，而结点之间的连接关系则刻划了正向传播时数据在子层间的走向。复合层内部的子层组成了一个图结构，在实际进行正向、反向的数据传播时，数据还是会按照一种顺序依次流经每一个层，这种顺序不能搞错，否则将会产生逻辑上的错误。

以图 7.1 为例，复合层中包含了 S1 与 S2 两个子层。在正向传播时，传入复合层的数据只能首先通过 S1，再通过 S2。如果将这个顺序反过来，那么 S2 的输入依赖于 S1 的输出，因此在 S1 没有产生正确的输出时就调用 S2 的正向传播接口，自然无法得到正确的结果。反向传播与之类似，输入到复合层的梯度信息必须要先通过 S2，再通过 S1。推导出这种传播顺序是确保复合层具有正确行为的基础，也是 ComposeTopology 最重要的任务。

该怎么将图的结构转化成这种顺序信息呢？如果读者熟悉数据结构与算法的话，可能已经想到了解决方案：拓扑排序（Topological Sorting）。事实上，这是一个经典的拓扑排序问题。而 ComposeTopology 命名的来源也在于它本质上实现了复合层内子层的拓扑排序。

ComposeTopology 所给出的拓扑排序结果反映了在正向传播时数据应该依次经过的层的顺序。相应地，在反向传播时，我们只需要按照与正向传播完全相反的顺序历经各层，就可以实现梯度的自动计算了。当然，对于正向与反向传播来说，还存在很多的实现细节。这些细节会在本章后续进行讨论。

与通常的拓扑排序实现不同，ComposeTopology 的拓扑排序是在编译期进行的，它完全利用了元编程的技术实现了整个算法。实现 ComposeTopology 是对元编程技术的一次综合性应用。可以说，如果读者能够完全理解拓扑排序的实现代码，那么就可以比较熟练地使用元编程的各种基本方法了。接下来，让我们首先回顾一下拓扑排序的算法，之后再深入到 ComposeTopology 的实现细节之中。

7.3.2 拓扑排序算法介绍

拓扑排序的输入是有向无环图，输出是一个序列。序列中包含了有向无环图中的所有结点。如果在原有的图中，存在一条边由结点A指向结点B，那么在输出的序列中，A一定位于B的前面。对于同样的输入来说，满足上述要求的序列可能不只一个，通常来说，我们只需给出众多合法序列中的一个即可。同时注意这个算法只对有向无环图有效——有向图指出了结点的先后顺序；而图必须是无环的，否则一定无法构造出满足上述要求的序列。

这个算法的思想并不复杂：首先构造一个空的队列L来保存输出结果。接下来处理输入的图：既然是有向无环图，那么一定能找到一个或若干个没有入弧的结点。将这些结点放到L之中（入队），然后从原有的图中删除这些结点以及这些结点的出弧。这相当于基于原有的图构造了一个子图。对子图重复上述操作，能够在L中引入更多的结点，同时将图逐步缩小。直到图中不再包含任何一个结点时，将L输出——L就是我们希望得到的返回结果。

如果输入的图是有环的，那么算法的执行过程中，会出现L中并不包含输入图中所有的结点，但已经无法向L中添加任何一个结点的情况。此时，算法需要报错。

接下来，我们将在编译期实现这个算法。

7.3.3 ComposeTopology 包含的主要步骤

ComposeTopology 实现了拓扑排序。为了能够实现这个算法，它首先要对输入的“结构描述语法”进行解析，从而在概念上“构造”出一个有向无环图的结构。与此同时，ComposeTopology 也会产生一些解析的中间结果，这些结果可以供后续 ComposeKernel 使用。

ComposeTopology 的处理流程大致可以分成如下几步。

1. 对“结构描述语法”中表示4种信息的子句进行划分，每一种放到相应的容器中，从而方便后续的单独处理。

2. 基于上一步的结果，检查所构成的图的合法性：对于非法的情况，给出断言，产生编译期错误信息。

3. 在确保了输入信息是合法的前提下，进行拓扑排序操作。

4. 基于拓扑排序的结果，提供元函数 Instances，在给定 Policy 的基础上实例化每个子层。

让我们依次看一下每一步的实现。

7.3.4 结构描述子句与其划分

我们在前文引入了“结构描述语法”，用于描述复合层的内部结构。这个语法实际上包含了4种子句，而每一种子句实际上是一个类模板。也可以将这4种子句看成4个元函数，允许使用者通过特定的接口来获取其中包含的信息。让我们首先看一下这4种元函数的定义。

- SubLayer<TLayerTag,TLayer>模板接收两个模板参数，分别表示子层的名称（TLayerTag）以及子层的类型（TLayer）。其内部包含了两个声明，用于获取TLayerTag与TLayer的信息：

```
1  template <typename TLayerTag, template<typename> class TLayer>
2  struct SubLayer {
3      using Tag = TLayerTag;
4      template <typename T> using Layer = TLayer<T>;
5  };
```

注意TLayer与SubLayer::Layer都是类模板。这是因为在用户输入这个子句时无需指定policy信息。比如SubLayer<S1,SigmoidLayer>中，TLayer对应的是SigmoidLayer <typename TPolicyCont>，只有后续以具体的Policy容器作为SigmoidLayer类模板的模板参数输入时，SigmoidLayer类模板才能被真正实例化成一个类型。

- InConnect<TInName, TInLayerTag, TInLayerName>接收3个模板参数，表示复合层与子层的输入容器的连接方式。MetaNN中的层以第2章讨论的“异类词典”作为输入、输出容器。这种模块可以包含多个不同类型的数据，每个数据都对应了一个键名以便于索引。InConnect中的TInName与TInLayerName分别表示复合层与子层输入容器中键的名称。而TInLayerTag则表示子层的名称。在InConnect的内部同样提供了若干接口来访问其所包含的信息：

```
1  template <typename TInName,
2            typename TInLayerTag, typename TInLayerName>
3  struct InConnect {
4      using InName = TInName;
5      using InLayerTag = TInLayerTag;
6      using InLayerName = TInLayerName;
7  };
```

- OutConnect<TOutLayerTag, TOutLayerName, TOutName>表示复合层与子层的输出容器的连接方式，其定义与InConnect类似。只不过在这里，TOutLayerName与TOutName分别对应子层与复合层输出容器中的键名。

```
1  template <typename TOutLayerTag, typename TOutLayerName,
2            typename TOutName>
3  struct OutConnect {
4      using OutLayerTag = TOutLayerTag;
5      using OutLayerName = TOutLayerName;
6      using OutName = TOutName;
7  };
```

- InternalConnect<TOutLayerTag, TOutName, TInLayerTag, TInName>则描述了在复合层内部，子层之间的连接关系：在正向传播过程中，从TOutLayerTag子层的输出容器中TOutName键所对应的内容将被传递到TInLayerTag层的输入容器的TInName键所对应的元素中。

```
1  template <typename TOutLayerTag, typename TOutName,
2            typename TInLayerTag, typename TInName>
3  struct InternalConnect {
4      using OutTag = TOutLayerTag;
5      using OutName = TOutName;
6      using InTag = TInLayerTag;
7      using InName = TInName;
8  };
```

在描述复合层的结构时，上述子句可能是混杂在一起的。为了便于后续处理，ComposeTopology 所做的第一件事就是将它们按照不同的类别进行划分。

ComposeTopology 首先引入了 4 个容器，分别用于存储所划分的 4 种子句：

```
1  template <typename...T> struct SubLayerContainer;
2  template <typename...T> struct InterConnectContainer;
3  template <typename...T> struct InConnectContainer;
4  template <typename...T> struct OutConnectContainer;
```

在此基础上，MetaNN 引入了 SeparateParameters_元函数以完成子句的划分：

```
1  template <typename...TParameters>
2  struct SeparateParameters_
3  {
4      // 辅助逻辑
5
6      using SubLayerRes = ...      // SubLayerContainer      的数组
7      using InterConnectRes = ... // InterConnectContainer 的数组
8      using InConnectRes = ...     // InConnectContainer     的数组
9      using OutConnectRes = ...    // OutConnectContainer    的数组
10 };
```

SeparateParameters_元函数本质上是对输入的参数（包含若干子句的结构描述）循环处理，将处理的结果放到 SubLayerRes 等成员中。ComposeTopology 会调用 SeparateParameters_元函数，获取相应的结果：

```
1  template <typename...TParameters>
2  struct ComposeTopology
3  {
4      using SubLayers
5          = typename SeparateParameters_<TParameters...>::SubLayerRes;
6      using InterConnects = ...
7      using InputConnects = ...
8      using OutputConnects = ...
9
10      // ...
11 };
```

7.3.5 结构合法性检查

划分完结构描述子句后，下一步就是对其合法性进行检查。虽然从本质上来说，结构描述子句所构造的是一个有向无环图：图中弧的有向性由结构描述子句的语义来保证；拓扑排序算法本身可以用于检测图中不存在环。除了这两方面，具体到复合层这个应用上来说，还有一些其他的内容需要检查。目前，MetaNN 一共引入了 8 项检查，这里将一一概述。读者可以思考一下，是否还存在其他需要检测的内容。

- 复合层中应包含一个或一个以上的子层。即 ComposeTopology::SubLayers 不能为空。
- 位于同一个复合层中的每个子层都需要具有不同的名称。注意不同的子层可以具有相同的类型（比如都是 AddLayer），但其名称（即 SubLayer 的第一个参数）不能相同。因为名称将用于描述子层的连接关系。如果出现了同名，那么层与层之间的连接关系将无法准确描述。
- 在一条 InternalConnect 描述中，输入层与输出层不能相同，否则将在有向图中构成环。这只是检测环是否存在的最简单的情况——即单个层是否自身形成了环。对于用户的输入，也可能出现多个层构成环的情况，这会在拓扑排序的算法中检测。
- 输入容器的数据来源必须是唯一的。比如，不能存在多个 InConnect 语句，其 InLayerTag 与 InLayerName 完全相同。如果出现，就意味着正向传播过程中，某个输入容器中特定元素的数据来源有多个。那么系统将无从选择使用哪个数据作为 InLayerTag 这一层真正的输入[①]。
- 位于 InternalConnect，InConnect 与 OutConnect 子句中的层的名称必须在某个 SubLayer 子句中出现过。否则将无法把层的名称与层的类型关联起来。
- 与上一条类似，使用 SubLayer 子句所引入的层的名称也必须出现在 InternalConnect、InConnect 与 OutConnect 中，否则这个层就不会参与正向与反向传播，相当于一个“僵尸层”。
- InternalConnect 的输出要么作为某个子层的输入，要么作为复合层的输出：不能悬空，否则反向传播时将无法处理。
- 与上一条类似，在 InConnect 中出现过的层，其输出要么连接到 InternalConnect 中，要么连接到 OutConnect 上，不能悬空。

MetaNN 使用了元函数来进行上述检查。比如对于第二条，MetaNN 引入了 SublayerCheck：

```
1  template <typename TCheckTag, typename...TArray>
2  struct TagExistInLayerComps
3  {
4      // 内部逻辑略
5  };
6
7  template <typename TSublayerCont> struct SublayerCheck;
8
9  template <typename...TSublayers>
```

① 注意，输出并不受此限制。即层的输出容器可以将一个结果传递到多个位置上，而这是有意义的。比如图 7.1 中的 S1 子层就将输出分别传递给了 S2 的输入以及复合层的输出。

```
10  struct SublayerCheck<SubLayerContainer<TSublayers...>>
11  {
12      template <typename...T>
13      struct CheckUniqueLayerTag
14      {
15          static constexpr bool value = true;
16      };
17
18      template <typename TSubLayer, typename...T>
19      struct CheckUniqueLayerTag<TSubLayer, T...>
20      {
21          using CurTag = typename TSubLayer::Tag;
22
23          static constexpr bool tmp
24              = !(TagExistInLayerComps<CurTag, T...>::value);
25          static constexpr bool value
26              = AndValue<tmp, CheckUniqueLayerTag<T...>>;
27      };
28
29      constexpr static bool IsUnique
30          = CheckUniqueLayerTag<TSublayers...>::value;
31  };
```

SublayerCheck 接收 SubLayerContainer 容器的实例，在其内部构造了一个二层循环。外层循环 SublayerCheck::CheckUniqueLayerTag 遍历容器中的每个元素，获取其名字标签，并调用内层循环 TagExistInLayerComps 将这个标签与容器中位于该元素后面的元素相比较。如果比较的结果出现同名，则将 IsUnique 设置为 false，否则将其设置为 true。

在 ComposeTopology 内部，基于 SublayerCheck 引入如下的断言：

```
1  static_assert(SublayerCheck<SubLayers>::IsUnique,
2                "Two or more sublayers have same tag.");
```

限于篇幅，这里就不对每项检查一一分析了。读者可以自行分析相关的代码。

7.3.6 拓扑排序的实现

MetaNN 引入元函数 TopologicalOrdering_ 以封装拓扑排序的核心逻辑。这个元函数的主要实现代码如下：

```
1  template <typename TSubLayerArray, typename TInterArray>
2  struct TopologicalOrdering_;
3
4  template <typename...TSubLayerElems, typename...TInterElems>
5  struct TopologicalOrdering_<SubLayerContainer<TSubLayerElems...>,
6                             InterConnectContainer<TInterElems...>>
7  {
8      // ...
9      using SublayerPreRes =
10         SublayerPreprocess_<SubLayerContainer<>,
11                             SubLayerContainer<>,
```

```
12                              TSubLayerElems...>;
13
14      using OrderedAfterPreproces
15          = typename SublayerPreRes::Ordered;
16      using UnorderedAfterPreprocess
17          = typename SublayerPreRes::Unordered;
18
19      using MainLoopFun
20          = MainLoop<OrderedAfterPreprocess,
21                     UnorderedAfterPreprocess,
22                     InterConnectContainer<TInterElems...>>;
23
24      using OrderedAfterMain = typename MainLoopFun::Ordered;
25      using RemainAfterMain = typename MainLoopFun::Remain;
26
27      using type
28          = typename CascadSublayers<OrderedAfterMain,
29                                     RemainAfterMain>::type;
30  };
```

它接收两个模板参数。在其唯一的特化版本中，规定了两个模板参数必须是 SubLayerContainer 与 InterConnectContainer 的容器类型。也即：之前从结构描述语法中剥离出的表示子层与内部连接关系的信息。使用这两组信息就可以实现拓扑排序的算法了。

复合层拓扑排序算法一共包含 3 步：预处理，主体逻辑，后处理。接下来，我们将对这 3 部分一一分析。

拓扑排序的预处理

TopologicalOrdering_首先调用了 SublayerPreprocess_元函数对输入的子层进行预处理：去除 InterConnectContainer 中不包含的层。

复合层可以表示为有向无环图。但我们并不要求图中的每个子结点都有边与其他结点相连接。比如，完全可以定义一个复合层来表示层的聚合关系：

```
1  SubLayer<S1, SigmoidLayer>
2  SubLayer<S2, AddLayer>
3  InConnect<Input1, S1, LayerIO>
4  InConnect<Input2, S2, AddLayerIn1>
5  InConnect<Input3, S2, AddLayerIn2>
6  OutConnect<S1, LayerIO, Output1>
7  OutConnect<S2, LayerIO, Output2>
```

上述语句所定义的复合层包含两个子层，分别用于计算 Sigmoid 与求和。这两个子层之间并不存在前趋与后继的关系——它们只是简单的聚合。对应到有向无环图上，这两个子层就相当于图中的两个孤立的结点——不与其他结点（子层）相连。

这种子层有个特点：包含在 SubLayerContainer 中，但不包含在 InterConnectContainer 中。SublayerPreprocess_元函数遍历所有的子层，找到具有上述特点的子层，直接添加到拓扑排序的结果队列中。

```
using SublayerPreRes = SublayerPreprocess_<SubLayerContainer<>,
                                           SubLayerContainer<>,
                                           TSubLayerElems...>;

using OrderedAfterPreproces = typename SublayerPreRes::Ordered;
using UnorderedAfterPreprocess = typename SublayerPreRes::Unordered;
```

SublayerPreprocess_本身是一个循环，限于篇幅，其内部逻辑就不在这里分析了。它会产生两个结果：Ordered 与 Unordered。它们都是 SubLayerContainer 类型的容器。分别包含了预处理后已经排好序的子层，以及有待进一步排序的子层。

主体逻辑

拓扑排序的主体逻辑是在 MainLoop 元函数中实现的。MainLoop 的声明如下：

```
template <typename TOrderedSublayers, typename TUnorderedSublayers,
          typename TCheckInternals>
struct MainLoop;
```

它接收 3 个模板参数：分别表示当前已经排好序的子层队列（TorderedSublayers），有待排序的子层对列（TunorderedSublayers），以及子层内部的连接关系（TcheckInternals）。

如果 TCheckInternals 不为空，那么 MainLoop 就进行如下的处理。

- 调用 InternalLayerPrune 元函数，遍历 TCheckInternals 中的元素，从中找到没有任何前趋层信息的子层，将这些子层放在 InternalLayerPrune::PostTags 队列中。同时，如果 InternalLayerPrune::PostTags 中引入了一个新的层，那么 InternalLayerPrune 就会删除 TCheckInternals 中该层所对应的连接关系。最终，InternalLayerPrune 将构造出一个新的 InterConnectContainer 容器——作为 InternalLayerPrune::type 返回。
- 调用 SeparateByPostTag，将 InternalLayerPrune::PostTags 添加到已经排序好的队列中。
- 递归调用 MainLoop，使用新的排序好的队列与新的连接关系作为输入，进行拓扑排序的下一个循环。

MainLoop 每次调用 InternalLayerPrune 后，都会判断 InternalLayerPrune::type 是原始的连接关系的真子集——这表明当前的拓扑排序消耗了一部分连接关系。如果这一点不能满足，那么就说明复合层所对应的图中存在环。如果是这样，那么编译器就会抛出异常，表示出现了错误。这部分逻辑所对应的主体代码如下：

```
template <typename...TSO, typename...TSN, typename TIC, typename...TI>
struct MainLoop<SubLayerContainer<TSO...>,
                SubLayerContainer<TSN...>,
                InterConnectContainer<TIC, TI...>>
{
    using CurInter = InterConnectContainer<TIC, TI...>;

    // 调用 InternalLayerPrune 获取入弧为空的层，构造 PostTags
    // 将这些层从有向无环图中去除， 构造 NewInter
```

```
10        using ILP = InternalLayerPrune<InterConnectContainer<>,
11                                       CurInter, TagContainer<>,
12                                       TIC, TI...>;
13        using NewInter = typename ILP::type;
14        using PostTags = typename ILP::PostTags;
15
16        // 断言复合层中不存在环
17        static_assert((ArraySize<NewInter> < ArraySize<CurInter>),
18                      "Cycle exist in the compose layer");
19
20        // 将 PostTags 中的内容从未排序的容器中去除，添加到排好序的容器中
21        using SeparateByTagFun
22            = SeparateByPostTag<SubLayerContainer<TSN...>,
23                                SubLayerContainer<TSO...>,
24                                SubLayerContainer<>, PostTags>;
25        using NewOrdered = typename SeparateByTagFun::Ordered;
26        using NewUnordered = typename SeparateByTagFun::Unordered;
27
28        // 递归调用 MainLoop
29        using Ordered
30            = typename MainLoop<NewOrdered, NewUnordered, NewInter>::Ordered;
31        using Remain
32            = typename MainLoop<NewOrdered, NewUnordered, NewInter>::Remain;
33    };
```

反之，如果 TCheckInternals 为空，则循环终止。此时，拓扑排序的主体逻辑就完成了：

```
1    template <typename TOrderedSublayers, typename TUnorderedSublayers,
2              typename TCheckInternals>
3    struct MainLoop
4    {
5        using Ordered = TOrderedSublayers;
6        using Remain = TUnorderedSublayers;
7    };
```

拓扑排序的后处理

当输入的子层间内部连接关系为空时，MainLoop 就会终止。但此时并非所有的子层节点都已经添加到拓扑排序的结果队列之中。在 MainLoop 循环结束时，没有后继层但有前趋层的子层并没有被加入到结果队列之中。TopologicalOrdering_会调用 CascadSublayers 元函数，将 MainLoop 处理后剩余的子层添加到拓扑排序结果队列的末尾。

拓扑排序的结果会被保存在 ComposeTopology::TopologicalOrdering 中——这同样是一个 SubLayerContainer 类型的容器。只不过容器中的元素是按照子层的前趋与后继有序排列的。

7.3.7 子层实例化元函数

ComposeTopology 的主要功能是拓扑排序。但除此之外，它也提供一个元函数来进行子层的实例化：

```
1   template <typename...TComposeKernelInfo>
2   struct ComposeTopology
3   {
4       // 拓扑排序结果
5       using TopologicalOrdering = ...;
6
7       template <typename TPolicyCont>
8       using Instances
9           = typename SublayerInstantiation<TPolicyCont,
10                                           TopologicalOrdering,
11                                           InterConnects>::type;
12  };
```

引入这个元函数的主要目的是处理前文所讨论的 policy 继承与修正逻辑。假定复合层中包含 A 与 B 两个子层，其中 A 的后继层为 B，那么如果 A 需要更新内部参数，就一定要确保 B 的 IsFeedbackOutput 为 true。ComposeTopology::Instances 调用了 SublayerInstantiation，负责相关 policy 的调整。SublayerInstantiation 包含了 4 步：计算每个子层的 policy；输出梯度行为检测；policy 修正；子层实例化。

计算每个子层的 Policy

SublayerInstantiation 首先调用了 GetSublayerPolicy 元函数来取得每个子层的 policy：

```
1   template <typename TPolicyCont, typename OrderedSublayers,
2             typename InterConnects>
3   struct SublayerInstantiation
4   {
5       using SublayerWithPolicy
6           = typename GetSublayerPolicy<TPolicyCont,
7                                        OrderedSublayers>::type;
8       // ...
9   }
```

GetSublayerPolicy 本质上是一个循环，它会在其内部对每个子层调用 SubPolicyPicker 元函数，基于复合层的 Policy 推导出每个子层的 policy。

GetSublayerPolicy 返回的是一个 SublayerPolicyContainer 容器。容器中的每个元素又是一个 SublayerPolicies 类型的容器：

```
1   template <typename TLayerTag,
2             template<typename> class TLayer,
3             typename TPolicyContainer>
4   struct SublayerPolicies
5   {
6       using Tag = TLayerTag;
7       template <typename T> using Layer = TLayer<T>;
8       using Policy = TPC;
9   };
```

其中记录了每个子层的名称(Tag),对应的类型(Layer)以及相应的policy 内容(policy)。

注意 GetSublayerPolicy 所返回的 policy 内容只是由复合层的 policy 继承得到的，并没有涉及 policy 的调整。

输出梯度行为检测

在讨论 policy 的继承关系时，我们提到过：子层设置的 policy 对象具有更高的优先级，如果它与包含它的复合层所设置的 policy 有所冲突，那么将以子层的设置为准。

这会造成一个问题：如果复合层设置了 IsFeedbackOutput 为 true，但其子层显式设置了 IsFeedbackOutput 为 false。那么根据上述原则，这表明复合层需要计算输出梯度，而其子层不会计算输出梯度。

复合层要想计算输出梯度，就必须获得其子层所计算的输出梯度结果。因此上述设置是非法的。SublayerInstantiation 会调用 FeedbackOutCheck 元函数，确保不会出现这样的情形：

```
1   template <typename TPolicyCont, typename OrderedSublayers,
2             typename InterConnects>
3   struct SublayerInstantiation
4   {
5       // ...
6
7       using PlainPolicies = PlainPolicy<TPolicyCont>;
8       constexpr static bool IsPlainPolicyFeedbackOut
9           = PolicySelect<FeedbackPolicy,
10                         PlainPolicies>::IsFeedbackOutput;
11       static_assert(FeedbackOutCheck<IsPlainPolicyFeedbackOut,
12                                      SublayerWithPolicy>::value);
13
14       // ...
14   };
```

policy 修正

在一个复合层中，如果前趋层需要计算输出梯度[①]或者需要计算参数梯度以进行参数更新[②]，那么它就必须得到后继层传入的输出梯度。SublayerInstantiation 调用了 FeedbackOutSet 元函数，基于这个原则对 GetSublayerPolicy 的输出结果进行 policy 修正。

```
1   template <typename TPolicyCont, typename OrderedSublayers,
2             typename InterConnects>
3   struct SublayerInstantiation
4   {
5       // ...
6
7       using FBO = FeedbackOutSet<SublayerWithPolicy, InterConnects>;
8
9       using FeedbackOutUpdate
```

① 也即该层的 IsFeedbackOutput 为真。

② 也即该层的 IsUpdate 为真。

```
10          = typename std::conditional_t<IsPlainPolicyFeedbackOut,
11                                        Identity_<SublayerWithPolicy>,
12                                        FBO>::type;
13  };
```

FeedbackOutSet 的声明如下：

```
1  template <typename TInsts, typename InterConnects>
2  struct FeedbackOutSet;
```

这个元函数接收两个参数。参数一是 GetSublayerPolicy 的输出，SublayerPolicyContainer 类型的容器；参数二是子层的连接关系。它会在其内部依次遍历 SublayerPolicyContainer 中的每个子层。如果当前子层需要计算输出梯度或参数梯度，那么就根据子层的连接关系修正其后继层的 policy。

SublayerInstantiation 并未直接调用 FeedbackOutSet，而是将其调用隐藏在一个分支之中：

```
1  using FeedbackOutUpdate
2      = typename std::conditional_t<IsPlainPolicyFeedbackOut,
3                                    Identity_<SublayerWithPolicy>,
4                                    FBO>::type;
```

IsPlainPolicyFeedbackOut 为真则表明复合层需要计算输出梯度。在上一步行为检测的基础上，我们知道如果它为真，就说明每个子层的 IsFeedbackOutput 都被设置为真。此时就不需要调用 FeedbackOutSet 修改子层的 policy 了。反之，才需要调用 FeedbackOutSet。

这里的 Identity_是一个很简单的元函数：

```
1  template <typename T>
2  struct Identity_
3  {
4      using type = T;
5  };
```

std::conditional_t 会输出 Identity_或者 FeedbackOutSet 两个元函数中的一个。在此基础上再次调用 type，则会输出修正后 policy 的结果。

子层实例化

在修正了每个子层的 policy 之后，接下来就可以进行实例化了。也即，使用每个子层修正后的 policy 信息构造出实际的类型。这也是 Instantiation 元函数的工作：

```
1  template <typename TInsts, typename TSublayerPolicies>
2  struct Instantiation
3  {
4      using type = TInsts;
5  };
6
7  template <typename...TInsts, typename TCur, typename...TSublayers>
8  struct Instantiation<std::tuple<TInsts...>,
9                       SublayerPolicyContainer<TCur, TSublayers...>>
```

```
10  {
11      using Tag = typename TCur::Tag;
12      using Policy = typename TCur::Policy;
13
14      template <typename T>
15      using Layer = typename TCur::template Layer<T>;
16
17      using InstLayer = Layer<Policy>;
18
19      using tmpRes = std::tuple<TInsts...,
20                                InstantiatedSublayer<Tag, InstLayer>>;
21
22      using type
23          = typename Instantiation<tmpRes,
24                                   SublayerPolicyContainer<TSublayers...>>::type;
25  };
```

这个元函数接收两个参数，分别表示实例化的结果以及待实例化的层。它是一个循环结构，每次处理一个子层。在一次循环中，它会从待实例化的层中获取相关的信息（第 11～15 行），之后实例化出具体的类（第 17 行），并将实例化的结果放到 std::tuple 的容器中（第 19～20 行）。

最终，Instantiation 的输出①是一个 std::tuple 类型的容器，其中的每个元素都是一个 InstantiatedSublayer 类型的容器：

```
1  template <typename TLayerTag, typename TLayer>
2  struct InstantiatedSublayer
3  {
4      using Tag = TLayerTag;
5      using Layer = TLayer;
6  };
```

InstantiatedSublayer 内部包含了层的标签与类型信息。而 InstantiatedSublayer 则按照拓扑排序的结果顺序排列在 std::tuple 中。

基于这些信息，我们可以进一步构造复合层所包含的子层对象，进行正向、反向传播。而这些逻辑则被封装在 ComposeKernel 之中。

7.4 ComposeKernel 的实现

在 ComposeTopology 的基础上，ComposeKernel 实现了子层对象的管理、初始化与加载、正反向传播等功能。相应地，从 ComposeKernel 派生的类可以直接使用这些功能实现复合层的主体逻辑。

本节将逐一探讨这个类模板所提供的功能。

① 本质上也是 SublayerInstantiation 元函数的输出。

7.4.1 类模板的声明

ComposeKernel 是一个类模板，其声明如下：

```
1  template <typename TInputType,            // 复合层输入容器类型
2            typename TOutputType,           // 复合层输出容器类型
3            typename TPolicyCont,           // 复合层的 Policy
4            typename TKernelTopo            // ComposeTopology 实例
5           >
6  class ComposeKernel;
```

与一般的层的声明相比，这个类模板包含了更多的模板参数：我们要为其指定输入与输出的容器类型、policy 相关的信息，以及 ComposeTopology 的实例。

ComposeKernel 可以被视为一个元函数，使用它可以构造出表示复合层的类模板。比如，一个线性层包含两个子层，分别用于矩阵相乘与相加。可以使用 ComposeKernel 引入如下声明：

```
1  struct WeightSublayer;
2  struct BiasSublayer;
3
4  using Topology
5      = ComposeTopology<SubLayer<WeightSublayer, WeightLayer>,
6                        SubLayer<BiasSublayer, BiasLayer>,
7                        InConnect<LayerIO, WeightSublayer, LayerIO>,
8                        InternalConnect<WeightSublayer, LayerIO,
9                                        BiasSublayer, LayerIO>,
10                        OutConnect<BiasSublayer, LayerIO, LayerIO>>;
11
12  template <typename TPolicies>
13  using Base = ComposeKernel<LayerIO, LayerIO, TPolicies, Topology>;
```

代码的第 1～2 行定义了复合层所包含的子层名称，第 4～10 行定义了子层间的连接关系，第 12～13 行调用 ComposeKernel 元函数构造了 Base 模板。这个模板对应一个复合层。该复合层的输入与输出容器类型均为 LayerIO。同时，Base 模板包含一个模板参数，用于指定复合层的 policy。如果为其引入相应的模板参数，就能实例化出一个包含了大部分复合层处理逻辑的类——其中包含正向、反向传播等主体逻辑[①]。

7.4.2 子层对象管理

ComposeKernel 在其内部维护了一个 SublayerArray 类型的对象，顾名思义，这个对象是一个数组，包含了所有的子层对象。

① 注意实例化出的类中并没有包含子层的初始化逻辑，因此严格来说，实例化的类包含了复合层所需要的大部分逻辑，但并非全部的逻辑。

```
template <typename TInputType, typename TOutputType,
          typename TPolicyCont, typename TKernelTopo>
class ComposeKernel
{
private:
    using TInstContainer
        = typename TKernelTopo::template Instances<TPolicyCont>;
    using SublayerArray
        = typename SublayerArrayMaker<TInstContainer>::SublayerArray;
    // ...
private:
    SublayerArray sublayers;
};
```

代码段的第 6～7 行声明了 TInstContainer，这实际上是 ComposeTopology::Instance 使用 Policy 实例化的结果。根据前文的讨论，不难看出，TInstContainer 实际上是一个 std::tuple 型的容器，其中按照拓扑排序的结果顺序放置了每个子层。每个子层使用一个 InstantiatedSublayer 类型表示，其中包含了子层的命名标签与类型。

在此基础上，第 8～9 行调用 SublayerArrayMaker 元函数构造了 SublayerArray 类型，这个类型同样是一个 std::tuple 的容器，只不过其中的每个元素都是一个 std::shared_ptr <Layer>类型的对象——Layer 表示子层的具体类型。

SublayerArray 维护了子层对象的指针，但 ComposeKernel 并没有提供接口来调用子层的构造函数，完成子层对象的构造。MetaNN 并没有对层的构造函数引入限制，层的构造函数的调用方式可能是各种各样的。相应的也就不存在一个“统一”的构造函数调用方法供 ComposeKernel 使用。为了完成子层的构造，ComposeKernel 还要借助于 SublayerArrayMaker 的其他接口。

除了可以构造 SublayerArray 类型，SublayerArrayMaker 还提供接口，用于初始化 SublayerArray 中的元素：

```
template <typename TSublayerTuple>
struct SublayerArrayMaker
{
public:
    using SublayerArray = ...

    template <typename TTag, typename...TParams>
    auto Set(TParams&&... params);

    operator SublayerArray() const { return m_tuple; }
private:
    SublayerArray m_tuple;
};
```

Set 模板接收的第一个模板参数表示要设置的子层名称，其余的模板参数则表示调用相应子层的构造函数所需要的参数。Set 函数会返回 SublayerArrayMaker 对象，因此可以连续调用多次 Set 以依次构造每个子层。在此之后，可以利用 SublayerArrayMaker 的转换操作获取其底层所保存的 SublayerArray 对象。

另外，ComposeKernel 引入了一个辅助函数来构造 SublayerArrayMaker 类型的对象：

```
1   template <typename TInputType, typename TOutputType,
2             typename TPolicyCont, typename TKernelTopo>
3   class ComposeKernel
4   {
5       using TInstContainer
6           = typename TKernelTopo::template Instances<TPolicyCont>;
7   public:
8       static auto CreateSubLayers()
9       {
10          return SublayerArrayMaker<TInstContainer>();
11      }
12  };
```

这些辅助函数协同工作，以完成子层对象的构造。以前文所讨论的线性层为例，我们可以按照如下方式构造该复合层中的子层对象：

```
1   // 声明 Base 类模板
2   template <typename TPolicies>
3   using Base = ComposeKernel<LayerIO, LayerIO, TPolicies, Topology>;
4
5   // 假定 CurPolicy 是一个 Policy 容器，定义了复合层的 Policy
6   SublayerArray sublayers =
7   Base<CurPolicy>::CreateSubLayers()
8       .template Set<WeightSublayer>(WeightLayer 参数)
9       .template Set<BiasSublayer>(BiasLayer 参数)
```

进一步，我们可以引入一个类派生自 Base 类模板，并将构造子层的逻辑封装在这个类的构造函数中：

```
1   // 声明 Base 类模板
2   template <typename TPolicies>
3   using Base = ComposeKernel<LayerIO, LayerIO, TPolicies, Topology>;
4
5   template <typename TPolicies>
6   class LinearLayer : public Base<TPolicies>
7   {
8       using TBase = Base<TPolicies>;
9
10  public:
11      LinearLayer(const std::string& p_name,
12          size_t p_inputLen, size_t p_outputLen)
13          : TBase(TBase::CreateSubLayers()
14                  .template Set<WeightSublayer>(p_name + "-weight",
15                                                p_inputLen, p_outputLen)
16                  .template Set<BiasSublayer>(p_name + "-bias", p_outputLen))
17      { }
18  };
```

这也是随书代码中 LinearLayer 的实现方式。

7.4.3　参数获取、梯度收集与中性检测

在第 6 章中，我们提到：如果一个层包含了参数矩阵，那么就需要提供 Init 接口进行参数初始化与加载；提供 SaveWeights 接口以获取矩阵参数；提供 GradCollect 接口以收集参数梯度；提供 NeutralInvariant 接口以检测其是否处于中性状态。同时，每个层都必须提供 FeedForward 与 FeedBackward 接口进行正向、反向传播。

复合层也是层的一种，因此也必须满足这些要求。这些接口的实现都被封装在 ComposeKernel 内部。接下来，我们将讨论 ComposeKernel 中上述接口的实现。

虽然在 MetaNN 中，我们规定了如果层中不包含参数矩阵，那么就不需要实现 Init 等接口。但这项规定只是为了简化层的编写，并非硬性要求。换句话说，如果层中并不包含参数矩阵，那么也可以实现 Init 等接口，只不过这些接口不应包含任何实质性的操作。

判断一个复合层是否包含参数矩阵，本质上是判断其中的每个子层是否包含参数矩阵——这相对麻烦一些。为了简化代码编写，ComposeKernel 实现了 Init 等接口。只不过如果复合层的子层并不包含相应的接口，那么 Init 等接口本质上不会引入任何副作用。

本着先易后难的原则，本节将首先讨论 SaveWeights，GradCollect 与 NeutralInvariant 接口的实现。之后将依次讨论 Init 接口与正向、反向传播的实现。

SaveWeights、GradCollect 与 NeutralInvariant 接口的实现很类似，这里以 SaveWeights 为例进行讨论。ComposeKernel 中 SaveWeights 的定义如下：

```
1   template <size_t N, typename TSave, typename TSublayers>
2   void SaveWeights(TSave& saver, const TSublayers& sublayers)
3   {
4       if constexpr (N != ArraySize<TSublayers>)
5       {
6           auto& layer = std::get<N>(sublayers);
7           LayerSaveWeights(*layer, saver);
8           SaveWeights<N + 1>(saver, sublayers);
9       }
10  }
11
12  template <typename TInputType, typename TOutputType,
13            typename TPolicyCont, typename TKernelTopo>
14  class ComposeKernel
15  {
16      // ...
17      template <typename TSave>
18      void SaveWeights(TSave& saver) const
19      {
20          SaveWeights<0>(saver, sublayers);
21      }
22  private:
23      SublayerArray sublayers;
24  };
```

ComposeKernel::SaveWeights 会调用同名函数模板 SaveWeights<N,TSave,TSublayers>以获取每个子层所包含的参数。这个函数模板接收两个参数，分别表示存储参数矩阵的容器（saver）与复合层中所包含的子层（sublayers）。在其内部，SaveWeights<N,TSave,TSublayers>通过 constexpr if 引入了循环，依次遍历复合层所包含的每个子层，使用层的通用接口 LayerSaveWeights 尝试调用子层的 SaveWeights 接口。第 6 章提到过，LayerSaveWeights 会自动判断所传入的层是否包含 SaveWeights 接口，如果不包含就不进行任何操作，因此这里的调用是安全的。

ComposeKernel 还用类似的方式引入 GradCollect 与 NeutralInvariant 接口。它们本质上同样是依次访问复合层中的每个子层，通过层的通用接口尝试对每个子层进行参数梯度收集与中性断言的操作。限于篇幅，这里就不列出相应的代码了。

7.4.4　参数初始化与加载

如果层中包含参数矩阵，那么它也需要引入 Init 接口进行参数的初始化与加载。ComposeKernel 为复合层定义了 Init 接口。从本质上来说，这个接口也是依次遍历复合层中的每个子层之后，尝试调用每个子层的 Init 接口——这一点与上一节讨论的 SaveWeights 没有什么不同。之所以要将 Init 单独讨论，是因为我们可能需要为不同的层指定不同的初始化方式。

考虑如下场景：复合层中包含两个线性层[①]，分别命名为 Tag1 与 Tag2，现在我们希望 Tag1 所对应的 BiasLayer 使用某一种方式初始化，而其余的层使用另一种方式初始化。

我们需要使用初始化组件完成 MetaNN 中层的初始化工作。为了实现上述功能，可以按照如下方式定义初始化器：

```
1  struct Uniform1; struct Uniform2;
2  MakeInitializer<float,
3                  PInitializerIs<Uniform1>,
4                  SubPolicyContainer<Tag1,
5                                     PBiasInitializerIs<Uniform2>>>()
6      .SetFiller<Uniform1>(UniformFiller{ -1.5, 1.5 })
7      .SetFiller<Uniform2>(UniformFiller{ 0, 4 });
```

这里分别定义了两个初始化器 Uniform1 与 Uniform2。后者用于初始化第一个线性层的 BiasLayer，而前者则用于初始化其余的层。注意我们不能在 MakeInitializer 中直接引入 policy 对象 PBiasInitializerIs<Uniform2>。这会导致两个线性层的 BiasLayer 均使用 Uniform2 来初始化。这里，我们采用 policy 继承技术，引入 SubPolicyContainer，从而为特定的子层（Tag1）指定相应的初始化器。

为了在 Init 接口中使用 policy 继承，ComposeKernel 必须引入额外的逻辑。ComposeKernel::Init 将初始化的工作委托给一个全局的同名函数完成：

① 线性层本身又是一个复合层，包含了一个 WeightLayer 与一个 BiasLayer。

```
template <typename TInputType, typename TOutputType,
          typename TPolicyCont, typename TKernelTopo>
class ComposeKernel
{
    // ...

    using TInstContainer
        = typename TKernelTopo::template Instances<TPolicyCont>;

     template <typename TInitializer, typename TBuffer,
               typename TInitPolicies = typename TInitializer::PolicyCont>
     void Init(TInitializer& initializer, TBuffer& loadBuffer,
               std::ostream* log = nullptr)
     {
         Init<0, TInitPolicies, TInstContainer>
             (initializer, loadBuffer, log, sublayers);
     }
 };
```

与 SaveWeights 等函数相比，全局的 Init 函数需要一个额外的模板参数：TInstContainer。这是 ComposeTopology::Instance 使用传入的 policy 实例化的结果，是一个 std::tuple 型的容器，其中按照拓扑排序的结果顺序放置了每个子层。每个子层使用一个 InstantiatedSublayer 类型表示，其中包含了子层的命名标签与具体的类型。全句的 Init 接口使用这个容器中的信息获取每个子层的名称，进一步根据复合层初始化 policy 的内容推导出子层初始化所使用的 policy：

```
template <size_t N,
          typename TInitPolicies, typename TSublayerInfo,
          typename TInitializer, typename TBuffer,
          typename TSublayers>
void Init(TInitializer& initializer, TBuffer& loadBuffer,
          std::ostream* log, TSublayers& sublayers)
{
    if constexpr (N != ArraySize<TSublayers>)
    {
        auto& layer = std::get<N>(sublayers);

        using LayerInfo
            = typename std::tuple_element<N, TSublayerInfo>::type;
        using NewInitPolicy
            = SubPolicyPicker<TInitPolicies, typename LayerInfo::Tag>;

        LayerInit<typename LayerInfo::Layer, TInitializer,
                  TBuffer, NewInitPolicy>
            (*layer, initializer, loadBuffer);
        Init<N + 1, TInitPolicies, TSublayerInfo>
            (initializer, loadBuffer, log, sublayers);
    }
}
```

代码段的第 12～13 行根据当前处理的层序号获取相应的 InstantiatedSublayer 容器。有了这个信息，就可以使用 LayerInfo::Tag 获取当前层的名称。在此基础上，第 14～15 行使用 SubPolicyPicker 获取了当前子层所对应的初始化 policy。第 17～19 行使用其调用 LayerInit，初始化当前层。

7.4.5 正向传播

层最重要的职责就是进行正向与反向传播。与 Init 等接口相比，复合层的正向与反向传播逻辑要复杂很多。造成这种复杂性的主要原因是：为了能够自动进行正向与反向传播，ComposeKernel 需要在其内部维护一个容器来保存子层产生的中间结果；同时还需要引入相应的机制对子层的输入输出进行重组，以供后续使用。

考虑图 7.1 所描述的复合层，这个复合层在进行正向传播时，除了要按照子层的拓扑序调用每个子层的 FeedForward 接口，还需要完成如下工作：

- 取出复合层输入容器中的相应元素，以之构造 S1 的输入容器，调用 S1 的正向传播函数；
- 保存 S1 的输出结果；
- 取出复合层输入容器中的相应元素，以及 S1 的输出结果，以之构造 S2 的输入容器，调用 S2 的正向传播函数；
- 保存 S2 的输出结果；
- 从 S1 与 S2 的输出结果中获取相应的元素，填充复合层的输出容器。

整个过程涉及很多容器相关的操作，也正是这些操作导致了正向传播代码的复杂性。

ComposeKernel::FeedForward 接口

ComposeKernel::FeedForward 接口实现如下：

```
1   template <typename TInputType, typename TOutputType,
2             typename TPolicyCont, typename TKernelTopo>
3   class ComposeKernel
4   {
5       // ...
6       using TInstContainer
7           = typename TKernelTopo::template Instances<TPolicyCont>;
8
9       template <typename TIn>
10       auto FeedForward(const TIn& p_in)
11       {
12           using InternalResType = InternalResult<TInstContainer>;
13           return FeedForwardFun<0,
14                                 typename TKernelTopo::InputConnects,
15                                 typename TKernelTopo::OutputConnects,
16                                 typename TKernelTopo::InterConnects,
17                                 TInstContainer>
18               (sublayers, p_in,
19                InternalResType::Create(), OutputType::Create());
```

```
20   }
21 };
```

它首先调用了 InternalResult 元函数，构造用于保存子层计算结果的容器（第 12 行）。在此基础上调用了辅助函数 FeedForwardFun 来完成正向传播。

接下来，我们将首先构造保存每个子层中间结果的容器，在此基础上，讨论正向传播代码的实现细节。

保存子层的计算结果

复合层的每个子层在进行正向与反向传播时，其输入与输出都存储在相关的容器中。而复合层需要构造一个新的容器，来保存每个子层的计算结果。复合层保存中间结果的容器与子层容器之间的关系如图 7.2 所示。

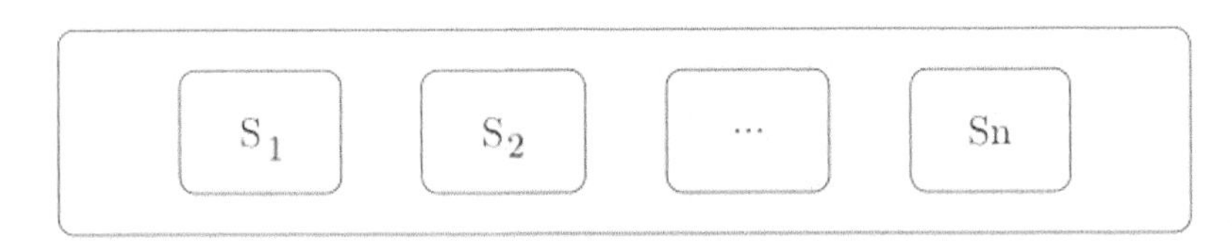

图 7.2 存储子层计算结果的容器

其中外围的线框表示复合层所构造的容器，用于存储子层的计算结果。子层的计算输出同样是一个容器，包含在复合层所构造的容器之中。

不同子层所使用的容器不同。我们使用第 2 章所讨论的“异类词典”作为保存子层中间结果的容器：

```
1  template <typename TProcessedRes, typename TContainer>
2  struct InternalResult_
3  {
4      using type = TProcessedRes;
5  };
6
7  template <typename...TProcessed, typename TCur, typename...TRemain>
8  struct InternalResult_<VarTypeDict<TProcessed...>,
9                         std::tuple<TCur, TRemain...>>
10 {
11     using type
12         = typename InternalResult_<VarTypeDict<TProcessed...,
13                                               typename TCur::Tag>,
14                                    std::tuple<TRemain...>>::type;
15 };
16
17 template <typename TContainer>
18 using InternalResult = typename InternalResult_<VarTypeDict<>,
19                                                 TContainer>::type;
```

InternalResult 是一个元函数，它接收 ComposeTopology::Instances 的输出作为其输入。

也即，InternalResult 的输入是一个 InstantiatedSublayer 序列，每个 InstantiatedSublayer 表示一个子层实例化的结果。InternalResult 在其内部依次遍历序列中的每个子层，使用 Tag 获取子层所对应的名称并添加到 VarTypeDict 容器中。最终构造出一个 VarTypeDict 类型，其中以每个子层所对应的名称作为键。

FeedForwardFun

FeedForwardFun 封装了正向传播的实现细节。其声明如下：

```
1  template <size_t N,                                   // 当前处理的子层序号
2            typename TInputConnects,                    // 结构化描述子句
3            typename TOutputConnects,
4            typename TInnerConnects,
5            typename TSublayerMap,                      // 子层的实例化信息
6            typename SublayerTuple, typename TInput,
7            typename TInternal, typename TOutput>
8  auto FeedForwardFun(SublayerTuple& sublayers,         // 子层对象
9                      const TInput& input,              // 复合层输入容器
10                     TInternal&& internal,             // 保存中间结果的容器
11                     TOutput&& output);                // 复合层输出容器
```

正向传播逻辑的复杂性从这个函数模板的声明中就可见一斑。FeedForwardFun 接收 4 个函数参数，分别表示复合层所保存的子层对象（即前文所创建的 SublayerArray 对象）；复合层的输入、输出容器；以及上一节构造的保存中间结果的容器。

除了这些信息，为了确保正向传播能够正常工作，FeedForwardFun 还需要知道复合层内部子层间的连接关系——这些信息是通过结构化描述子句所给出的。在讨论 ComposeTopology 时，我们提到过这个类会将结构化描述语句进行划分，形成 4 个容器，分别存储了相应的子句。这些子句就是提供给 FeedForwardFun 以及相应的反向传播函数使用的。FeedForwardFun 所接收的第 2、3、4 个模板参数分别对应表示输入信息、输出信息以及子层内部连接信息的子句容器。

在其内部，FeedForwardFun 会依次处理每个子层。这个函数本质上也是一个循环，它的第一个模板参数表示当前所处理的子层序号。与 Init 等函数类似，FeedForwardFun 也会使用这个信息来判断循环是否结束。

构造子层的输入容器

FeedForwardFun 会调用每个子层的正向传播接口。而为了调用子层的正向传播接口，它首先要构造子层的输入容器。子层的输入信息可能有两个来源：来自于复合层的输入或者来自于前趋子层的输出。FeedForwardFun 通过调用两个辅助函数分别从这两个来源中获取相应的信息，构造调用当前层所需的容器：

```
1  auto FeedForwardFun(...)
2  {
3      // ...
```

```
4        auto input1
5            = InputFromInConnect<AimTag, TInputConnects>
6                (input, TSublayerInput::Create());
7        auto input2
8            = InputFromInternalConnect<AimTag, TInnerConnects>
9                (internal, std::move(input1));
10        // ...
11    }
```

其中的 AimTag 对应了当前层的名称，而 TInputConnects 与 TInnerConnects 则是两个容器，分别包含了结构化描述语句中的 InConnect 与 InternalConnect 子句。FeedForwardFun 首先调用 InputFromInConnect 从复合层的输入容器中获取输入信息；再调用 InputFromInternalConnect 从前趋子层中获取输入信息。

回忆一下子层输入容器实例构造方法。以下代码段构造了 AddLayer 的输入容器：

```
1  auto input = AddLayerInput::Create()
2                              .Set<AddLayerIn1>(i1)
3                              .Set<AddLayerIn2>(i2);
```

可以将这段代码视为：首先通过 Create 函数构造了容器对象，之后调用 Set 向容器中添加内容。在 FeedForwardFun 中也使用了类似的流程构造子层的输入容器，只不过输入容器中的信息来自于不同的部分，因此要将原有的构造过程进一步分解。

上述 FeedForwardFun 代码段的第 6 行调用了 Create 函数，这个函数构造的对象将传递给 InputFromInConnect。而 InputFromInConnect 本质上则是调用了若干 Set 语句，用于设置容器中的元素。相应地，input1 就是调用了 Create 与若干 Set 语句之后的结果。

但 InputFromInConnect 中调用的 Set 语句不足以完成子层输入容器中信息的填充——因为它并没有获取到前趋层的输出信息。而 InputFromInternalConnect 实际上是在 input1 的基础上，基于前趋层的输出进一步调用 Set 语句，将当前子层的输入信息补全，返回补全后的结果（input2）。

接下来，让我们以 InputFromInConnect 为例，看一下输入信息的获取。

InputFromInConnect 的实现逻辑

InputFromInConnect 函数的声明如下：

```
1  template <typename TAimTag, typename TInputConnects,
2            typename TInput, typename TRes>
3  auto InputFromInConnect(const TInput& input, TRes&& res);
```

它接收 4 个模板参数与两个函数参数，其中：

- TAimTag 表示要处理的当前层的名称；
- TInputConnects 是一个容器，其中的每个元素都是 InConnect 的类型，它表示复合层的输入容器与子层的输入容器的连接关系；
- TInput 表示复合层的输入容器，InputFromInConnect 接收复合层的输入容器对象 input

作为其函数参数；

- TRes 表示子层的输入容器，InputFromInConnect 接收子层的输入容器对象 res 作为其函数参数。

TInputConnects 中的每个元素都是 InConnect<InName,InLayertag,InLayerName>类型，表示了复合层输入容器中，以 InName 为键的元素需要输入到 InLayertag 子层输入容器中，对应键为 InLayerName。InputFromInConnect 在其内部会遍历 TInputConnects 中的每个元素，如果对应元素的 InLayertag 与 TAimTag 相同，那么就执行当前 InConnect 的指令：获取相应的输入对象并存储到当前子层的输入容器中：

```
1   template <typename TAimTag, typename TInputConnects,
2             typename TInput, typename TRes>
3   auto InputFromInConnect(const TInput& input, TRes&& res)
4   {
5       if constexpr (ArraySize<TInputConnects> == 0)
6       {
7           return std::forward<TRes>(res);
8       }
9       else
10      {
11          using TCur = SeqHead<TInputConnects>;
12          using TTail = SeqTail<TInputConnects>;
13          if constexpr (std::is_same<TAimTag,
14                                     typename TCur::InLayerTag>::value)
15          {
16              using InName = typename TCur::InName;
17              using InLayerName = typename TCur::InLayerName;
18              auto cur = std::forward<TRes>(res).
19                             template Set<InLayerName>
20                                 (input.template Get<InName>());
21              return InputFromInConnect<TAimTag, TTail>
22                         (input, std::move(cur));
23          }
24          else
25          {
26              return InputFromInConnect<TAimTag, TTail>
27                         (input, std::forward<TRes>(res));
28          }
29      }
30  }
```

ArraySize 是一个元函数，返回输入容器中的元素个数：如果 TInputConnects 中不包含任何元素，说明处理结束。否则，InputFromInConnect 会调用 SeqHead 获取 TInputConnects 容器中第一个元素，与 TAimTag 进行比较。如果比较的结果说明二者相同，那么就设置子层所对应的输入容器（第 18～20 行）。

无论当前的循环体是否设置了子层的输入容器元素，InputFromInConnect 都会调用 TTail 元函数，将 TInputConnects 中的第一个元素去掉，并使用 TTail 的结果进行下一次循环（第 21～22 行与第 26～27 行）。

InputFromInternalConnect 的实现逻辑

InputFromInternalConnect 与 InputFromInConnect 很类似，只不过它是从前趋层的正向传播结果中获取相应的输入信息。这个函数的声明如下：

```
1  template <typename TAimTag, typename TInternalConnects,
2            typename TInternal, typename TRes>
3  auto InputFromInternalConnect(const TInternal& input, TRes&& res);
```

其中：

- TInternalConnects 是一个容器，其中的每个元素都是 InternalConnect 类型，表示复合层的子层之间的连接关系；
- TInternal 表示存储子层中间结果的容器，图 7.2 展示了其构造；
- 其余的参数与 InputFromInConnect 含义相同。

InputFromInternalConnect 内部的实现框架与 InputFromInConnect 也是比较相似的。限于篇幅，以下仅列出了从子层中间结果容器中获取输入的逻辑：

```
1  auto InputFromInternalConnect(const TInternal& input, TRes&& res)
2  {
3      // ...
4      using TCur = SeqHead<TInternalConnects>;
5      if constexpr (std::is_same<TAimTag, typename TCur::InTag>::value)
6      {
7          using OutTag = typename TCur::OutTag;
8          using OutName = typename TCur::OutName;
9          using InName = typename TCur::InName;
10          auto preLayer = input.template Get<OutTag>();
11 
12          auto cur = std::forward<TRes>(res).
13                         template Set<InName>
14                             (preLayer.template Get<OutName>());
15      }
16      // ...
17  }
```

FeedForwardFun 会按照拓扑排序的顺序调用每个子层的正向传播函数，因此在处理当前子层时，我们可以确保其所有的前趋层均已经完成了正向传播操作，将结果保存在子层的中间结果容器中。在此基础上，调用 InputFromInternalConnect 会依次遍历 TInternalConnects 中所包含的 InternalConnect 类型。InternalConnect 类型的定义如下：

```
    template <typename TOutLayerTag, typename TOutName,
          typename TInLayerTag, typename TInName>
struct InternalConnect {
    using OutTag = TOutLayerTag;      // 输出子层名称
    using OutName = TOutName;         // 输出子层的键
    using InTag = TInLayerTag;        // 输入子层名称
    using InName = TInName;           // 输入子层的键
};
```

在 InputFromInternalConnect 代码段的第 5 行，如果判断条件满足，就说明当前的语句描述了某个前趋层的正向传播结果将输入到当前层中。此时，代码段的第 10 行从图 7.2 所描述的容器中获取 OutTag 所对应子层的输出结果，并在第 14 行获取到该输出结果中对应 OutName 的元素，将该元素添加到当前子层的输入容器中。

正向传播并填充输出结果

构造好输入信息后，FeedForwardFun 会调用该层的正向传播函数，获取输出结果，并将输出结果填充到中间结果容器与复合层的输出容器中：

```
1  auto FeedForwardFun(...)
2  {
3      // ...
4      auto res = curLayer.FeedForward(std::move(input2));
5      auto new_output = FillOutput<AimTag, TOutputConnects>
6                          (res, std::forward<TOutput>(output));
7      auto new_internal = std::forward<TInternal>(internal).
8                              template Set<AimTag>(std::move(res));
9      // ...
10 }
```

其中的第 4 行调用了当前层的 FeedForward 函数，并将之前构造的输入容器传入其中，获取的结果保存在 res 中。5～6 行使用 res 填充复合层的输出容器，而 7～8 行则使用 res 填充子层的中间结果容器，供后继层获取输入。

这段代码中唯一需要讨论的是 5～6 行对 FillOutput 的调用。FillOutput 的声明如下：

```
1  template <typename TAimTag, typename TOutputConnects,
2            typename TRes, typename TO>
3  auto FillOutput(const TRes& curLayerRes, TO&& output);
```

其中：

- TAimTag 表示当前层的名称；
- TOutputConnects 是一个容器，其中的每个元素都是 OutConnect 的类型，它表示复合层的输出容器与子层的输出容器的连接关系；
- TRes 表示当前子层的输出容器，FillOutput 接收子层输出容器对象 curLayerRes 作为其函数参数；
- TO 表示复合层的输出容器，FillOutput 接收复合层的输出容器对象 output 作为其函数参数。

子层的输出结果可能需要填充到复合层的输出容器中。填充方式保存在 Toutput Connects 中——它是一个容器，其中的每个元素都是 OutConnect 类型，表示某个子层的输出结果需要保存在复合层的输出容器中。

FillOutput 会依次遍历每个 OutConnect 类型，如果某个类型指定了当前子层的输出结果要保存在复合层中，那么就调用 output 的 Set 接口设置相应的对象。

至此，我们完成了 FeedForwardFun 对单个子层正向传播的调用。FeedForwardFun 本身是一个循环，会依次调用每个子层，调用完成后，将形成复合层的输出结果并返回。而这个返回结果也将作为 ComposeKernel::FeedForward 的返回结果。

7.4.6 反向传播

ComposeKernel 提供接口 FeedBackward 以进行反向传播。反向传播的逻辑与正向传播的逻辑很相似，我们就不再讨论其细节了。这里主要说明一下反向传播代码与正向传播代码的差异之处。

首先，正向传播时，我们按照拓扑排序的结果，从前到后处理复合层中的每个子层。但反向传播时子层的处理顺序与正向传播时刚好相反。因此在反向传播时应按照与拓扑排序的结果相反的顺序，从后到前处理每个子层。

其次，反向传播的输入是子层的输出容器，其中的某个元素可能有多个数据来源。考虑图 7.1 中的示例，其中 S1 层的输出容器会在正向传播时被传递给复合层的输出容器以及 S2 的输入容器之中。相应地，在反向传播时，S1 的输出容器要分别从复合层的输出容器与 S2 的输入容器中获取数据[①]。此时，我们需要将多个数据源的信息求和后作为反向传播的输入。

7.5 复合层实现示例

至此，我们基本完成了 ComposeTopology 与 ComposeKernel 的讨论。使用这两个组件，可以比较容易地组合基本层，从而构造出复杂的网络结构。作为示例，MetaNN 中包含了几个复合层，本节将对它们进行简单讨论。

需要说明的是，这些复合层只是 ComposeTopology 与 ComposeKernel 的使用示例。其代码相对简单，在 MetaNN 中也远不如其他组件重要。读者完全可以通过阅读它们定义的方式，来了解复合层的构造流程，从而轻易实现类似的复合层。

LinearLayer

LinearLayer 是 WeightLayer 与 BiasLayer 的组合。它的内部包含两个参数矩阵 W 与 b。对于输入向量 x，它执行 $y=Wx+b$ 的动作并返回。

SingleLayer

SingleLayer 会对输入的向量进行非线性变换并返回。其具体的计算行为取决于传入其中的 Policy。

① 注意这种情况并不会在正向传播时出现，因为正向传播时，每个层输入容器的数据来源是唯一的。

- 在默认情况下，SingleLayer 中包含偏置层，即对于输入向量 x，它执行 $y = fun(Wx + b)$ 的动作并返回。其中 fun 表示非线性操作。W 与 b 是其内部参数矩阵。但如果设置了 Policy：PNoBiasSingleLayer，那么它只会执行 $y = fun(Wx)$——即没有引入偏置层。
- 目前，SingleLayer 的非线性变换仅支持 Tanh 或 Sigmoid 操作中的一种。在默认情况下为 Sigmoid，可以通过 PTanhAction 将非线性变换修改为 Tanh。

事实上，除了上述两个复合层，MetaNN 还实现了另一个复合层 GruStep。而这个复合层本身又是循环层的一个基本组件。在讨论了复合层的基础上，下一节将以 GRU 为例讨论循环层的实现。

7.6 循环层

循环层是循环神经网络的基本组件。我们在第 3 章讨论过循环神经网络，循环神经网络具有如下的形式：

$$\overrightarrow{h_n} = F(\overrightarrow{h_{n-1}}, \overrightarrow{x_n})$$

设输入序列为 $\overrightarrow{x_1},\ldots,\overrightarrow{x_N}$，同时 $\overrightarrow{h_0}$ 为一预先设定好的参数，那么该网络将得到 $\overrightarrow{h_1},\ldots,\overrightarrow{h_N}$ 一共 N 个输出。公式中的 F 是一种核心的计算步骤，不同的 F 所产生的输出结果也有所区别。典型的 F 包括 GRU（Gated United Unit）、LSTM（Long Short Term Memory）等。在 MetaNN 中，我们将循环层的实现拆分成两步进行：首先通过复合层实现核心步骤 F，在此基础上实现一个通用的循环逻辑，调用核心步骤来完成计算。循环逻辑只需要实现一次即可，在此之后，通过引入不同的核心步骤，就相当于实现了不同的循环层计算方法。

本节将以 GRU 为例讨论循环层的实现。我们首先来看一下 MetaNN 中对 GRU 的核心算法 GruStep 的实现。

7.6.1 GruStep

在网络上搜索一下，就可以找到多种 GRU 的数学定义，不同定义间的差异并不大——主要在于是否引入偏置层。出于讨论简洁的考虑，MetaNN 在实现时采用了众多定义中的一种，不引入偏置层。如果需要的话，对其进行修改，引入相应的偏置层也并不是什么困难的事情。

MetaNN 中所使用的 GRU 的数学定义如下[①]：

$$z_t = Sigmoid(W_z x_t + U_z h_{t-1})$$
$$r_t = Sigmoid(W_r x_t + U_r h_{t-1})$$

① 出于简洁性的考虑，这里省略了字母上方表示向量的箭头，使用小写字母表示向量，使用大写字母表示矩阵。

$$\hat{h}_t = Tanh(Wx_t + U(r_t \circ h_{t-1}))$$

$$h_t = z_t \circ \hat{h}_t + (1 - z_t) \circ h_{t-1}$$

这表示循环一步所需要进行的工作。其中 x_t 是当前步的输入，h_{t-1} 是上一步循环层的输出，∘表示对应元素相乘。

基于上述数学定义，我们首先引入 GruStep 所使用的容器：

```
1  using GruInput = VarTypeDict<RnnLayerHiddenBefore,
2                                LayerIO>;
```

其中 RnnLayerHiddenBefore 用于保存 h_{t-2} 的内容，而 LayerIO 中则用于存储 x_t。

接下来，我们引入子层并根据上述数学公式定义 GruStep 中的连接关系。以第一个公式

$$z_t = Sigmoid(W_z x_t + U_z h_{t-1})$$

为例，相应引入的子层与连接关系如下：

```
1   struct Wz; struct Uz; struct Add_z; struct Act_z;
2
3   using Topology = ComposeTopology<
4       SubLayer<Wz, WeightLayer>,
5       SubLayer<Uz, WeightLayer>,
6       SubLayer<Add_z, AddLayer>,
7       SubLayer<Act_z, SigmoidLayer>,
8
9       // Wzxt
10       InConnect<LayerIO, Wz, LayerIO>,
11
12       // Uzht-2
13       InConnect<RnnLayerHiddenBefore, Uz, LayerIO>,
14
15       // Wzxt+Uzht-2
16       InternalConnect<Wz, LayerIO, Add_z, AddLayerIn1>,
17       InternalConnect<Uz, LayerIO, Add_z, AddLayerIn2>,
18
19       // Sigmoid(Wzxt+Uzht-1)
20       InternalConnect<Add_z, LayerIO, Act_z, LayerIO>,
21       // ...
22   >
```

即子层 Act_z 的输出就是 z_t。复合层其余部分的构造方式与 z_t 的组织方式很类似，限于篇幅，就不一一列出了。这些语句描述了 GruStep 的结构，放置到 Topology 之中。

在此基础上，我们可以定义 ComposeKernel 来自动生成 GruStep 所需要的正向、反向传播等逻辑：

```
1  template <typename TPolicies>
2  using Base = ComposeKernel<GruInput, LayerIO, TPolicies, Topology>;
```

表明复合层的输入容器为 GruInput（存储 xt 与 ht−1），输出容器为 LayerIO（存储 ht），其内部由 Topology 指定。

构造 GruStep 的最后一步就是从 Base 模板派生，引入相应的构造函数，并在其中构造每个子层的对象：

```
1  template <typename TPolicies>
2  class GruStep : public Base<TPolicies>
3  {
4      using TBase = Base<TPolicies>;
5
6  public:
7      GruStep(const std::string& p_name, size_t p_inLen, size_t p_outLen)
8          : TBase(TBase::CreateSubLayers()
9                         .template Set<Wz>(p_name + "-Wz", p_inLen, p_outLen)
10                         .template Set<Uz>(p_name + "-Uz", p_outLen, p_outLen)
11                         .template Set<Add_z>()
12                         .template Set<Act_z>()
13                         ...) {}
14
15 public:
16     template <typename TGrad, typename THid>
17     auto FeedStepBackward(TGrad&& p_grad, THid& hiddens)
18     {
19         auto res = TBase::FeedBackward(std::forward<TGrad>(p_grad));
20         hiddens = MakeDynamic(res.template Get<RnnLayerHiddenBefore>());
21
22         auto dynamicRes = MakeDynamic(res.template Get<LayerIO>());
23         return GruInput::Create().template Set<LayerIO>(dynamicRes);
24     }
25
26     // ...
27 }
```

这样，我们就构造好了复合层 GruStep，对其调用一次正向与反向传播，相当于按照本节开头所讨论的公式进行了一遍数学变换。接下来，我们将构建 RecurrentLayer 类模板，它会循环调用诸如 GruStep 这样的组件，实现循环层的逻辑。

读者肯定注意到了，在 GruStep 的定义中引入了一个新的函数 FeedStepBackward。这个函数的核心还是调用 FeedBackward 进行反向传播（第 20 行），但在此基础上又引入了一些新的逻辑对传播的结果进行后处理。之所以要引入这个函数，是为了便于调用 RecurrentLayer，我们会在 7.6.2 节一并讨论。

7.6.2 构建 RecurrentLayer 类模板

MetaNN 将循环层的构建拆分成两部分：诸如 GruStep 这样的组件描述了每次循环之中需要执行的具体功能；除此之外，还有一个 RecurrentLayer 类模板来实现循环层的通用逻辑。通用逻辑与不同的核心组件相搭配，就可以实现诸如 GRU、LSTM 这样的循环层。本节将讨论 RecurrentLayer 的实现。

RecurrentLayer 的主要定义

RecurrentLayer 类模板的主要定义如下：

```
1   template <typename TPolicies>
2   class RecurrentLayer
3   {
4       using StepPolicy = typename
5           std::conditional_t<(!IsFeedbackOutput) && IsUpdate && UseBptt,
6                              ChangePolicy_<PFeedbackOutput, TPolicies>,
7                              Identity_<TPolicies>>::type;
8
9       using StepEnum = typename
10          PolicySelect<RecurrentLayerPolicy, CurLayerPolicy>::Step;
11      using StepType = StepEnum2Type<StepEnum, StepPolicy>;
12
13  public:
14      using InputType = typename StepType::InputType;
15      using OutputType = typename StepType::OutputType;
16
17  public:
18      template <typename TInitializer, typename TBuffer,
19          typename TInitPolicies>
20          void Init(TInitializer& initializer, TBuffer& loadBuffer,
21              std::ostream* log = nullptr);
22
23      template <typename TSave>
24      void SaveWeights(TSave& saver);
25
26      template <typename TGradCollector>
27      void GradCollect(TGradCollector& col);
28
29      template <typename TIn>
30      auto FeedForward(TIn&& p_in);
31
32      template <typename TGrad>
33      auto FeedBackward(const TGrad& p_grad);
34
35      void NeutralInvariant();
36
37  private:
38      StepType m_step;
39
40      using DataType = ...
41      DataType m_hiddens;
42      bool     m_inForward;
43  };
```

一方面，RecurrentLayer 也是一个层，因此它就必须满足 MetaNN 中对于层的接口规范：即提供 InputType 与 OutputType 作为输入与输出的容器类型；提供 Init 等函数对其中包含的参数初始化；提供 FeedForward 与 FeedBackward 函数以支持正向与反向传播。另一方面，RecurrentLayer 会循环调用它所包含的核心算法（如 GruStep）来实现相应的逻辑。正是因为循环的引入，会导致 RecurrentLayer 本身具有一定的特殊性。

上述代码段的 4～7 行，对核心组件的 policy 进行了调整：其中的 UseBptt 表示在循环层的反向传播时使用 BPTT（Backpropagation through time）算法。如果它为真，那么为了计算循环层某一步反向传播时的参数梯度，就需要获得循环层上一步反向传播时的输出梯度。这就要求核心组件的 IsFeedbackOutput 必须为真。上述代码段的 4～7 行判断，如果①核心组件的 IsFeedbackOutput 为假；②需要计算参数梯度，进行参数更新；③使用了 BPTT 算法时，就修改核心组件的 policy，使得其可以在反向传播时计算输出梯度并返回。

在此基础上，9～11 行使用修改后的 policy 推导出核心组件的类型。其中 StepEnum 获取了循环层的 Steppolicy。这是一个枚举 policy，表明循环层的核心组件是 GRU、LSTM 等中的哪一种。基于这个信息，第 9 行调用元函数 StepEnum2Type，使用之前获得的 StepPolicy 实例化出循环层的核心组件类型 StepType。

14～15 行使用 StepType 获取了循环层的输入与输出容器类型。循环层的基本计算公式是 $\overrightarrow{h_n} = F(\overrightarrow{h_{n-1}}, \overrightarrow{x_n})$——这表明在首次调用循环层时，要输入 $\overrightarrow{h_0}$ 与 $\overrightarrow{x_1}$，之后的调用要输入 $\overrightarrow{x_t}$。但这并不妨碍我们对循环层的输入进行扩展：比如，将循环层的计算公式调整为 $\overrightarrow{h_n} = F(\overrightarrow{h_{n-1}}, \overrightarrow{x_n}, \overrightarrow{y_n})$——即在首次调用循环层时，要输入 $\overrightarrow{h_0}$、$\overrightarrow{x_1}$ 与 $\overrightarrow{y_1}$，之后的调用要输入 $\overrightarrow{x_t}$ 与 $\overrightarrow{y_t}$。具体的调用方式是由循环层的核心组件决定的，因此 RecurrentLayer 也会依赖于其核心组件来确定相应的输入/输出容器类型。

18～35 行定义了循环层所需要支持的函数接口。我们将在后续讨论其实现。

第 38 行声明了 StepType 类型的核心组件对象，这个对象将在每次进行正向与反向传播时进行调用。

循环层需要在其内部维护其中间状态 $\overrightarrow{h_t}$，这样除了首次进行正向传播需要提供 $\overrightarrow{h_0}$。其他情况下循环层的调用者无需提供 $\overrightarrow{h_{t-2}}$ 的信息。40～41 行声明的 m_hiddens 就是用于记录中间状态的。DataType 是 DynamicData 类模板实例化的结果，其中保存的是矩阵还是矩阵列表取决于循环层相应的 policy 设置。

最后，循环层还引入了一个变量 m_inForward，表示当前是否处于正向传播的状态。我们将在后续讨论正向传播与反向传播时，进一步分析这个变量的用法。

RecurrentLayer 的使用方式

RecurrentLayer 的使用要遵循如下的流程。

1. 调用 Init 以初始化或加载参数。

2. 依次调用 N 次正向传播，首次调用时需要传入 $\overrightarrow{h_0}$ 与 $\overrightarrow{x_2}$，其他时刻则只需要传入 $\overrightarrow{x_t}$。

3. 依次调用 N 次反向传播，注意反向传播的调用顺序必须与正向传播完全相反，同时首次调用反向传播必须要在所有的正向传播调用完成后进行；

如果正向传播与反向传播的调用顺序出现了错误，那么 RecurrentLayer 将无法保证其内部逻辑的正确。

SaveWeights 等函数的实现

循环层本质上是在其核心组件的外围进行的封装，因此除了正向与反向传播，其他层的调用接口均可以委托给相应的核心组件对象来实现。以 SaveWeights 函数为例：

```
1  template <typename TSave>
2  void SaveWeights(TSave& saver)
3  {
4      m_step.SaveWeights(saver);
5  }
```

这些实现是很平凡的，这里就不再赘述了。

正向传播

循环层的正向传播分为两种情况。首次调用时，需要传入$\overrightarrow{h_0}$；之后的调用则不需要传入$\overrightarrow{h_{t-2}}$：

```
1  template <typename TIn>
2  auto FeedForward(TIn&& p_in)
3  {
4      auto& init = p_in.template Get<RnnLayerHiddenBefore>();
5      using rawType = std::decay_t<decltype(init)>;
6      m_inForward = true;
7
8      if constexpr(std::is_same<rawType, NullParameter>::value)
9      {
10         assert(!m_hiddens.IsEmpty());
11         auto real_in = std::move(p_in)
12                        .template Set<RnnLayerHiddenBefore>(m_hiddens);
13         auto res = m_step.FeedForward(std::move(real_in));
14         m_hiddens = MakeDynamic(res.template Get<LayerIO>());
15         return res;
16      }
17      else
18      {
19         auto res = m_step.FeedForward(std::forward<TIn>(p_in));
20         m_hiddens = MakeDynamic(res.template Get<LayerIO>());
21         return res;
22      }
23  }
```

$\overrightarrow{h_0}$所对应的键是RnnLayerHiddenBefore。如果这个键所对应的值非空(即代码中的18～22 行)，那么就表示当前是对循环层的首次调用，此时直接调用核心组件的 FeedForward 接口即可。否则，就需要将循环层中保存的中间变量填充到输入容器中，RnnLayerHidden Before 所对应的键上，在此基础上调用核心组件的 FeedForward 接口（10～15 行）。

无论是何种调用情形，FeedForward 都会将 m_inForward 设置为 true——表示当前处于正向传播的状态。同时它会将核心组件的输出中 LayerIO 的内容保存在 m_hiddens 中，这将在下一次调用循环层的正向传播时作为 $\overrightarrow{h_{t-2}}$ 引入。

反向传播

循环层的反向传播代码如下所示：

```
1   template <typename TGrad>
2   auto FeedBackward(const TGrad& p_grad)
3   {
4       if constexpr(UseBptt)
5       {
6           if (!m_inForward)
7           {
8               auto gradVal = p_grad.template Get<LayerIO>();
9               auto newGradVal = gradVal + m_hiddens;
10               auto newGrad = LayerIO::Create()
11                              .template Set<LayerIO>(newGradVal);
12               return m_step.FeedStepBackward(newGrad, m_hiddens);
13          }
14          else
15          {
16              m_inForward = false;
17              return m_step.FeedStepBackward(p_grad, m_hiddens);
18          }
19      }
20      else
21      {
22          return m_step.FeedBackward(std::forward<TGrad>(p_grad));
23      }
24  }
```

它调用了核心组件的反向传播函数来实现相关的功能。

如果循环层不使用 BPTT，那么这种调用是平凡的——对应于代码的第 22 行。否则，就需要将上一次反向传播所计算的输出梯度加到当前的输入梯度之中，使用新计算的结果进行反向传播。

这里就体现了 m_inForward 的用途。如果这个值为 true，那么表示当前调用的反向传播是在调用正向传播后首次调用反向传播。此时，m_hiddens 中存储的并非上一次反向传播计算的输出梯度，而是正向传播时的中间结果——因此不能将其加到输入梯度上。反之，如果 m_inForward 为假，表示已经进行过至少一次的反向传播了，此时 m_hiddens 中的内容为上一次反向传播的输出梯度，需要将其加到输入梯度上再进行反向传播（8～12 行）。

注意上述逻辑只对 BPTT 为真时有效。而对 m_inForward 的维护也只是在这一分支之中。同时，如果 BPTT 为真，那么就需要调用核心组件所提供的 FeedStepBackward 函数，而非 FeedBackward 函数。

FeedStepBackward 函数

让我们以 GruStep 为例，看一下 FeedStepBackward 函数的实现：

```
1   template <typename TPolicies>
2   class GruStep : public Base<TPolicies>
3   {
4       template <typename TGrad, typename THid>
5       auto FeedStepBackward(TGrad&& p_grad, THid& hiddens)
6       {
7           auto res = TBase::FeedBackward(std::forward<TGrad>(p_grad));
8           hiddens = MakeDynamic(res.template Get<RnnLayerHiddenBefore>());
9
10          auto dynamicRes = MakeDynamic(res.template Get<LayerIO>());
11          return GruInput::Create().template Set<LayerIO>(dynamicRes);
12      }
13
14      // ...
15  }
```

循环层的核心组件都需要提供 FeedStepBackward 接口，它会调用 FeedBackward 进行反向传播（第 7 行）。在此基础上，它会将反向传播结果中键为 RnnLayerHiddenBefore 的元素提取出来，保存在 hiddens 中，供下一次反向传播时与输入梯度相加。

更为重要的是：FeedStepBackward 会对反向传播的结果“变型”，对结果容器中的每个元素都调用 MakeDynamic 以去除具体的数据类型信息。使用变型后的对象构造新的容器并返回（10～11 行）。

为什么要这么做呢？让我们回顾一下 RecurrentLayer::FeedBackward 的实现。在 UseBptt 为真的分支中，可能要将 m_hiddens 中的值加到输入梯度上再反向传播，也可能不进行这样的相加操作，直接反向传播。其选择是依据 m_inForward 的值决定的。m_inForward 的值是一个运行期变量，因此这就意味着 UseBptt 为真的分支中要引入两个子分支，子分支的选择是在运行期进行的。

相加会改变结果的数据类型[①]，这样传入 FeedStepBackward 的容器类型就会根据是否执行了加法操作而不同。而 FeedStepBackward 中调用 FeedBackward 时，也会因为输入类型的不同而产生不同的输出类型。

相加与否是在运行期决定的，如果尝试直接返回核心组件的 FeedBackward 的结果，那么 RecurrentLayer::FeedBackward 就会在运行期产生不同类型的输出。这是不允许的，我们必须将核心组件的输出“转换”为相同的类型，才能让 RecurrentLayer::FeedBackward 正确返回。为了实现上述转换，我们首先需要调用核心组件的 FeedBackward 并获取相应的结果容器，之后将容器中的每个元素转换为相应的动态类型。

---

① 回忆一下，相加只是构建了运算模板，运算模板的类型会与其输入操作数的类型相关。不同的输入类型会产生不同的结果类型。

循环层所使用的容器是由其核心组件所规定的，因此这个转换的过程也放到了核心组件内部进行。这也是要在循环层的核心组件中引入 FeedStepBackward 这个函数的原因。

7.6.3 RecurrentLayer 的使用

MetaNN 中提供了一个 tes_gru.cpp 以测试以 GruStep 为核心组件的循环层。限于篇幅，这里就不对其中的代码进行分析了。读者可以自行阅读相关的代码，了解 RecurrentLayer 的使用方式。

7.7 小结

不得不说，本章内容非常多。虽然作者尝试滤掉很多相对次要的内容，但本章的内容与之前的几章相比还是要多一些。

本章的重点是复合层，我们通过元编程引入了 ComposeTopology 与 ComposeKernel，这两个类一起实现了正向、反向传播的自动化。ComposeTopology 与 ComposeKernel 是本书中最复杂的元程序了。我们花费了很大的力气来实现这两个类，但其成果也是很显著的。如果读者阅读一下 MetaNN 中 LinearLayer 的实现代码，就可以发现，因为引入了这两个类，所以像 LinearLayer 这样的复合层实现起来就非常简单了。

在讨论了复合层的基础上，我们引入了循环层并实现了 GRU 算法。我们将循环层划分成核心组件与通用结构，并分别讨论了这两部分的实现方式。在有了通用结构的基础上，我们只需使用构造复合层的方法，引入不同核心组件，就能实现不同的循环逻辑。

无论是基础层，还是复合层或循环层，其本质都是对输入数据进行变换，构造运算模板。在下一章，我们将讨论求值，也即如何快速地计算运算模板，得到运算结果。

7.8 练习

1. 阅读 PlainPolicy 的实现代码。
2. 在讨论 SubPolicyPicker 的实现时，我们给出了一个例子——假定复合层的 Policy 形式如下：

```
using oriPC =
PolicyContainer<P1,
                SubPolicyContainer<SubX, P2,
                                   SubPolicyContainer<SubY, P3>>>
```

现在调用 SubPolicyPicker<oriPC, SubX>，这个元函数会返回

```
PolicyContainer<P2, SubPolicyContainer<SubY, P3>, P1>
```

能否让这个元函数返回 PolicyContainer<P2, P1>？为什么？

3. 在讨论 SubPolicyPicker 的实现时，我们给出了一个例子——假定复合层的 Policy 形式如下：

```
using oriPC =
PolicyContainer<P1,
                SubPolicyContainer<SubX, P2,
                                   SubPolicyContainer<SubY, P3>>>
```

现在调用 SubPolicyPicker<oriPC, SubZ>，这个元函数会返回 `PolicyContainer<P1>`。能否让这个元函数直接返回 oriPC？为什么？

4. 修改 SubPolicyPicker 的实现，使得对于如下的 Policy 容器：

```
using Ori = PolicyContainer<P1,
                            SubPolicyContainer<Sub, ...>,
                            SubPolicyContainer<Sub, ...>>;
```

它能够获取两个 SubPolicyContainer 中指定 Policy 的并集。

5. 本章讨论了 MetaNN 所引入的 8 项检查，以判断结果描述语法的正确性。思考一下，是否还存在其他需要检查的内容？
6. 阅读并理解已有的结构合法性检测代码。
7. SublayerInstantiation 接收拓扑排序的结果作为输入，对每个子层进行实例化。能否使用拓扑排序之前的子层容器作为其输入呢？为什么？
8. 在子层实例化时，我们引入了元函数 Identity_，能否按照下面的方式修改本章所讨论的代码：

```
using FeedbackOutUpdate
    = typename std::conditional_t<IsPlainPolicyFeedbackOut,
                                  SublayerWithPolicy,
                                  FeedbackOutSet<SublayerWithPolicy,
                                                 InterConnects>>::type;
```

或者修改成如下代码：

```
using FeedbackOutUpdate
= typename std::conditional_t<IsPlainPolicyFeedbackOut,
                              SublayerWithPolicy,
                              FeedbackOutSet<SublayerWithPolicy,
                                             InterConnects>::type>;
```

为什么？

9. 我们所构造的 ComposeKernel 还是有很多可以改进的空间的。比如，为了使用 ComposeKernel 构造复合层，我们需要以之派生，并在派生类的构造函数中依次调用每个子层的构造函数。对于之前构造的 GruStep 来说，这意味着我们需要书写如下的代码：

```
GruStep(const std::string& p_name, size_t p_inLen, size_t p_outLen)
```

```
: TBase(TBase::CreateSubLayers()
    .template Set<Wz>(p_name + "-Wz", p_inLen, p_outLen)
    .template Set<Uz>(p_name + "-Uz", p_outLen, p_outLen)
    .template Set<Add_z>()
    .template Set<Act_z>()
    .template Set<Wr>(p_name + "-Wr", p_inLen, p_outLen)
    .template Set<Ur>(p_name + "-Ur", p_outLen, p_outLen)
    .template Set<Add_r>()
    .template Set<Act_r>()
    .template Set<W>(p_name + "-W", p_inLen, p_outLen)
    .template Set<U>(p_name + "-U", p_outLen, p_outLen)
    .template Set<Elem>()
    .template Set<Add>()
    .template Set<Act_Hat>()
    .template Set<Interpolate>())
{}
```

这显式调用了每个子层的构造函数。但显然，这段代码过于冗长了。其中的很多语句都在调用子层的默认构造函数。我们可以尝试修改 ComposeKernel 的逻辑，使得在构造子层时，省略对默认构造函数的调用。比如，对于上述调用，修改后的 ComposeKernel 支持如下的简写：

```
GruStep(const std::string& p_name, size_t p_inLen, size_t p_outLen)
    : TBase(TBase::CreateSubLayers()
        .template Set<Wz>(p_name + "-Wz", p_inLen, p_outLen)
        .template Set<Uz>(p_name + "-Uz", p_outLen, p_outLen)
        .template Set<Wr>(p_name + "-Wr", p_inLen, p_outLen)
        .template Set<Ur>(p_name + "-Ur", p_outLen, p_outLen)
        .template Set<W>(p_name + "-W", p_inLen, p_outLen)
        .template Set<U>(p_name + "-U", p_outLen, p_outLen))
{}
```

没有显式构造的子层都使用默认的构造函数初始化。考虑如何修改现有的代码，来实现这个功能。提醒一点：如果子层没有默认的构造函数，那么程序需要足够智能，给出编译期的错误提示信息。

10. 在 ComposeKernel 中，我们利用了 FeedForwardFun 进行正向传播。FeedForwardFun 会依次处理每个子层：构造子层所需要的输入，正向传播后将输出写到中间结果容器与复合层的输出容器中。现在修改一下算法的流程，将 FeedForwardFun 划分成两子函数。前者负责计算每个子层的正向传播结果并放置到中间结果容器中；后者负责从中间结果容器中取出相应的结果，放到复合层的输出容器中。思考一下，这样修改有什么优劣？编写代码验证你的想法。
11. 在循环层中，我们引入了 FeedStepBackward 以处理 BPTT 分支中返回结果类型不一致的问题。考虑一下，是否存在更简单的方式，无需引入 FeedStepBackward 这个函数就可以解决该问题。

第 8 章

求值与优化

本章讨论 MetaNN 中的求值。

求值在深度学习框架中是非常重要的一步。从程序的角度上来看，深度学习系统的本质是对输入数据进行变换，产生输出结果。这种变换需要大量地计算资源，是否能够快速、准确地完成计算（或者说求值）直接决定了框架的可用性——如果整个求值过程相对较慢的话，那么整个系统将无法满足实际的计算需求。

人们开发出了很多软件库来提升数值计算的性能。深度学习框架可以利用相应的库，辅以特定的硬件实现提速。但大部分软件库所关注的是如何提升某个算法的性能，比如：优化算法以提升两个矩阵相乘的性能，或者提供算法来快速计算 LSTM 等循环神经网络的输出。

MetaNN 可以利用这些库来提升系统性能，这相当于从运算的层面来提升计算速度。如何引入此类软件库以实现快速求值并非本章所讨论的内容。本章所关注的是另一个层面，即如何从整个网络的层面来提升计算速度。正是因为前几章所引入的元编程技术，为网络级的求值优化提供了前提。

- 第 4 章引入了富类型体系，这使得求值时可以针对不同的类型引入相应的优化。
- 第 5 章引入的表达式模板，将整个网络的求值过程后移，从而为同类计算合并与多运算协同优化提供了前提。
- 第 6 章与第 7 章构造的层中，正向与反向传播的接口都是模板成员函数，这使得层对计算优化的影响减少到最低。

因为上述技术的支持，使得 MetaNN 可以相对容易地引入网络层面上的性能优化。这是不使用元编程的传统的深度学习框架所不具有的优势。本章将讨论这种求值优化的相关技术。

MetaNN 中的求值涉及与数据类型、运算模板的交互，形成了一个相对复杂的子系统——求值子系统。本章将讨论求值子系统的实现。我们将首先介绍 MetaNN 中的求值模型，在此基础上讨论 3 种优化方式：避免重复计算、同类计算合并与多运算协同优化。

本书的前几章以模板元编程作为讨论的重点。本章与前几章略有差异，并不会将重点放在元编程上。这是因为求值的主要工作是运行期计算，而元编程则侧重于编译期计算。

在 MetaNN 中，编译期计算并非目标，而是一种手段——其目的是为运行期计算优化提供更好的支持。正是因为编译期计算与元编程的支持，本章所讨论的优化才能得以实现。

虽然讨论求值时不可避免地会涉及元编程以外的内容。但我们在讨论这些内容时，会侧重于设计思想的讨论，只是分析与元编程相关的代码。

8.1 MetaNN 的求值模型

MetaNN 的层在正向与反向传播的过程中会调用相应的运算函数，构造运算模板。而 MetaNN 中的求值就是将运算模板对象转换为相应的主体类型的过程。

8.1.1 运算的层次结构

MetaNN 的运算操作会构造相应的运算模板。而运算模板实际上则描述了参数与结果之间的关系。某个运算的参数可能是另一个运算的结果，相应地，运算模板就在参数与结果之间构成了一个层次结构。图 8.1 展示了一个典型的运算层次结构。

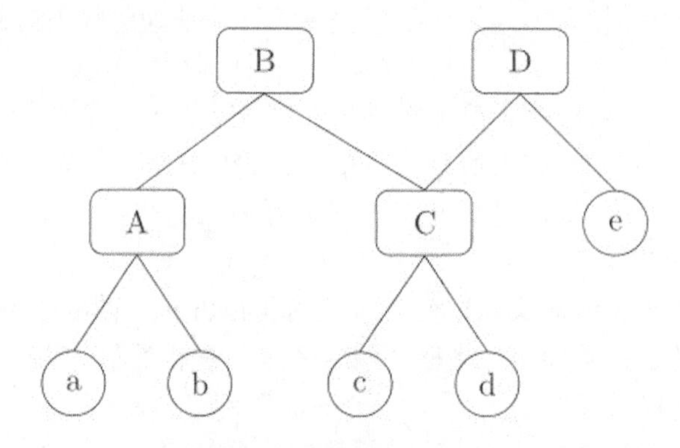

图 8.1　运算的层次结构

图中使用圆形表示主体类型数据[①]，使用圆角矩形表示运算模板。为了描述方便，我们在图中使用小写字母表示主体类型的数据，使用大写字母表示运算模板。这里主要关注于求值的输入结构，不关心运算模板所对应的实际运算类型，因此图中只是简单地引入了字母对节点进行标识。

比较图 8.1 与图 5.1，不难看出二者的差异：输入到求值系统中的并非传统意义上的树形结构。神经网络的一次计算可能涉及多个目标的求值。比如在图 8.1 中，我们的目标是完成对运算模板 B 与 D 的求值。单独来看，B 或 D 组成的求值结构都是树形结构，但在 B

① 比如，对于矩阵来说，其主体类型为 Matrix 模板实例化所产生的类型。

与 D 共享某些中间结果（图中的节点 C），因此将二者合并后，就形成了图 8.1 所示的复杂结构了。

我们当然可以对 B 与 D 单独求值。但 MetaNN 的主要优势就是将求值延迟到最后，以希望通过运算合并来提升计算速度。从这个角度出发，我们没有理由不将 B 和 D 的求值过程合并——这样能够有更多的机会进行求值优化。

基于上述结构，该如何实现求值呢？显然，由于对 B、D 的求值依赖于 A、C 的求值结果，因此通常来说，我们首先应对 A、C 求值，在此基础上对 B、D 进行求值。

从图 8.1 中可以看到一些在求值过程中可以被优化的地方。首先，B、D 的求值过程均依赖于 C，我们只需要对 C 进行一次求值，就可以将求值结果用于 B、D 的求值过程中，这样能够避免对 C 重复求值，从而提升求值效率。

另一种优化可能则相对隐晦一些：在求值过程中，如果能将相同类型的计算过程合并，则可能进一步提升求值速度。这一点通常需要专用的软件库进行支持。比如，一些软件库提供了函数，可以同时进行多组矩阵相乘的运算。以图 8.1 为例，假定 A 与 C 均是矩阵相乘，那么就有可能将 A、C 求值的过程合并到一起完成。这同样会提升求值速度。

事实上，还存在第 3 种优化可能性：考虑图 8.1。我们的目标之一是完成 D 的求值。而要完成这一步，则首先需要对 C 进行求值。而事实上，如果我们知道了 C、D 的输入信息与运算类型，则可能从数学的角度对这一条支路的求值过程进行简化——绕过对 C 求值的过程，直接使用 c、d、e 完成对 D 的求值。

本章将在后续讨论上述 3 种优化方式的实现。

8.1.2 求值子系统的模块划分

MetaNN 中引入了多个模块协同工作以实现求值：

- EvalPlan 用于接收求值请求，组织求值过程，调用 EvalPool 完成求值操作；
- EvalPool 接收 EvalPlan 中的求值请求，调用求值逻辑完成求值计算；
- EvalUnit 用于描述具体的求值计算方法；
- EvalGroup 用于整合相同的 EvalUnit，以合并相似的计算，提升求值效率；
- EvalHandle 封装了求值计算的参数与结果；
- EvalBuffer 保存了求值结果，避免同一对象的反复求值。

接下来，我们将首先以图 8.1 为例，概述一下 MetaNN 中的求值过程。之后，我们将依次讨论每个模块的实现。

求值流程概述

MetaNN 中的求值分成两步：注册与计算。MetaNN 的数据类型都必须提供 EvalRegister 函数，进行求值注册。同时，MetaNN 还提供了 EvalPlan::Eval 函数，触发实际的求值计算。

注册会返回 EvalHandle 对象，它封装了求值结果。一个典型的求值涉及调用若干次 EvalRegister 函数，获取相应的 EvalHandle 对象；之后调用一次 EvalPlan::Eval 函数，进行实际的计算；接下来使用相应的 EvalHandle 对象获取求值结果。以图 8.1 为例，为了完成对 B 与 D 的求值，我们可能需要这么写：

```
auto handle1 = B.EvalRegister();
auto handle2 = D.EvalRegister();

EvalPlan::Eval()

auto resB = handle1.Data();
auto resD = handle2.Data();
```

其中 resB 与 resD 分别对应了 B 与 D 的求值结果。

接下来，让我们以 B.EvalRegister 的调用为例，说明求值的注册流程。通常来说，B 中会保存一个 EvalBuffer 类型的对象。如果 B 之前进行过求值，那么其 EvalBuffer 中保存了求值的结果。此时，B.EvalRegister 直接返回 EvalHandle 类型的对象，表示求值结果即可。只有在之前没有对 B 进行过求值的情况下，B.EvalRegister 才会真正地构造求值请求，完成整个求值的流程。

如果要在 B.EvalRegister 中构造求值请求，B 的求值依赖于 A，因此 B.EvalRegister 首先要调用 A.EvalRegister 并获取相应的 EvalHandle 对象——这个对象表示 A 的求值结果。与之类似，B.EvalRegister 还需要调用 C.EvalRegister 来获取相应的句柄，表示 C 的求值结果。

在获得了表示 A、C 求值结果的句柄的基础上，B.EvalRegister 可以通过其内部的 EvalBuffer 获取表示 B 求值结果的句柄。B.EvalRegister 将调用这 3 个句柄的 DataPtr 函数，获取指向参数与结果数据的 constvoid*类型的指针。之后，B.EvalRegister 会构造一个 EvalUnit 对象，其中包含了一个 Eval 函数成员，封装了具体的计算逻辑。EvalUnit 对象以及 constvoid*指针都会被传递给 EvalPlan::Register 接口，从而在 EvalPlan 中注册计算。

EvalPlan::Register 会在其内部根据传入的 constvoid*指针来判断当前请求在整个求值流程中的顺序。根据这个顺序以及具体的计算信息，将传入的 EvalUnit 对象放置到某个 EvalGroup 中——EvalGroup 封装了可以被同时执行的类型相同的计算。

在所有的求值请求被注册完毕后，可以调用 EvalPlan::Eval 触发实际的计算。实际计算时，EvalPlan::Eval 将调用 EvalGroup 的接口，获取相应的 EvalUnit，并将其发送给 EvalPool，由 EvalPool 调用 EvalUnit::Eval 接口，实现真正的计算。

EvalUnit 中包含了参数句柄与结果句柄，在 EvalUnit::Eval 被调用时，我们可以确保参数句柄中已经保存了相应的求值结果①。EvalUnit::Eval 从参数句柄中获取相应的参数值，调用具体的计算逻辑，并将计算结果保存在结果句柄中——而这个句柄将用于后续求值，

① 以图 8.1 为例，在与 B 相关的 EvalUnit::Eval 被调用时，可以确保相应的 EvalUnit 中，A 与 C 所对应的句柄中已经包含了相应的求值结果。

或者在求值结束后获取结果（如上述代码段 6～7 行）。

接下来，我们将依次讨论每个模块的实现细节。首先来看一下 EvalPlan。

EvalPlan

EvalPlan 的整个框架如图 8.2 所示。

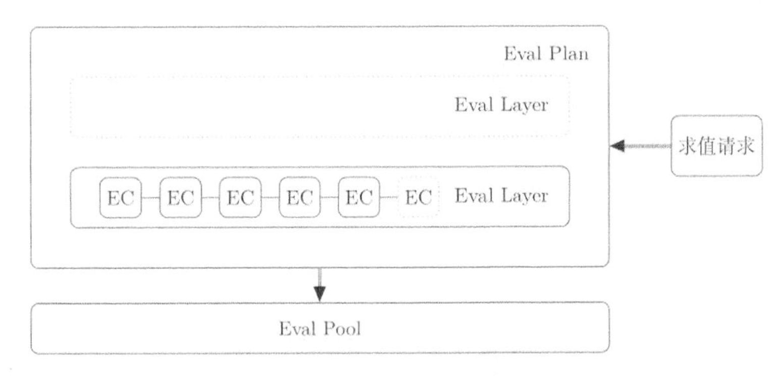

图 8.2 EvalPlan 框架

它是整个求值子系统的核心，它接收求值请求，组织求值过程并提供 Eval 接口以触发求值计算。我们需要调用每个待求值对象的 EvalRegister 向 EvalPlan 中注册求值请求，并在完成注册后，调用 EvalPlan::Eval 进行实际的求值。

注册时，求值请求会被传递给 EvalPlan::Register 接口。求值请求包含了 EvalUnit——这表示实际的计算单元、一个指向计算结果的指针，以及一个 vector，其中包含了指向计算参数的指针。

EvalPlan 使用传入的指针来维护计算顺序。它内部维护了一个计算结果指针与计算顺序的映射，输入某个地址，就可以判断其是否指向某个等待求值的计算结果。如果指向某个结果，那么还能返回该计算应该在哪一步被执行。

在接收到新的计算请求时，EvalPlan::Register 会首先遍历计算参数的指针，尝试判断相应的计算参数是否指向某个已经注册过的计算结果。如果为真，那么就获取相应的执行步骤，由此推断出当前请求应在哪一步被执行。

求值计算请求会被保存在 EvalCluster（即图中的 EC）中。EvalCluster 的定义如下：

```
1  template <typename TDevice>
2  using EvalCluster
3      = std::unordered_map<std::type_index,
4                           std::shared_ptr<BaseEvalGroup<TDevice>>>;
```

它是一个容器，其中包含了 EvalGroup 对象。每个具体的 EvalGroup 都派生自 BaseEvalGroup<TDevice>类，用于整合相同类型的计算。EvalCluster 容器中的键是 std::type_index，使用其可以区分不同的 EvalGroup 类型。在实际的求值过程中，EvalPlan

会遍历 EvalCluster 中的 EvalGroup，从中获取相应的求值请求，将其传递给 EvalPool 以完成求值。

EvalPlan 中会包含多个 EvalCluster，它会为每个求值请求分配相应的 EvalCluster。之所以要引入多个 EvalCluster，是为了刻划求值过程中的顺序性。同一个 EvalCluster 中可能包含多个求值请求，这些请求的计算顺序是任意的。但不同 EvalCluster 之间具有顺序性：只有位于前面的 EvalCultser 中的所有求值请求被执行完毕后，位于后续的 EvalCluster 中的请求才能被执行。

还是以图 8.1 为例。为了完成对图 8.1 中 B 的求值，我们首先要对 A 与 C 求值。这体现在代码上，就是 B.EvalRegister 的内部会首先调用 A.EvalRegister 与 C.EvalRegister，注册相应的求值请求。之后才会构造 B 的求值请求并传递给 EvalPlan。

EvalPlan 会首先接收到 A.EvalRegister 与 C.EvalRegister 所传入的执行请求，并相应地将 A 与 C 的计算请求放到第一个 EvalCluster 之中。在此之后，EvalPlan 会接收到 B 的执行请求，该请求中包含了计算参数的指针，指向 A 与 C 的计算结果。EvalPlan 遍历参数指针时，会发现 A 与 C 的计算请求已经位于第一个 EvalCluster 之中了，就会将 B 的计算请求置于第二个 EvalCluster 之中。

在实际的求值过程中，EvalPlan 会首先将第一个 EvalCluster 中的请求传递给 EvalPool，之后再传递第二个 EvalCluster 中的请求，依此类推。这样就能保证求值的顺序性。

以上就是 EvalPlan 的核心逻辑。但想必读者已经发现了，我们还有一个组件没有讨论，就是 EvalLayer。这是做什么的呢？

从 EvalPlan 的角度来看，它所接收求值请求的时机可以被划分成两类：调用 EvalPlan::Eval 之前，以及调用 EvalPlan::Eval 过程之中。

大部分求值请求是在调用 EvalPlan::Eval 之前注册到 EvalPlan 之中的。但也有少数请求，会在调用 EvalPlan::Eval 的过程中注册到 EvalPlan 中。比如，我们在对 SoftmaxDerivative 求值时，会构造一个中间矩阵，将其与输入的梯度信息点乘并返回。为了完成点乘，我们就需要构造一个点乘计算的请求传递给 EvalPlan。这个请求是在 SoftmaxDerivative 求值过程中构造的。SoftmaxDerivative 求值过程则是在 EvalPlan::Eval 调用时被触发的。相应地，我们会在调用 EvalPlan::Eval 时获得新的求值请求。

按照 EvalPlan 原有的逻辑，这个点乘请求的参数都是主体类型，因此它会被放到第一个 EvalCluster 中。但 SoftmaxDerivative 的计算请求可能位于后续的 EvalCluster 中，在计算 SoftmaxDerivative 时，系统会认为第一个 EvalCluster 中的请求已经完成了处理，这就会丢掉本来应该处理的请求而产生计算错误。

为了解决这个问题，EvalPlan 中引入了 EvalLayer 的概念。初始时，EvalPlan 只包含了一个 EvalLayer，用于接收调用 EvalPlan::Eval 之前的求值请求。在调用 EvalPlan::Eval 进行求值之前，系统会首先构造一个新的 EvalLayer，求值过程中输入的请求都会被放到新的 EvalLayer 中。在处理完每一个 EvalCluster 后，系统都会判断新构造的 EvalLayer 中是否包含了新引入的 EvalCluster。如果判断为真，说明在处理上一个 EvalCluster 的过程中引入了新的求值请求，系统会将新的 EvalLayer 中的所有的求值请求处理完成后，再处理下一个 EvalCluster。

事实上，EvalPlan 中可以包含多个 EvalLayer——它们形成了一个栈结构。在处理第一个 EvalLayer 中的请求时，可能会在第二个 EvalLayer 中引入新的请求；在处理第二个 EvalLayer 中的请求时，可能会在第 3 个 EvalLayer 中引入新的请求。EvalPlan 的设计足以应付上述复杂的情况。

EvalPool

EvalPool 获取 EvalPlan 中的求值请求，调用求值函数完成真正的求值计算。

传递给 EvalPool 的是 EvalUnit 类型的对象，每个 EvalUnit 类型的对象都包含了一个 Eval 接口，封装了实际的求值逻辑。而 EvalPool 要做的最主要的工作，就是调用这个 Eval 接口，完成计算。

EvalPool 的实现可以是非常简单的，比如依次调用 EvalUnit 对象的 Eval 函数。它也可以比较复杂：比如其中包含了若干个计算线程，可以同时完成多个计算。EvalPool 还需要提供一个接口 Barrier，用于等待 EvalPool 中所有求值完成。如前文所述，EvalPlan 将其中的求值请求划分成 EvalCluster，它将某个 EvalCluster 中所有的计算请求传递给 EvalPool 后，调用 EvalPool::Barrier 接口，直到该接口返回后，再传递下一个 EvalCluster 中的求值单元。相应地，EvalPool 必须保证其 Barrier 接口返回时，位于 EvalPool 中的计算已经全部完成——这样才能保证计算的顺序性。

MetaNN 的当前版本中，只实现了一个很平凡的 TrivalEvalPool，其功能就是对传入的 EvalUnit 对象进行求值，并不涉及多线程的操作。如果需要的话，还可以向框架中添加更复杂的 EvalPool，从而提升计算并行性。

EvalUnit

EvalUnit 包含了具体的求值计算逻辑。所有的 EvalUnit 对象均派生自 BaseEvalUnit[①]：

```
1  template <typename TDevice>
2  class BaseEvalUnit
3  {
4  public:
5      using DeviceType = TDevice;
6      virtual ~BaseEvalUnit() = default;
7
8      virtual void Eval() = 0;
9  };
```

派生类需要实现 Eval 方法，封装实际的计算逻辑。我们将在后续讨论具体的求值实现

① TDevice 表示计算单元类别，如 CPU 等。

时，看到 EvaluUnit 的实现示例。

EvalGroup

EvalGroup 用于整合相同的 EvalUnit，以合并相似的计算，提升求值效率。所有的 EvalGroup 均需派生自 BaseEvalGroup：

```
1  template <typename TDevice>
2  class BaseEvalGroup
3  {
4  public:
5      virtual ~BaseEvalGroup() = default;
6      virtual std::shared_ptr<BaseEvalUnit<TDevice>> GetEvalUnit() = 0;
7      virtual void Merge(BaseEvalUnit<TDevice>&) = 0;
8      virtual void Merge(BaseEvalUnit<TDevice>&&) = 0;
9  };
```

派生类需要实现 Merge 接口，用于向其中添加 EvalUnit；还需要实现 GetEvalUnit 接口，用于获取其中的 EvalUnit。

MetaNN 当前只实现了一个平凡的 TrivalEvalGroup，它并不会将多个 EvalUnit 合并成一个，只是简单地积累 EvalUnit，并在调用 GetEvalUnit 时依次返回：

```
1  template <typename TEvalUnit>
2  class TrivalEvalGroup;
```

TrivalEvalGroup 接收一个模板参数，表示了相应的 EvalUnit 类型。使用不同的 EvalUnit 可以实例化出不同的 TrivalEvalGroup。我们会在讨论具体求值逻辑的实现时看到 TrivalEvalGroup 的使用方式。同时，我们也会在后续讨论同类计算合并优化时，说明如何基于现有的框架实现一个可以合并 EvalUnit 的 EvalGroup。

EvalHandle

EvalHandle 是 MetaNN 中求值句柄的统称，可以在求值完成后通过其 Data 接口获取相应的求值结果。

事实上，MetaNN 实现了 3 个表示句柄的类模板。与 EvalUnit、EvalGroup 不同，这些句柄类模板并非派生自某个基类。它们只是在概念上相关：它们均提供 Data 接口，返回相应的求值结果；均提供 DataPtr 接口，返回指向求值结果的指针。不同的求值句柄返回的数据类型不同，在 EvalPlan 需要一种统一的数据表示形式并以之规划求值顺序。因此，求值句柄需要提供 DataPtr 接口，它返回一个 void*类型的指针，指向句柄中的数据，供 EvalPlan 使用。

这 3 个类模板统称为 EvalHandle，但具体的应用场景不同。

- EvalHandle<TData>：它的内部封装了求值结果。通常来说，这个句柄在构造之初，其中保存的数据是无效的。它提供了接口 IsEvaluated 来判断其中数据的有效性（即是否已经进行过求值）。如果该接口返回 false，那么就需要进行求值并将结果填充到句柄之中。EvalHandle<TData>同时提供 Allocate 来分配保存结果的对象；提供 MutableData 来获取结果对象的引用以供结果填充；提供 SetEval 在填充完结果后设置结果的有效性。除了上述特性，EvalHandle<TData>还保证在多个复本间共享相同的结果对象，多个 EvalHandle<TData>复本调用 DataPtr 时，返回结果相同。这使得我们可以在求值过程中引入一个 EvalHandle<TData>对象的多个复本，简化求值代码的编写。

- ConstEvalHandle<TData>：MetaNN 要求其中的每个数据成员都提供 EvalRegister 接口，用于注册求值，返回相应的句柄。这个句柄将用于获取求值结果，无需提供写接口来修改其中保存的内容，只需提供读接口即可。MetaNN 使用 ConstEvalHandle<TData>来刻划这种只读的句柄。通常来说，运算模板的 EvalRegister 返回的就是 ConstEvalHandle 的实例化类型。此外，MetaNN 还引入 MakeConstEvalHandle 函数，可以传入数据对象，构造相应的 ConstEvalHandle 句柄。
- DynamicConstEvalHandle<TData>：第 6 章引入了 DynamicData 数据类型，用于保存层的中间结果。这种数据类型也会参与到求值的过程中。但 DynamicData 隐藏了具体的类型信息，因此我们无法得知对这种数据类型调用 EvalRegister 时，应该构造哪种类型的句柄。为了解决这个问题，MetaNN 引入了 DynamicConstEvalHandle<TData>数据类型。DynamicData::EvalRegister 将返回这个类型的对象。DynamicConstEvalHandle<TData>与 ConstEvalHandle<TData>类似，都是只读的，不能修改其中的数据。

EvalBuffer

EvalBuffer 保存了求值结果，避免对相同的对象反复求值。

通常来说，每个非主体类型对象都需要包含一个 EvalBuffer 数据域，以存储求值后的结果。运算模板是一种典型的非主体类型，以 UnaryOp 为例：

```
1  template <typename TOpTag, typename TData>
2  class UnaryOp
3  {
4      // ...
5      using Cate = OperCateCal<TOpTag, TData>;
6      using TPrincipal = PrincipalDataType<Cate, ElementType, DeviceType>;
7
8      EvalBuffer<TPrincipal> m_evalBuf;
9  };
```

其中，Cate 表示运算模板所对应的类别。在此基础上，PrincipalDataType 元函数根据计算单元与计算设备的类型，推断出当前运算模板实例所对应的主体类型。并使用这个主体类型实例化出了 EvalBuffer 对象 m_evalBuf。

EvalBuffer 是一个类模板，可以使用不同的主体类型（如 Matrix、Scalar 等）实例化。

它在其内部提供了 3 个接口。

- IsEvaluated：表示其中所保存的数据是否已经进行过求值了。
- Handle：返回句柄，用于修改求值结果。
- ConstHandle：返回句柄，用于获取求值结果。

Handle 与 ConstHandle 的返回结果本质上指向了同一个求值结果对象，只不过前者可以修改这个结果，用于在计算的过程中写入数据；而后者则是只读的，用于读取计算结果。

Evaluate 辅助函数

为了简化求值系统的使用，MetaNN 还提供了辅助函数 Evaluate：这个函数传入一个待求值的对象，在其内部首先调用该对象的 EvalRegister 方法，之后调用 EvalPlan::Eval 函数完成求值并返回求值结果。该函数简化了求值接口，但每次只能对一个待求值对象进行注册，因此会丧失一些求值优化的机会。

以上简介了 MetaNN 求值子系统中的模块。这些模块并没有包含实际的计算逻辑，而是提供了计算结果的维护、计算过程的调度等功能。我们并没有深入到这些模块的细节之中。这是因为这些模块的实现都是相对平凡的，虽然很多模块都被实现为模板，但其中涉及的元编程技术则并不算很多。本章将着重讨论如何基于这些组件，在 MetaNN 中引入适当的求值逻辑，以及进一步对求值过程进行优化。接下来，我们将以通过一些具体的代码，讨论这些内容。

8.2 基本求值逻辑

本节将通过若干示例来讨论 MetaNN 中的基本求值逻辑。

MetaNN 中的每种数据类型都需要提供 EvalRegister 等接口以支持求值。不同的数据类型在实现这个接口时，采用的方式也会有所区别。让我们首先看一下主体类型是如何实现该接口的。

8.2.1 主体类型的求值接口

MetaNN 是富类型的，我们可以为其引入各种不同的类型，但这些类型会被划分为类别。同时，我们会为每个类别会引入一个主体类型。典型的是，Matrix<TElement,TDevice> 类模板就是矩阵类别的主体类型。

求值本质上是将具体的数据类型转换为相应主体类型的过程。虽然对于主体类型来说，它并不需要引入实质的转换，但为了保证整个框架的一致性，主体类型也需要实现求值相关的接口。特别是 EvalRegister 接口。让我们以 Matrix<TElement, TDevice>类模板为例，看一下主体类型中该接口的实现方式：

```
1   template <typename TElem>
2   class Matrix<TElem, DeviceTags::CPU>
3   {
4       // ...
5       auto EvalRegister() const
6       {
7           return MakeConstEvalHandle(*this);
8       }
9   };
```

EvalRegister 需要返回一个句柄，框架的其他部分以及最终用户可以通过这个句柄来获取其中的求值结果。对于主体类型来说，它并不需要求值，因此其 EvalRegister 的实现是平凡的，只需要基于自身构造一个 ConstEvalHandle 的句柄并返回即可。

与 Matrix 中的实现类似，Scalar 与 Batch 这两个主体类型也是在其 EvalRegister 接口中简单地构造了一个 ConstEvalHandle 句柄并返回。

8.2.2 非主体基本数据类型的求值

在第 4 章，除了主体类型，还讨论了若干基本数据类型。比如 TrivalMatrix 等。这些数据类型也需要实现求值接口，将其转换为相应的主体类型。本节以 TrivalMatrix 为例，来展示此类数据类型中求值逻辑的编写方式：

```
1   template<typename TElem, typename TDevice, typename TScalar>
2   class TrivalMatrix
3   {
4       // ...
5       auto EvalRegister() const
6       {
7           using TEvalUnit
8               = NSTrivalMatrix::EvalUnit<ElementType, DeviceType>;
9           using TEvalGroup = TrivalEvalGroup<TEvalUnit>;
10           if (!m_evalBuf.IsEvaluated())
11           {
12               auto evalHandle = m_evalBuf.Handle();
13               const void* outputPtr = evalHandle.DataPtr();
14
15               TEvalUnit unit(std::move(evalHandle),
16                              m_rowNum, m_colNum, m_val);
17
18               EvalPlan<DeviceType>::template Register<TEvalGroup>
19                                   (std::move(unit), outputPtr, {});
20           }
21           return m_evalBuf.ConstHandle();
22       }
23
24   private:
25       EvalBuffer<Matrix<ElementType, DeviceType>> m_evalBuf;
26   };
```

代码段的7～8行指定了计算TrivalMatrix所需要的计算单元。计算的核心逻辑就封装在NSTrivalMatrix::EvalUnit中。在此基础上，第9行指定了相关的EvalGroup。前文讨论过TrivalEvalGroup，它会在其内部存储EvalUnit的对象，并依次提供其中包含的EvalUnit的对象给EvalPlan以实现求值。

在此基础上，代码段的第10行会判断m_evalBuf中包含的数据是否之前已经完成过求值了。m_evalBuf是TrivalMatrix的数据成员，其类型为EvalBuffer模板的实例，用于保存求值结果。如果之前已经对当前对象进行过求值，那么m_evalBuf.IsEvaluated()将为真，此时就不需要二次求值，直接返回结果句柄即可；否则，就需要调用EvalPlan::Register函数进行求值注册。

为了进行求值注册，我们首先要构造EvalUnit对象（15～16行）。而在调用EvalPlan::Register注册时，我们需要显式提供4个信息。

- EvalGroup的类型：EvalPlan将使用这个信息归类传入的求值对象。
- 构造好的EvalUnit对象。
- 表示结果的指针，EvalPlan将使用该指针维护求值过程中的计算顺序。这个指针是在第13行调用结果句柄的DataPtr接口获取的。
- 表示求值参数的指针数组，对于大部分基本数据类型来说，其求值不需要依赖于其他数据的值，此时这个参数数组为空，在代码中使用{}表示。

无论是否调用了EvalPlan::Register，EvalRegister都会调用m_evalBuf.ConstHandle()返回一个句柄来表示求值结果。如果m_evalBuf.IsEvaluated()为真，那么就可以直接通过该句柄获取相应的求值结果；否则就需要在调用了EvalPlan::Eval之后，才能通过该句柄获取相应的求值结果。

NSTrivalMatrix::EvalUnit则封装了具体的计算逻辑[①]：

```
1   template <typename TElem, typename TDevice>
2   class EvalUnit;
3
4   template <typename TElem>
5   class EvalUnit<TElem, DeviceTags::CPU>
6       : public BaseEvalUnit<DeviceTags::CPU>
7   {
8   public:
9       template <typename TScaleElemType>
10       EvalUnit(EvalHandle<Matrix<TElem, DeviceTags::CPU>> resBuf,
11                size_t rowNum, size_t colNum,
12                const Scalar<TScaleElemType, DeviceTags::CPU>& val)
13          : BaseEvalUnit<DeviceTags::CPU>({})
14          , m_resHandle(std::move(resBuf))
15          , m_rowNum(rowNum)
16          , m_colNum(colNum)
17          , m_val(val.Value()) {}
18
```

① 以下代码段省略了NSTrivalMatrix的声明。

```
19        void Eval() override
20        {
21            m_resHandle.Allocate(m_rowNum, m_colNum);
22            auto& mutableData = m_resHandle.MutableData();
23            auto lowLayer = LowerAccess(mutableData);
24            const size_t rowLen = lowLayer.RowLen();
25            auto mem = lowLayer.MutableRawMemory();
26            for (size_t i = 0; i < m_rowNum; ++i)
27            {
28                for (size_t j = 0; j < m_colNum; ++j)
29                {
30                    mem[j] = m_val;
31                }
32                mem += rowLen;
33            }
34            m_resHandle.SetEval();
35        }
36
37    private:
38        EvalHandle<Matrix<TElem, DeviceTags::CPU>> m_resHandle;
39        size_t m_rowNum;
40        size_t m_colNum;
41        TElem  m_val;
42    };
```

当前，EvalUnit 只针对 CPU 引入了特化，可以在后续需要时，为其他的设备类型引入相应的特化。

EvalUnit::Eval 封装了核心的计算逻辑：为矩阵分配空间，并将其中的每个元素填充成传入的标量值——这也是 TrivalMatrix 定义的行为。代码段的第 21 行调用了传入句柄的 Allocate 接口来分配对象的存储空间，而 22～33 行则进行了元素填充。注意在这一部分代码中，我们使用了 LowerAccess 来获取到 Matrix 的底层访问接口，并基于这个接口进行填充。如第 4 章讨论的那样，底层访问接口可以提升访问速度，但并不安全，不适合暴露给最终用户，但框架内部的求值函数则正适合使用底层访问接口。

在填充完数据，也即完成了求值之后，EvalUnit::Eval 要调用句柄的 SetEval 成员函数，这标记了当前句柄所包含的对象已经完成了求值。这样，下一次调用同一个对象的 TrivalMatrix::EvalRegister 时，判断 m_evalBuf.IsEvaluated()将返回真，使得我们无需进行二次求值计算。

8.2.3 运算模板的求值

MetaNN 正向与反向传播的输出是运算模板对象。相应地，深度学习系统的预测与训练的核心也是对运算模板对象求值。本节以 Add 运算模板的求值代码为例，分析运算模板的求值逻辑编写方式。

当用户调用 MetaNN 中的 operator+操作，将矩阵或矩阵列表相加时，MetaNN 所返回的实际上是一个实例化自 BinaryOp 的运算模板：BinaryOp<BinaryOpTags::Add, TData1,

TData2>。其中的第一个模板参数表示计算类型 Add，第二与第三个模板参数则表示参与计算的两个参数类型。BinaryOp 类模板本身实现了 EvalRegister，如下所示（其中的 TPrincipal 对应求值后的类型，而 m_evalBuf 则用于保存求值后的结果）：

```
1  template <typename TOpTag, typename TData1, typename TData2>
2  class BinaryOp
3  {
4      // ...
5      auto EvalRegister() const
6      {
7          if (!m_evalBuf.IsEvaluated())
8          {
9              using TOperSeqCont = typename OperSeq_<TOpTag>::type;
10
11             using THead = SeqHead<TOperSeqCont>;
12             using TTail = SeqTail<TOperSeqCont>;
13             THead::template EvalRegister<TTail>(m_evalBuf,
14                                                 m_data1, m_data2);
15         }
16         return m_evalBuf.ConstHandle();
17     }
18
19 private:
20     TData1 m_data1;
21     TData2 m_data2;
22
23     using TPrincipal = PrincipalDataType<Cate,
24                                          ElementType, DeviceType>;
25     EvalBuffer<TPrincipal> m_evalBuf;
26 };
```

其实现与 TrivalMatrix 中的同名函数类似，都是先判断之前是否完成过求值，只有在之前没有进行过求值计算时，才会触发求值注册的相关逻辑。但对运算模板的求值中，我们引入了一个 OperSeq 的概念（第 9 行）。我们会在后续讨论求值优化时，再来讨论这个概念的用途。对于加法运算模板来说，我们引入了如下的定义：

```
1  template <>
2  struct OperSeq_<BinaryOpTags::Add>
3  {
4      using type = OperSeqContainer<NSAdd::NSCaseGen::Calculator>;
5  };
```

即：BinaryOp::EvalRegister 第 9 行获得的是 OperSeqContainer 类型的对象。

OperSeqContainer 是一个容器，用于存储不同的计算方法。SeqHead 与 SeqTail 则是两个元函数，分别用于获取这个容器中的第一个元素与除去第一个元素的其他元素。BinaryOp::EvalRegister 在 11～12 行调用了这两个元函数获取了其中的第一个元素：NSAdd::NSCaseGen::Calculator，并调用了其 EvalRegister 方法（13～14 行）。

NSAdd::NSCaseGen::Calculator 包含了一个静态函数模板 EvalRegister，其主要定义如下：

```
1  template <typename TCaseTail, typename TEvalRes,
2            typename TOperator1, typename TOperator2>
3  static void EvalRegister(TEvalRes& evalRes,
4                           const TOperator1& oper1,
5                           const TOperator2& oper2)
6  {
7      using ElementType = typename TEvalRes::DataType::ElementType;
8      using DeviceType = typename TEvalRes::DataType::DeviceType;
9      using CategoryType = DataCategory<typename TEvalRes::DataType>;
10
11      auto handle1 = oper1.EvalRegister();
12      auto handle2 = oper2.EvalRegister();
13
14      using UnitType = EvalUnit<decltype(handle1), decltype(handle2),
15                                ElementType, DeviceType, CategoryType>;
16      using GroupType = TrivalEvalGroup<UnitType>;
17
18      auto outHandle = evalRes.Handle();
19      const void* dataPtr = outHandle.DataPtr();
20      auto depVec = { handle1.DataPtr(), handle2.DataPtr() };
21
22      UnitType unit(std::move(handle1), std::move(handle2),
23                    std::move(outHandle));
24      EvalPlan<DeviceType>::template Register<GroupType>
25          (std::move(unit), dataPtr, std::move(depVec));
26  }
```

它接收 3 个参数，分别表示结果与两个参数对象。在其内部，这个函数会首先调用参数对象的 EvalRegister 接口，注册参数的求值并获取相应的参数句柄（11～12 行）。在此基础上，代码段的第 18 行获取了结果句柄，并在 22～23 行将参数句柄与结果句柄传递给相应的 EvalUnit 中——构造了相应的计算单元。在 24～25 行会将构造的计算单元，连同表示结果与参数的指针一起传递给 EvalPlan::Register 完成求值注册。

与 TrivalMatrix::EvalRegister 相比，加法运算模板的求值注册过程要复杂一些。首先，为了使得运算模板更具通用性，我们并没有在 BinaryOp 中引入实际的注册逻辑，而是将注册过程代理给了 OperSeq_中定义的注册类来完成。其次，大部分运算模板都是要基于输入计算输出的。为了计算输出结果，需要调用输入参数的 EvalRegister 完成注册。最后，在调用 EvalPlan::Register 提交当前的求值请求时，需要同时提供表示参数的指针（第 25 行第 3 个参数）。

与 TrivalMatrix::EvalRegister 类似，我们还要定义 EvalUnit 类型，以封装加法操作的计算逻辑：

```
1  template <typename TOperHandle1, typename TOperHandle2,
2            typename TElem, typename TDevice, typename TCategory>
3  class EvalUnit;
4
5  template <typename TOperHandle1, typename TOperHandle2, typename TElem>
6  class EvalUnit<TOperHandle1, TOperHandle2,
```

```
 7                     TElem, DeviceTags::CPU, CategoryTags::Matrix>
 8   {
 9       // ...
10   };
11
12   template <typename TOperHandle1, typename TOperHandle2, typename TElem>
13   class EvalUnit<TOperHandle1, TOperHandle2,
14                     TElem, DeviceTags::CPU, CategoryTags::BatchMatrix>
15   {
16       // ...
17   };
```

这里为矩阵与矩阵列表分别引入了相应的 EvalUnit。其内部的计算逻辑并没有什么值得重点讨论之处，读者可以参考 TrivalMatrix 所对应的 EvalUnit 的实现来理解其中的代码。

至于 OperSeq_的作用，将留到求值优化的部分进行讨论。

8.2.4 DyanmicData 与求值

在第 6 章，我们为了保存层的正向传播中间结果而引入了 DyanmicData 类模板。这个模板隐藏了具体的类型信息，只对外提供计算单元、计算设备与数据类别信息。

作为 MetaNN 中众多数据类型的一种，DyanmicData 也需要提供 EvalRegister 接口来注册求值。但 DyanmicData 比较特殊，它是对底层具体数据类型的封装。其 EvalRegister 接口定义如下（以矩阵类别为例）：

```
 1   template <typename TElem, typename TDevice>
 2   class DynamicData<TElem, TDevice, CategoryTags::Matrix>
 3   {
 4       // ...
 5       DynamicConstEvalHandle<...>
 6       EvalRegister() const
 7       {
 8           return m_baseData->EvalRegister();
 9       }
10   private:
11       std::shared_ptr<BaseData> m_baseData;
12   };
```

其中的 m_baseData 是底层数据指针。DynamicData::EvalRegister 本身并不会引入任何求值注册的逻辑，而是将该逻辑委托给了底层的具体数据类型完成。同时，DynamicData::EvalRegister 返回 DynamicConstEvalHandle——这是一种特殊的句柄，它基于 m_baseData->EvalRegister()的结果构造，提供了接口以获取计算结果。

以上，我们分几种情况讨论了 MetaNN 中基本的求值代码书写方式。接下来，我们将讨论求值过程中的优化逻辑。

8.3 求值过程的优化

在本节，将按照从简单到复杂、从一般到特殊的原则，讨论 3 种求值优化的方法：避免重复计算、同类计算合并与多运算协同优化。

8.3.1 避免重复计算

在一个神经网络中很可能出现同一个中间结果被多次使用的情况。图 8.1 中的 C 就是一个典型的例子。另一个示例则来自于第 7 章讨论的 GRU 公式：

$$z_t = Sigmoid(W_z x_t + U_z h_{t-1})$$

$$r_t = Sigmoid(W_r x_t + U_r h_{t-1})$$

$$\hat{h}_t = Tanh(W x_t + U(r_t \circ h_{t-1}))$$

$$h_t = z_t \circ \hat{h}_t + (1 - z_t) \circ h_{t-1}$$

如果 x_t 是网络中某个前趋层的输出，那么在求值过程中，它会被表示成一个中间结果。这个中间结果要分别与 3 个矩阵点乘。显然，我们不希望每一次点乘就对 x_t 进行一次求值。而是只对 x_t 求值一次，重复使用求值的结果与 W_z，W_r，W 进行点乘。

这是求值优化中一种很朴素的思想：避免对相同的对象（即这里的 x_t）重复求值，从而提升系统性能。

MetaNN 是如何支持这种求值优化的呢？事实上，前文所讨论的求值框架已经能够支持这一类优化了。通常来说，每个需要引入求值逻辑的具体类型都会在其 EvalRegister 中包含如下代码结构：

```
1  auto EvalRegister()
2  {
3      if (!m_evalBuf.IsEvaluated())
4      {
5          // ...
6      }
7      return m_evalBuf.ConstHandle();
8  }
```

其中的 m_evalBuf 存储了求值结果。只有在 m_evalBuf.IsEvaluated()为假时，才进行求值；反之，如果该值为真，那么说明这个对象之前已经完成过求值了，不需要再次求值，此时直接返回之前的求值结果即可。

但仅仅使用上述结构，并不足以完全避免重复计算。考虑如下代码段：

```
1  auto input1 = a + b;
2  auto input2 = input1;
```

```
3    auto res1 = trans1(input1);
4    auto res2 = trans2(input2);
5
6    res1.EvalRegister();
7    res2.EvalRegister();
8    EvalPlan::Eval();
```

input2 是 input1 的复本，而 res1 与 res2 分别使用 input1 与 input2 进行了各自的变换。我们希望系统足够智能，对 res1 与 res2 求值时，只会对 input1 或 input2 这二者之一求值一次。

为了支持这项需求，首先，MetaNN 中的 EvalBuffer 会在复制时共享底层的数据对象。这也就意味着，从 input1 复制出 input2 后，这两个对象内部的 EvalBuffer 共享同一个求值结果对象。完成二者之中任何一个的求值，都会更新另一个的求值状态，使得其无需再次求值。

其次，考虑代码段的第 7 行，调用 res2.EvalRegister()时，会触发 input2.EvalRegister()的调用[①]。input1 与 input2 在调用 EvalPlan::Register 时，会传入表示输出结果的指针，而这两次调用所传入的表示输出结果的指针会指向相同的地址。EvalPlan 会在其内部进行判断，如果传入了一个已经注册过的求值请求（即输出结果指针已经位于 EvalPlan 之中了），那么就忽略掉当前的求值请求——这样也能够避免重复求值。

8.3.2 同类计算合并

8.3.1 节讨论的避免重复计算是一种通用的优化手段，与具体的计算逻辑无关。本节讨论的同类计算合并则只能应用于特定的计算逻辑。

与 8.3.1 节讨论的场景不同，某些特定的计算逻辑可能会在神经网络中多次出现，但参与计算的参数可能发生改变。还是以 GRU 的计算为例，其中涉及 6 次矩阵点乘，如 $W_z x_t$ 与 $U_z h_{t-1}$ 等，每次点乘的操作数均有所差异。此时，我们无法采用上一节的方式来简化计算。但我们也没有必要依次对每个点乘求值：

比如，在 GRU 的计算公式中，6 次点乘中的 3 次都是某个矩阵与 x_t 相乘。完全可以考虑将这 3 个点乘合并到一起完成，此时，x_t 中的元素可以在 3 次乘法中共用，这减少了因数据传输所需要的耗时。

另外，通常情况下，我们需要借助于一些第三方的库来进行计算加速。很多第三方的库都提供了批处理的接口，以最大限度地利用计算资源。还是以点乘为例，Intel 的 MathKernelLibrary(MKL)就提供了 gemm_batch 的接口，可以一次性读入一组参与计算的矩阵，通过一次调用完成多个矩阵乘法。Nvidia 公司的 CUDA 库也提供了类似的功能，在 GPU 上实现批量计算。如果将可以一起计算的矩阵点乘整合起来，使用上述库中的接口进

① 注意此时 input1 与 input2 均未完成求值，因此前文所讨论的 m_evalBuf.IsEvaluated()判断方法并不会阻止 input2 向 EvalPlan 中的注册。

行计算，就可以极大地提升计算效率。

为了支持这种计算合并，MetaNN 的求值系统提供了 EvalGroup 这个模块。我们可以调用它的 Merge 方法向其中添加同类型的计算请求。而 EvalGroup 则有足够的自由度来判断是否将若干个计算请求进行合并。

当前，MetaNN 中只实现了一个平凡的 EvalGroup 模板，它只是记录了传入其中的计算请求，没有进行合并。这是因为目前 MetaNN 只是一个深度学习的基础框架，还没有进行深入地算法优化。随着算法优化的进行，可以考虑引入诸如 MKL 或者 CUDA 这样的库，同时自己书写若干批量计算的加速函数，在此基础上就可以引入新的 EvalGroup 类型，进行同类计算合并了。

同样是以矩阵点乘为例，假定我们需要对点乘计算进行合并以提升系统速度，那么完全可以引入一个 EvalGroup，并修改点乘运算的注册逻辑：

```
1 | using GroupType = ...  // 支持运算合并的 EvalGroup
2 | EvalPlan<DeviceType>::template Register<GroupType>(...);
```

在新的 EvalGroup 中，我们需要调整 Merge 的逻辑，将有可能合并的计算[①]组合成新的 EvalUnit 实例，并在 EvalPlan 获取时返回该 EvalUnit 实例，以实现同类计算的合并。

同类计算合并的前提是：相关计算必须满足一定的条件，使得我们可以基于其构造并行算法，提升系统性能。因此，并非所有的计算逻辑都能从中受益。但值得庆幸的是，通常来说深度学习系统中耗时较高的操作（如矩阵点乘）都可以找到实现得较好的批处理版本。因此，采用计算合并，也可以使整个系统的性能得到较大的提升。

8.3.3 多运算协同优化

多运算协同优化是指同时考虑多个运算，从数学的角度进行化简，从而达到优化的目的。与“避免重复计算”“同类计算合并”相比，多运算协同优化是一种更加特殊的优化方法，如果能够善加利用，也能发挥很大的作用。

对于深度学习框架来说，所谓系统优化，不只是要优化计算速度，还指优化系统的稳定性与易用性。“避免重复计算”、“同类计算合并”等方法主要针对计算速度进行优化，但多运算协同优化则可以同时兼顾这三者。接下来，让我们以一个具体的示例，展示如何在 MetaNN 中引入多运算协同优化。

背景知识

很多著名的深度学习框架中，似乎都存在一些“重复”的构造。比如，Caffe 中有一个 Softmax 层，还包含了 SoftmaxLoss 层。无独有偶，Tensorflow 中包含了 tf.nn.softmax 层，

① 注意即使输入到同一个 EvalGroup 中的计算也并非都能合并。比如，MKL 中要求参与点乘的矩阵具有相同的尺寸，不满足这一条是无法调用其?gemm_batch 接口的。

还包含了 tf.nn.softmax_cross_entropy_with_logits 层。这些层的逻辑间存在重复。以 Caffe 为例，其 SoftmaxLoss 要求输入一个向量 v 与标注信息 y，在此基础上，它：

- 对输入向量 v 进行 Softmax 变换 $f(v_i)=\frac{e^{v_i}}{\Sigma_j e^{v_j}}$；
- 计算损失函数值 loss=$-\log(f(v_y))$，其中 y 为输入样本对应的标注类别。

整个计算过程的第一步实际上与 Softmax 层的功能完全相同，而第二步本质上是一个 CrossEntropy 的计算。Caffe 中包含了很多类似的构造，比如它有专门的层来计算 Sigmoid 的值，也有额外的层首先计算 Sigmoid，接下来计算 CrossEntropy。针对上述情况，为什么不引入一个专门的 CrossEntropy 层？这样，就不需要引入 SoftmaxLoss 这样的结构，只要将 Softmax 层与 CrossEntropy 层串连起来，不就达到目的了吗？

Caffe 中并没有引入缓式求值，其中的每个层都会在其内部完成正向与反向传播的求值工作。而对于上述情形来说，如果引入 CrossEntropy 层，在其内部完成反向传播的求值，则会造成很严重的稳定性问题。

CrossEntropy 层的输入可能是 Softmax 层的输出结果。Softmax 本质上是将输入的向量中的元素归一化，使得它们均为正，同时加起来为 1——使用这个归一化的值来模拟每个类别的出现概率。对于复杂的问题来说，归一化后的向量中可能包含上万个元素。因为这些元素均为正，同时相加结果为 1，这就导致了有些元素的值必然是一个非常小的正值，甚至计算误差的原因，结果为 0。

假定标注信息 y 对应的就是这样一个非常小的值。CrossEntropy 正向传播时，输出的结果是$-\log(f(v_y))$，而反向传播时，输出的梯度则是 $1/v_y$。相信一些读者已经发现其中的问题了：当 v_y 非常小时，$1/v_y$ 会非常大。同时 v_y 在计算过程中所产生的误差会在计算 $1/v_y$ 时放大很多，从而影响系统的稳定性。

因此，Caffe 等深度学习框架才会引入像 SoftmaxLoss 这样的层，将两步计算合并起来。进一步，通过数学推导，我们会发现这样的层在计算梯度时，公式可以被简化。我们在第 5 章讨论过 Softmax 的梯度计算方法，涉及 Jacobian 矩阵与输入信息点乘，比较麻烦。但如果在此基础上再乘以 CrossEntropy 所传入的梯度，那么相应的输出梯度中第 i 个元素就可以化简为：

$$\frac{e^{v_i}}{\Sigma_j e^{v_j}}-\delta_{i=y}$$

式中的第 1 部分是 Softmax 正向传播的输出，而第 2 部分 $\delta_{i=y}$，当 $i=y$ 时为 1，其余情况为 0——比一下第 5 章的计算公式，不难看出这在计算上是极大的化简。同时，在这个式子中，并不存在一个极小的数作为分母，因此不会出现前文所讨论的稳定性问题。

可以说，这种设计兼顾速度优化与稳定性，但它会给框架的使用者带来困扰：使用者需要明确上述原理，才能选择正确的层——这相当于牺牲了易用性。

有没有办法兼顾这三者呢？如果使用面向对象的方式编写代码，很难兼顾这三者。但通过元编程与编译期计算，我们就可以做到三者兼顾。接下来，让我们看一下 MetaNN 是如何解决这个问题的吧。

MetaNN 的解决方案

etaNN 中包含两个层：SoftmaxLayer 与 NegativeLogLikelihoodLayer。前者接收一个向量，对向量进行 Softmax 变换。后者接收两个向量 x_1, x_2，分别置于其输入容器的 CostLayerIn 与 CostLayerLabel 元素中。在正向传播时，这个层计算 $y=-\sum_{ij} x_1(i,j)\log(x_2(i,j))$并输出。我们可以使用这两个层来实现前文所述的 SoftmaxLoss 层的行为，如图 8.3 所示。

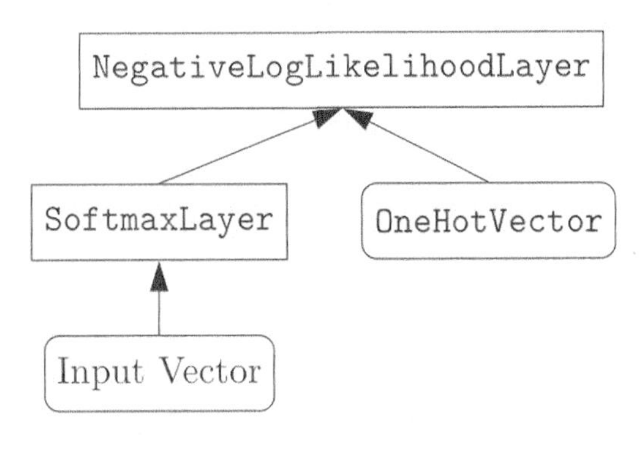

图 8.3 SoftmaxLoss 结构

在图 8.3 中，NegativeLogLikelihoodLayer 输入容器的 CostLayerLabel 与 CostLayerIn 分别连接了一个独热向量与 SoftmaxLayer 的输出。在独热向量中，标注类别所对应的位置为 1，其他位置为 0。这样在正向传播时，NegativeLogLikelihoodLayer 的输出就等价于 Caffe 中 SoftmaxLoss 层的输出。

现在考虑上述结构在进行反向传播时会产生什么结果。首先，为了保证反向传播得以正常进行，MetaNN 中的层会在正向传播时保存中间信息。SoftmaxLayer 所保存的中间信息是输入向量计算完 Softmax 所产生的结果；而 NegativeLogLikelihoodLayer 则保存了其输入信息。

在反向传播时，输入到上述结构中的梯度会首先传递给 NegativeLogLikelihoodLayer。该层会调用 NegativeLogLikelihoodDerivative 函数，传入输入梯度以及之前保存的输入信息作为参数，构造出相应的运算模板。这个运算模板会被进一步传递给 SoftmaxLayer，作为其输入梯度。而 SoftmaxLayer 则会调用 VecSoftmaxDerivative，传入输入梯度与正向传播时保存的中间变量（也即 Softmax 的计算结果），构造相应的运算模板并输出。

SoftmaxLayer 的输出梯度是一个运算模板，其内部结构如图 8.4 所示。

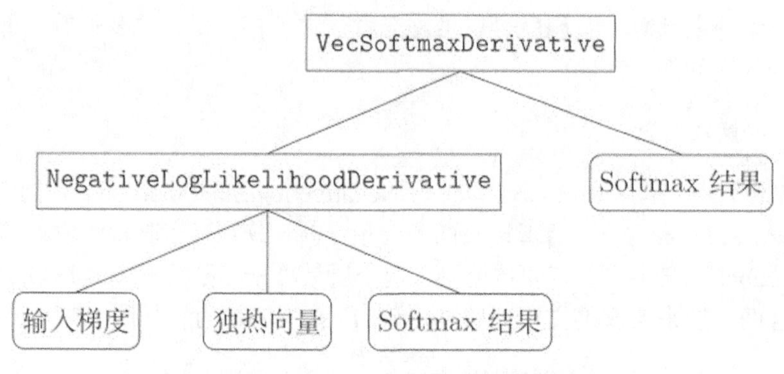

图 8.4　SoftmaxLayer 的反向传播输出

基于元编程与编译期计算，我们可以在编译期检测待求值的结构中是否包含这样的子结构。如果包含，就可以引入相应的优化：获取 Softmax 结果（$e^{v_i}/\Sigma_j e^{v_j}$），独热向量中为 1 的元素位置（y），使用下述公式计算梯度值，与输入梯度相乘并返回。

$$\frac{e^{v_i}}{\Sigma_j e^{v_j}} - \delta_{i=y}$$

编译期的求值结构匹配

MetaNN 引入了 OperSeq_以匹配求值子结构。OperSeq_本质上实现了一个职责链模式。这是一种经典的设计模式，它将能够处理同一类请求的对象连成一条链，使这些对象都有机会处理请求，所提交的请求沿着链传递。从而避免请求的发送者和接受者之间的耦合关系。链上的对象逐个判断是否有能力处理该请求，如果能就处理；如果不能，则传给链上的下一个对象，直到有一个对象处理它为止①。

具体到我们的应用场景来说，我们所处理的请求是对某个结构进行求值——比如，我们希望对图 8.4 中 VecSoftmaxDerivative 的结果进行求值。可以有多种方式处理该请求，比如，对 NegativeLogLikelihoodLayer 先求值，再使用该求值结果进一步计算；也可以将上述结构一次性求值。我们将不同的处理方式串连成一个链式结构，让每一种求值方式都有机会进行处理。OperSeq_定义了这个链式结构，为了实现类似 SoftmaxLoss 的功能，我们为 VecSoftmaxDerivative 操作引入了如下定义：

```
1  template <>
2  struct OperSeq_<BinaryOpTags::VecSoftmaxDerivative>
3  {
4      using type = OperSeqContainer<CaseNLL::Calculator,
5                                    CaseGen::Calculator>;
6  };
```

① 以上描述来源于网络。

这是一个编译期的职责链，其中包含了两种处理方式：CaseNLL::Calculator 中的求值方式是，判断输入的求值结构是否满足图 8.4 的形式，如果满足的话，就一次性计算出求值结果；而 CaseGen::Calculator 中的求值方式则蜕化成了前文所述的通用求值方法。

回顾一下我们在 BinaryOperator::EvalRegister 中的代码：

```
1   auto EvalRegister() const
2   {
3       if (!m_evalBuf.IsEvaluated())
4       {
5           using TOperSeqCont = typename OperSeq_<TOpTag>::type;
6
7           using THead = SeqHead<TOperSeqCont>;
8           using TTail = SeqTail<TOperSeqCont>;
9           THead::template EvalRegister<TTail>(...);
10      }
11      return m_evalBuf.ConstHandle();
12  }
```

其中的 7～8 行相当于从职责链中选择了第一种求值方法，而第 9 行则尝试调用该求值方法的 EvalRegister 函数进行求值。对于 VecSoftmaxDerivative 运算来说，这相当于首先尝试使用 CaseNLL::Calculator 所定义的求值流程。

而 CaseNLL::Calculator 的逻辑框架如下：

```
1   struct Calculator
2   {
3       // ...
4       template <typename TCaseRem, typename TEvalRes,
5                 typename TOperator1, typename TOperator2>
6       static void EvalRegister(TEvalRes& evalRes,
7                                const TOperator1& oper1,
8                                const TOperator2& oper2)
9       {
10          if constexpr (!Valid<TOperator1, TOperator2>)
11          {
12              using THead = SeqHead<TCaseRem>;
13              using TTail = SeqTail<TCaseRem>;
14              THead::template EvalRegister<TTail>(...);
15          }
16          else
17          {
18              // ...
19          }
20      }
21  };
```

注意其中的第 10 行，我们在这里使用了一个 Valid 元函数来判断当前传入的结构是否满足图 8.4 的样式。如果不满足，就从求值职责链中获取下一个求值算法，调用相应的 EvalRegister 函数。如果满足，就会进入 else 分支，尝试使用优化的算法完成求值。

Valid 的定义如下：

```
1  template <typename T1, typename T2>
2  constexpr bool Valid = false;
3
4  template <typename T1, typename T2, typename T3>
5  constexpr bool Valid<
6      TernaryOp<TernaryOpTags::NegativeLogLikelihoodDerivative,
7                T1, T2, T3>,
8      T3> = true;
```

这是一个很简单的分支逻辑，通常情况下，Valid 都会返回假。只有传入 VecSoftmaxDerivative 中的两个参数满足：第一个参数是一个 NegativeLogLikelihood Derivative 的运算模板，而且其第 3 个参数与 VecSoftmaxDerivative 的第二个参数类型相同（它们都对应了 Softmax 结果）时，它才为真。此时，系统会尝试使用优化后的算法进行求值。

注意即使 Valid 为真，我们也不能保证一定可以使用优化后的算法完成求值。为了使用优化后的算法求值，我们必须要求图 8.4 中两个标记为“Softmax 结果”的对象是相等的。对于一般的使用场景来说，这一点通常是满足的。但框架本身并不能假设其一定满足，因此我们必须引入相应的逻辑来进行判断。

MetaNN 中的对象判等

为了确保计算优化的正确性，我们需要从 VecSoftmaxDerivative 的运算模板对象中获取两个表示 Softmax 计算结果的操作数，判断二者是否相等。只有在二者相等的情况下，才能使用优化算法，否则就应该蜕化成基本的求值逻辑。那么，该如何判断这两个对象是否相等呢？

深度学习框架很多运算的优化都要在确保传入其中的操作数满足一定条件的基础上才能进行，而操作数相等则是一种很基础的判断。MetaNN 中的数据类型主要是矩阵，判断两个矩阵相等，最直接的方式就是比较两个矩阵中对应的元素是否相等。但这种作法会引入大量的比较操作，从而影响系统性能。事实上，之所以会出现某个运算直接或间接地使用了两个“相等”的操作数，是因为在计算过程中，某个操作数可能会被复制成多份，不同的副本参与不同部分的运算而导致的。如果我们能将等于判断的问题，转化为判断两个对象是否互为副本的问题，那么相应的计算量就可能得到简化。

以图 8.4 为例，Softmax 的计算结果会被复制成两份，一份保存在 SoftmaxLayer 中，另一份保存在 NegativeLogLikelihoodLayer 中。反向传播时，这两个副本会用作 VecSoftmaxDerivative 的两个（直接或间接的）操作数。我们只需要确定 VecSoftmaxDerivative 的这两个操作数互为副本即可。

在 MetaNN 中，数据类型在复制时默认采用的是浅拷贝，因此判断两个对象是否互为副本，只需要比较这两个对象内部所保留的指针即可。MetaNN 为每个数据类型都引入了相应的接口，来判断另一个对象是否为其副本。比如，对于 Matrix 类来说，其中包含了如下接口：

```
1   template <typename TElem>
2   class Matrix<TElem, DeviceTags::CPU>
3   {
4       // ...
5       bool operator== (const Matrix& val) const
6       {
7           return (m_mem == val.m_mem) &&
8                  (m_rowNum == val.m_rowNum) &&
9                  (m_colNum == val.m_colNum) &&
10                 (m_rowLen == val.m_rowLen);
11      }
12
13      template <typename TOtherType>
14      bool operator== (const TOtherType&) const
15      {
16          return false;
17      }
18
19      template <typename TData>
20      bool operator!= (const TData& val) const
21      {
22          return !(operator==(val));
23      }
24  };
```

对于两个 Matrix 模板实例化出的类型对象 a、b 来说，只有在二者指向相同的内存（第 7 行），具有相同的尺寸信息（8～10 行）时，a==b 才为真，否则为假。

MetaNN 还支持不同类型的对象进行比较：只不过比较的结果直接返回 false。我们还可以相应地写出 operator!=的逻辑。上述代码段的 13～23 行引入了相应的逻辑。基于这些接口，我们就可以比较两个 MetaNN 中的数据对象，而无需关注其具体的数据类型。

运算模板也引入了类似的逻辑，以 BinaryOp 为例：

```
1   template <typename TOpTag, typename TData1, typename TData2>
2   class BinaryOp
3   {
4       // ...
5       bool operator== (const BinaryOp& val) const
6       {
7           return (m_data1 == val.m_data1) && (m_data2 == val.m_data2);
8       }
9
10      template <typename TOtherData>
11      bool operator== (const TOtherData& val) const;
12
13      template <typename TOtherData>
14      bool operator!= (const TOtherData& val) const;
15  };
```

两个 BinaryOp 对象相等，当且仅当其中所包含的操作数分别相等。

其他诸如 DynamicData，Batch 等模板也包含了 operator==与 operator!=的实现。这里就

不一一列举了。

自动触发优化

在讨论了 MetaNN 中的判等逻辑后，让我们回过头来看一下 VecSoftmaxDerivative 的求值实现。如前文所述，VecSoftmaxDerivative 在求值时需要处理两种情况。其中的 CaseNLL::Calculator 可以基于特定的数据结构进行优化。如果输入到其中的求值参数不满足要求，它就会调用另一个求值模块 CaseGen::Calculator。后者会采用一般的求值流程，即首先调用参数的 EvalRegister 接口，并在此之后构造 VecSoftmaxDerivative 的求值请求，传递给 EvalPlan。

上述优化逻辑封装于 MetaNN 的内部，对于框架的用户来说是透明的。框架的用户可以构造 SoftmaxLayer 或 NegativeLogLikelihoodLayer 的对象，进行正向与反向传播。而一旦将这两个对象关联起来：比如使用复合层将 SoftmaxLayer 的输出送入 NegativeLog LikelihoodLayer 的输入，那么在反向传播时，就会自动触发优化算法，实现快速计算。

本节所讨论的优化手段必须要在涉及多个运算，同时这些运算满足一定结构的前提下才能使用。因此，作者将这种优化方法称为“多运算协同优化”。在本节，我们以“Softmax+CrossEntropy”这个场景讨论了多运算协同优化的实现方案，但这种优化手段可以用于很多场景之中。比如：我们可能要在计算完 Softmax 后，对输出结果取 Log，此时就可以引入多运算协同优化简化计算；再如，如果需要首先计算 Sigmoid，再计算 CrossEntropy，那么也可以引入多运算协同优化，来优化反向传播时梯度的计算。

8.4 小结

本章讨论了 MetaNN 中的求值与优化算法。

与前几章相比，本章中的代码并不多，更侧重于设计方面的讨论。这是因为本书所讨论的主体是模板元编程，而对于求值与优化来说，其中并没有涉及一些新的元编程技术[①]。因此我们在这里并没有花费很多的笔墨来分析具体的代码。

但本章也是非常重要的一章。作者一直认为，技术是用来解决实际问题的，我们不应该为了使用技术而使用技术。之所以要讨论元编程，就是因为通过元编程与编译期计算，能够使得我们在运行期进行更好地性能优化。我们在本章所讨论的 3 种优化方式也正是体现了这一点。相比之下，使用面向对象编写的框架可以通过一些手段来避免重复计算；但只有引入了缓式求值与模板表达式后，我们才能比较方便地进行同类计算的合并；更进一步，通过深入地使用元编程与编译期计算的技术，我们还能做到多运算协同优化。

C++是一门讲求执行效率的语言，其标准在不断衍进，但讲求效率的初衷从未改变。

① 除了多运算协同优化，因为涉及编译期职责链模式的编写，所以对其中的一些代码进行了讨论。

从 C++ 03 到 C++ 17，其中引入了很多技术，使得我们可以更方便地进行元编程与编译期计算。我们有理由相信，标准的衍进会大幅度降低元编程技术的门槛，使得越来越多的人可以使用编译期计算，构造更快、更稳定的系统。

8.5 练习

1. 在 8.1 节，我们介绍了 MetaNN 求值子系统所包含的若干模块。限于篇幅，该节并未讨论这些模块的具体实现代码。阅读相关模块的实现代码，确保了解它们的工作原理。
2. 我们在讨论“避免重复计算”时，提到了 EvalPlan 会忽略重复传入的求值请求。这套逻辑可以进一步优化：在现有的逻辑中，虽然 EvalPlan 可以忽略重复传入的请求，但我们还是要构造求值请求（如 EvalUnit）并传入 EvalPlan。修改 EvalPlan 的接口，提供查询功能，来判断某个请求是否已经注册过了。相应地，在具体类的 EvalRegister 内部，可以通过这个接口来判断：如果 EvalPlan 中已经存在相同的求值请求，则可以省略构造求值请求的步骤，直接返回。
3. MetaNN 为其数据类引入了 operator==接口。为了便于使用，我们为每个数据类引入了额外的两个函数，一个 operator==用于不同的数据类型间的判等，另一个则基于 operator==实现了 operator!=。它们的实现都是平凡的。请对代码进行化简，去掉每个数据类型中的这两个接口，使用两个的全局函数来实现相应的逻辑。思考一下该如何声明相应的全局函数，使得其不会对代码的其他部分产生影响[①]。

① 比如，我们不能因为引入了相应的全局函数，就修改了两个 std::vector 对象判等的行为。

后记——方家休见笑，吾道本艰难

我的元编程学习之路

我对 C++模板元编程的最初的认识，始于阅读陈伟柱老师翻译的《C++ Templates 中文版》一书——这已经是十余年前的事了。当时的我作为一个 C++的新手，阅读感觉是似懂非懂。后来，开始尝试阅读荣耀老师翻译的《C++模板元编程》一书。因为已经有了一些 C++程序设计的经验，本以为可以深得其中三昧，但读了几遍，最终也只能难以望其项背。

在此其间有一个问题一直困扰着我，挥之不去，那就是这个东西有什么作用？

我当时对 C++模板元编程方面的知识主要来自于这两本书，这两本书也的确可以视为 C++模板方面的经典了。但《C++ Templates 中文版》这本书中，讨论元编程方面的例子都比较小；而《C++模板元编程》这本书倒是讨论了 MPL 这个元编程库，但我并不知道怎么将这个库用在我的日常工作中。因此，我会在阅读这两本书之余，经常问自己：元编程有什么作用？

相信很多 C++的开发者都会有类似的疑问，目前，C++元编程的库越来越多，从比较早的 Boost::MPL 到后来的 Boost::Fusion，再到 Boost::Hana……库很多，且每个库的技术都很炫。但有多少人能够将其应用在自己的日常工作中呢？即使应用过，那么恐怕这些库所起到的也大多是辅助作用，其作用甚至很难与 STL 中的容器比肩。

但我坚信，元编程一定是有用的。虽然当时我不知道它有什么作用，但编译期计算是图灵完备的，理论上它应该能分担一些运行期的工作，从而提升运行期的速度。我没有发现它的用途，只是因为我的“修行”还不够而已。

于是，我尝试阅读更多的资源，希望找到一个另我满意的答案。但可能因为我的眼界太窄，找到的资源都无法给出答案，它们与我所阅读的上两本书类似，要么示例太小，要么很高深，让我不知道该怎么应用在实际的工程之上。

既然从书中找不到答案，那么就自己试试吧。我的日常工作之一就是编写 C++程序，我尝试在日常的工作中使用元编程技术。但不幸的是，这种尝试遭到了同事的反对。大家的理由也很简单：这样写程序，我们看不懂，怎么协同工作？

这是一个很现实的问题，因此，我只能利用业余时间自行研究。对这方面的研究也处于时断时续的状态。

到了 2015 年初，在又一次读完《C++ Templates 中文版》这本书后，我觉得需要找一个项目来深入探索一下这门技术。我当时在百度自然语言处理部编写并维护基于深度学习的线上机器翻译系统，很自然地，我找到了一个项目：自己开发一个深度学习框架。

我开发深度学习框架的目的也很明确：探索元编程技术。因此，元编程技术也就自然而然地成为了整个框架的主角。元编程技术使用的是编译期计算，为了能更大限度地探索元编程技术的应用，我为整个框架定了一个基调：能在编译期处理的东西，就尽量放在编译期处理，不要挪到运行期。同时，我尽量避免去阅读、使用已有的深度学习框架，因为现有的大部分框架还是按照面向对象的方式开发的，使用的元编程技术较少，我不想过多地受到已有框架的影响，从而限制了思路。我也会避免去使用已有的元编程库，因为只有通过自己编写一个又一个的元函数，才能对其有更深刻的认识。

框架的开发并不顺利，不算小的修改，仅重写就进行了 9 次。每一次重写，都伴随着对元编程的进一步认识。而每一次修改与技术上的突破，都会给我带来莫名的喜悦。我至今仍旧记得，自己设计出异类词典时的喜悦；记得将《C++ Templates 中文版》中的 policy 进行扩展，构造出 policy 继承体系时的喜悦；记得写出编译期拓扑排序的代码，从而让整个框架可以进行自动反向传播时的喜悦……。每一次这样的修改，都往往伴随着系统中大部分内容的重写，而每一次的重写，也进一步加深了我对元编程技术的认识。

大约在两年前，我认为积累到一定的程度了，便萌生了写一本书的想法。这估计是读书期间养成的习惯吧：就像写毕业论文那样，对自己的工作进行总结、提炼。

写作过程也是一波三折的，因为这也是对原有程序的一个总结、提炼的过程。在写作的过程中，我也能经常发现原有框架的缺陷，从而对框架本身与书中的内容进行调整。事实上，即使到本书的写作后期，我也能发现框架中不尽如人意之处。但因为时间精力有限，很难再次修改代码并调整书中的内容了。理论上，对于一个框架来说，我们总能找到改进的空间。为了保证能在一个时间节点上完成这本书，我将一些调整的思路做成了练习，这也是一种无奈之举，还望读者原谅。

写一本书并不是一件容易的事情，本书所讨论的还是作者自行完成的一个框架，就更难免出现纰漏。比如：我并不善于起名，代码中的一些函数、变量、类型的命名可能有待商榷。同时，作者的文学水平实在不堪，虽然尽力将书中内容写好，但力有不逮之处，还是可能会影响读者的理解。对于上述问题，我表示深深的抱歉！作为一本技术书籍，本书所希望传递给读者的是一套技术体系，它包含了若干具体的技术。希望读者能在“捏着鼻子，忍受着作者粗糙的文笔”的基础上，通过阅读本书对其中的一两项技术有所了解，真正能够将元编程技术应用在自己的项目中。

关于元编程

本书一直在讨论元编程的技术，那么在书的结尾处，关于这项技术，还有什么要讨论的吗？

事实上，值得讨论的技术还有很多。

本书所讨论的是一些元编程的基本技术，所解决的是“如何编写元函数”的问题。如何编写是一回事，如何写好又是另外一回事了。元函数与编译期计算可以提升运行期的性能，而一个好的元函数则需要能够进一步提升编译期性能。

通常来说，我们编写程序时并不需要考虑编译期性能，这是因为在通常的程序中，涉及编译期计算的部分相对较少。但如果大量使用元函数，那么就会给编译器造成较大的负担，使得编译速度变慢；在极端情况下，还可能造成编译器所使用的内存超限，编译失败。

编译器在编译期计算时，产生的计算结果主要是模板实例化出的类。这些类会被保存在编译器的符号表中。接下来，让我们以一个典型的例子，论讨论一下元函数与实例化的问题。

数组查询与元函数优化

考虑一个编译期数组 tuple<a0,a1,...>，现在要获取其中的第 i 个元素的值，那么使用本书中所讨论的循环代码书写方式，可以写成如下形式：

```
1   template <size_t N, typename Vector>
2   struct at;
3
4   template <size_t N, template<typename...> class Cont,
5             typename cur, typename...an>
6   struct at<N, Cont<cur, an...>>
7   {
8       using type = typename at<N - 1, Cont<an...>>::type;
9   };
10
11   template <template<typename...> class Cont,
12             typename cur, typename...an>
13   struct at<0, Cont<cur, an...>>
14   {
15       using type = cur;
16   };
17
18   using Check = typename at<3, tuple<int, short, long, double>>::type;
```

虽然说这段代码所操作的类型可以视为编译期的数组，但运行期数组访问的复杂度通常为 O(1)，而在编译期，使用上述代码，为了找到其中位于第 N 位的元素，编译器要实例化 N 个模板——这相当于运行期的链表遍历，其效率是低下的，而这种低下的效率体现在编译期，就意味着我们需要实例化出更多的类型，占用更多的编译期内存，以及使用更长的编译时间。

如果我们的程序使用元函数的地方不多，这一点编译的资源消耗可能算不上什么。但如果像本书这样，大规模地使用元编程来构造复杂的系统时，那么这就会成为一个非常严重的问题。

要想有效地解决此类问题，可能需要代码层面与标准层面的共同努力。

代码层面的优化

一个好的元程序，应当在达到目的的同时尽量少地实例化。同样是以数组访问问题为例，上一节中的代码只是一种很基本数组访问代码，会导致编译过程中产生大量的实例。我们可以借用数据结构与算法中的大 O 表示法，来近似地刻划编译期算法的复杂度。不难看出，前面描述的算法是 O(n)复杂度。进一步，考虑下面的代码：

```
1 | using Check1 = typename at<3, tuple<int, short, long, double>>::type;
2 | using Check2 = typename at<2, tuple<int, short, long, double>>::type;
```

对 Check1 与对 Check2 的求值都是 O(n)复杂度的。虽然二者访问的是同一个数组，但因为索引值不一样，基于前文所讨论的算法，我们并不能在计算 Check2 时从 Check1 的计算中获益。

Boost::MPL 库中包含了一个编译期数组构造，同时提供了元函数来获取其中的元素。其算法进行了优化，可以减少重复获取同一数组中的元素值时的复杂度：

```
1 | using Check1 = typename at<3, vector<int, short, long, double>>::type;
2 | using Check2 = typename at<2, vector<int, short, long, double>>::type;
```

假定对 Check1 的调用是首次遍历 vector<int,short,long,double>数组，此时计算 Check1 的复杂度同样为 O(n)，但随后计算 Check2 时，它与 Check1 获取的是相同数组中的元素，因此 Check2 的计算复杂度就可以从 O(n)减少到 O(1)。

Boost::MPL 库所使用的仅仅是 C++ 03 标准中的技术。基于 C++ 11 等新标准，我们可以进一步减少编译期计算的复杂度：位于 GitHub 上的 MPL11 也是一个元编程库，它使用了 C++ 11 中的技术对 Boost::MPL 中的部分算法进行了重写，其中提供的 at 元函数具有更好的编译期性能。如果使用这个元函数，那么对于下面的调用：

```
1 | using Check1 = typename at<3, vector<int, short, long, double>>::type;
2 | using Check2 = typename at<2, vector<int, short, long, char>>::type;
```

假定 Check1 是首次调用 at 进行计算，那么其复杂度为 O(log(n))。而后续对 Check2 的求值，复杂度则是 O(1)——虽然 Check1 与 Check2 所访问的数组不同，但这两个数组具有相同的长度，因此编译器也可以利用这一信息减少实例化的数目。

讨论这些元函数的实现，已经超出了本书的范围。这些代码都是开源的，有兴趣的读者可以搜索相关的代码来分析其实现。

标准层面的优化[①]

虽然我们可以通过优化元函数来减少编译期运算所产生的实例个数，从而减轻编译器的负担。但作者认为，仅凭这一点是不够的：当代码复杂到一定程度时，还是会导致因需要过多的编译资源而编译失败。要想能支持更加复杂的编译期计算，就需要在标准的层面上引入相应的优化。

事实上，“计算过程中的资源维护”这个问题同样出现在运行期。但与编译期计算相比，运行期的解决方案则相对完善很多。以运行期的资源维护为例，作者认为减少资源占用的最有效的手段，并非算法优化，而是对象的生存期控制。

大部分语言都会对对象的生存期进行控制：在不需要该对象时，能够释放相应的资源。C++通过域的概念来控制内存使用，当域结束时，域中构造的对象会被销毁，从而释放出相应的内存等资源。比如，每个运行期函数都对应了一个域。函数在运行过程中，可能产生若干中间变量，当运行结束后，因为所在域的结束，运行过程中所构造的中间变量也会被相应地销毁。

但相比之下，现有的标准中，似乎并不存在有效的方法来控制编译期“对象”的生存期。

可以将编译期实例化出的类型视为编译期对象。以如下调用为例：

```
1 | using Check = typename at<3, vector<int, short, long, double>>::type;
```

为了在编译期推导出 Check 的值，编译器在解析 at 元函数时可能会产生若干中间对象，它们可能会被保存在编译器的符号表中。但目前似乎并不存在某种方式显式地告知编译器：这些中间变量不会再被使用，它们的“生存期”可以结束了。

因此，作者在这里大胆地假设：标准应当在编译期引入域的概念，告知编译器在完成了相应的元函数调用时，可以销毁其中不再被使用的实例——即从编译器所维护的符号表中移除相应的条目。

编译器之所以要在符号表中维护其所构造的实例，是为了减少不必要的重复实例化。考虑如下代码：

```
1 | vector<int> a;
2 | // a 的操作
3 | vector<int> b;
4 | // b 的操作
```

在编译器解析 a 的相关操作时，会实例化 vector<int>以及其中的一些数据成员。这些信息存储在符号表中，可以使得它在后续解析 b 时，不用再实例化 vector<int>，从而提升编译

① 注意，本节的内容更多的是作者的一种观点，用于开拓思路。它并非一个成型的解决方案。这个观点可能是错误的，作者并不对其正确性负责。

速度。

某些实例该常驻编译器的符号表中，另一些实例则应该在元函数调用完成后移除。这就产生了一个问题：该如何告知编译器，哪些实例是元函数的中间结果？同时编译器该如何有效地利用该信息，优化编译过程？这些都是值得研究的方向。

以上只是作者的一个观点。作者的知识有限，并不精通 C++标准的全部细节，对编译器的内部运作也了解甚少，无法修改编译器对这个假设进行求证。本节也仅仅起到抛砖引玉的作用。如果读者对该观点持有自己的见解，欢迎联系作者讨论。

关于 MetaNN

本书的主旨在于以 MetaNN 框架作为示例，来讨论 C++的模板元编程技术。MetaNN 在本书中只是一个用于讨论元编程的配角。在本书的最后，请允许作者就 MetaNN 框架本身进行一些讨论。

目前来说，MetaNN 只是一个内核，包括了深度学习系统所必需的一些概念，如数据、运算、正反向传播等。除了这些内容，一个完整的深度学习系统还包括很多内容，比如提供更丰富的运算种类、支持不同的计算设备[①]、支持并发训练等。因此，MetaNN 只是深度学习框架的初步实现。

但即使如此，作者认为 MetaNN 本身还是有可以借鉴之处的。它与现有的主流深度学习框架之间存在很多不同之处。也正是这些不同之处的存在，使得我们可以对比类似概念的不同实现，分析其优劣，从而改善此类系统。

以下罗列了 MetaNN 与主流框架相比的一些特色之处，包含作者对该框架的一些理解。对于框架的设计与技术的取舍，总是一个仁者见仁，智者见智的事情。这些内容同样只是起到了抛砖引玉的作用，欢迎读者就其中的问题与作者交流。

单一数据类型与富数据类型

目前，大部分的深度学习框架都会引入类似张量的概念，用一种数据结构表示会用到的各种数据类型。MetaNN 则反其道而行之，引入很多种数据类型，我们甚至可以通过模板表达式对数据类型进行组合，以形成新的类型。单一数据类型维护起来更简单，但作者认为，丰富的数据类型为系统优化提供了更多的可能。

模型描述与性能优化

虽然深度学习系统号称将计算划分成小的单元，通过“搭积木”的方式来组成复杂的系统，但在很多情况下，我们不得不为了提升系统的速度而将某些“积木”设计得大一些，

① MetaNN 中可以进行扩展，以支持不同的计算设备。但就目前来说，我们的所有算法都只是在 CPU 上实现的。

让计算逻辑之间耦合得更加紧密。而这会在一定程度上牺牲模型的描述性。

作者曾经在百度负责基于深度学习的机器翻译线上预测系统的开发与维护。我们使用C++构造了这个系统，调用GPU进行计算。为了进行性能优化，我们将其中的很多函数合并到一起，构造了很多“大积木”。测试表明，这种方式与当时的很多深度学习框架的性能相比，都有数十倍的提升。但与之相对的是，这种“大积木”的维护也是非常困难的。

比如，我们试图引入新的翻译模型，将其与原有的模型混合——实验表明，这能够显著提升翻译效果。但在原有的系统中，表示深度模型的层与层之间已经耦合得非常紧了，要想引入一个额外的复杂构造，当时的选择有以下两种。

- 重写整个系统，继续采用“大积木”，深度耦合的方式，代价是付出比原有系统更加繁重的维护成本。
- 深度优化新的翻译模型，对优化后的新模型与原始模型分别求值，并在最后将求值的结果融合。这种方式的成本较小，但两个模型是分别优化的，因此只能依次求值，或者使用两个GPU分别求值，无法最大限度地利用计算资源。

这个例子展示了模型描述与性能优化之间所存在的矛盾。一方面，我们希望提供相对基础的组件，使得用户可以更加灵活地使用其描述模型；另一方面，我们又希望将复杂的计算整合到一起，从而进行更好地性能优化。传统的面向对象编程方式很难解决这二者之间的矛盾，因此才出现了像Caffe中的SoftmaxLoss层这样的构造[①]。但通过元编程与编译期计算，我们可以在一定程度上缓和这二者之间的矛盾：用户还是使用基础的组件来构造网络，但通过编译期计算的辅助，计算机可以更好地理解网络结构，从而提供更好地优化。

比如，对于我们之前在机器翻译系统中遇到的困境，如果使用MetaNN的框架，那么上层用户只需描述好每个模型的结构即可。MetaNN中的求值逻辑会自动地发掘可以合并的计算，甚至做到多个运算的协同优化。

“游乐场”与“单行道”

作为一个基于编译期计算的框架，MetaNN中随处可见元函数的身影。很多能够在运行期基于面向对象实现的逻辑都使用模板元编程进行实现。比如，通常来说，深度学习框架会引入运行期的逻辑来实现自动求导，而MetaNN则完全使用编译期计算来实现这部分的逻辑。

选择在编译期而非运行期实现此类逻辑有两个原因。一方面，作者希望通过此类复杂逻辑的实现来练习C++模板元编程的相关技术；另一方面，这也是不得已而为之。

传统的面向对象的C++编程更多地关注运行期，而引入元编程之后，我们要同时关注编译期与运行期这两种计算模式。编译期计算会在运行期计算之前执行完成，这一点产生的影响远比其字面含义本身深远。这意味着一旦我们使用运行期的技术实现了一些逻辑，那么在这部分逻辑执行完毕后，我们将很难在接下来引入编译期运算。

① 第8章对其进行了讨论。

作者将这种现象称为“游乐场”与“单行道”。编译期计算与运行期计算就像两个游乐场，我们可以在里面随意玩耍，我们也可以有很多机会从编译期的“游乐场”转移到运行期的“游乐场”。但在此之后，我们就很难回到编译期的“游乐场”了——因为连接二者的是一个单行道，只能去，不能回。

体现在 MetaNN 这个框架中，则是我们的最终目标是希望在求值时引入编译期计算来进行多运算协同优化，那么在此之前，我们必须很小心地选择任何一个阶段的实现方案，防止因为过早地引入了运行期的逻辑而阻碍了求值优化。比如，我们需要将正向与反向传播的接口声明为模板；采用编译期计算来实现自动求导中的拓扑排序——这些设计都受到了这一限制的影响。

运行期逻辑的引入有时候是很隐晦的。比如本书讨论了表达式模板在 MetaNN 中的应用，很多相关的文献中都会为表达式模板引入一个基类，基类指定了表达式模板应该支持的接口[①]。引入基类并不是什么大问题，我们在 MetaNN 中也引入了 DynamicData，它也可以被视为表达式模板的基类。但在引用表达式模板对象时，是使用基类引用还是使用派生类引用，其本质则对应了是否引入运行期逻辑。

本书在讨论运算模板时并没有引入 DynamicData，也没有使用这个类模板实例化的对象作为运算模板的参数：这也是避免过早地引入运行期逻辑的一种体现。DynamicData 采用了派生的方式对具体类进行封装，这相当于隐藏了一些类型信息，这些隐藏了的信息会对编译期的优化造成很大的困扰。读者可以思考一下，如果运算模板的参数都是 DynamicData 类模板的实例，那么该如何实现第 8 章所讨论的“多运算协同优化”。

虽然作者尽量避免过早地引入运行期的构造，但在一些情况下，我们还是不可避免地要提前同运行期打交道。同样以 DynamicData 为例，我们需要在类中声明一个域来保存中间结果。作者水平有限，只能给出通过“引入基类+派生”的实现方式。这也可以说是一种无奈之举吧。

不同的使用方式

以上讨论的都是 MetaNN 的优势。这个框架也有其“劣势”：其接口是 C++的。当前，主流的深度学习框架往往是以 C++作为内核，使用 Python 等脚本语言作为与用户交互的环境，但 MetaNN 无法采用这种形式。不得不承认，与脚本语言相比，C++掌握起来相对困难，因此，如果只是提供了 C++的接口，那么 MetaNN 可能无法像其他深度学习框架那样被广泛使用。

事实上，我们也可以在 MetaNN 的 C++内核基础上引入 Python 这样的脚本语言作为与用户的交互。但这会严重影响 MetaNN 的性能：为了实现这样的交互，Python 需要调用已经编译好的 C++内核，这也就意味着 Python 调用无法从 C++的编译期获取好处。而 MetaNN 的大部分优势都来源于编译期计算，因此为 MetaNN 引入脚本语言作为交互会使

① 维基百科中关于表达式模板的讨论就是如此。

得这个框架的优势丧失殆尽。

但要引入一个相对易用的交互环境，类似 Python 这样的脚本语言并非唯一的选择。事实上，完全可以开发一个支持“拖放”的集成开发环境，让用户通过鼠标的拖放来组织层间关系，进一步由这个环境来生成相应的 C++代码并编译。这样的系统可能比使用 Python 更加直观。当然，为了实现类似的环境，也需要我们付出更多的努力。

写在最后

关于 MetaNN 框架本身，我们也讨论得够多的了。但不得不承认，就目前来说，这里的很多讨论没有充分的论据支持。作者提到了 MetaNN 与其他框架间的差异，同时提到了这种差异可能带来的优势与问题。但这些差异所引入的优势是否能真正得以体现，相应的问题是否最终能成为问题，都要有待整个框架较好地实现后才能证明。

但正如本书所讨论的那样，目前来说，MetaNN 只是一个深度学习框架的初步实现。与一套完整的框架相比，它还欠缺了很多功能——毕竟，它是作者一个人利用业余时间所构造的，而要想实现一套完整的框架，可能需要具有不同专长的开发者组成一个团队，共同努力完成：比如，需要精通 GPU/FPGA 等硬件编程的开发者开发硬件加速代码；需要精通网络编程的开发者开发并行训练的环境；对于 MetaNN 来说，还可能需要精通界面编程的开发者开发交互系统。这样一个系统很难凭一人之力完成整个开发。因此在这里，作者只能向诸位读者说声抱歉：就深度学习框架本身而言，MetaNN 所提供的是新的设计思路，供参考。

与 MetaNN 类似，本书的很多内容都是作者自行摸索的心得整理而来——作者并不想在书中过多讨论其他书籍讨论过的内容。但这样的书写起来是有很大风险的：因为很多内容只是作者的一家之言，因此可能会出现有些内容在作者看来很有讨论的意义，但在一些读者看来则失之偏颇。对此，作者也只能篡改古人的名句以自嘲：

方家休见笑，吾道本艰难。

献丑了！